国家出版基金项目
NATIONAL PUBLICATION FOUNDATION

十四个集中连片特困区
中药材精准扶贫技术丛书

武陵山区
中药材生产加工适宜技术

总主编　黄璐琦
主　编　瞿显友　范俊安

U0286273

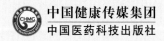

中国健康传媒集团
中国医药科技出版社

内 容 提 要

本书为《十四个集中连片特困区中药材精准扶贫技术丛书》之一。本书分总论和各论两部分：总论介绍武陵山区中药资源概况、自然环境特点、病虫害防治方法、相关中药材产业发展政策；各论选取武陵山区优势和常种的 23 个中药材种植品种，每个品种重点阐述植物特征、资源分布概况、生长习性、栽培技术、采收加工、质量标准、仓储运输、药材规格等级、药用（食用）价值等内容。

本书供中药材研究、生产、种植人员及片区农户使用。

图书在版编目（CIP）数据

武陵山区中药材生产加工适宜技术 / 瞿显友，范俊安主编 . — 北京：中国医药科技出版社，2021.11

（十四个集中连片特困区中药材精准扶贫技术丛书 / 黄璐琦总主编）

ISBN 978-7-5214-2489-8

Ⅰ . ①武… Ⅱ . ①瞿… ②范… Ⅲ . ①药用植物－栽培技术 ②中药加工 Ⅳ . ① S567 ② R282.4

中国版本图书馆 CIP 数据核字（2021）第 100102 号

审图号：GS（2021）2517 号

美术编辑 陈君杞
版式设计 锋尚设计

出版 中国健康传媒集团 | 中国医药科技出版社
地址 北京市海淀区文慧园北路甲 22 号
邮编 100082
电话 发行：010-62227427 邮购：010-62236938
网址 www.cmstp.com
规格 710×1000mm ¹/₁₆
印张 16³/₈
字数 307 千字
版次 2021 年 11 月第 1 版
印次 2021 年 11 月第 1 次印刷
印刷 北京盛通印刷股份有限公司
经销 全国各地新华书店
书号 ISBN 978-7-5214-2489-8
定价 68.00 元

获取新书信息、投稿、为图书纠错，请扫码联系我们。

编 委 会

总主编　黄璐琦

主　编　瞿显友　范俊安

副主编　曾建国　刘大会　孙年喜

　　　　王　钰　吴翠色

编　者（以姓氏笔画为序）

王　钰（重庆市中药研究院）

伍晓丽（重庆市中药研究院）

刘大会（湖北中医药大学）

池秀莲（中国中医科学院中药资源中心）

孙年喜（重庆市中药研究院）

李　颖（中国中医科学院中药资源中心）

吴翠色（重庆市神女药业股份有限公司）

陈大霞（重庆市中药研究院）

范俊安（重庆市知识产权局）

罗丹丹（湖北中医药大学）

罗寅珠（湖北中医药大学）

周家奇（湖北中医药大学）

莫让瑜（重庆市中药研究院）

徐　进（重庆市中药研究院）

彭国平（湖南农业大学）

喻本霞（重庆市中药研究院）

程　蒙（中国中医科学院中药资源中心）

曾建国（湖南农业大学）

谭　均（重庆市中药研究院）

颜鸿远（湖北中医药大学）

潘　媛（重庆市中药研究院）

瞿显友（重庆市中药研究院）

序

"消除贫困、改善民生、实现共同富裕，是社会主义制度的本质要求。"改革开放以来，我国大力推进扶贫开发，特别是随着《国家八七扶贫攻坚计划（1994—2000年）》和《中国农村扶贫开发纲要（2001—2010年）》的实施，扶贫事业取得了巨大成就。2013年11月，习近平总书记到湖南湘西考察时首次作出"实事求是、因地制宜、分类指导、精准扶贫"的重要指示，并强调发展产业是实现脱贫的根本之策，要把培育产业作为稳定脱贫攻坚的根本出路。

全国十四个集中连片特困地区基本覆盖了我国绝大部分贫困地区和深度贫困群体，一般的经济增长无法有效带动这些地区的发展，常规的扶贫手段难以奏效，扶贫开发工作任务异常艰巨。中药材广植于我国贫困地区，中药材种植是我国农村贫困人口收入的重要来源之一。国家中医药管理局开展的中药材产业扶贫情况基线调查显示，国家级贫困县和十四个集中连片特困区涉及的县中有63%以上地区具有发展中药材产业的基础，因地制宜指导和规划中药材生产实践，有助于这些地区增收脱贫的实现。

为落实《中药材产业扶贫行动计划（2017—2020年）》，通过发展大宗、道地药材种植、生产，带动农业转型升级，建立相对完善的中药材产业精准扶贫新模式。我和我的团队以第四次全国中药资源普查试点工作为抓手，对十四个集中连片特困区的中药材栽培、县域有发展潜力的野生中药材、民间传统特色习用中药材等的现状开展深入调研，摸清各区中药材产业扶贫行动的条件和家底。同时从药用资源分布、栽培技术、特色适宜技术、药材质量等方面系统收集、整理了适宜贫困地区种植的中药材品种百余种，并以《中国农村扶贫开发纲要（2011—2020年）》明确指出的六盘山区、秦巴山区、武陵山区、乌蒙山区、滇桂黔石漠化区、滇西边境山区、大兴安岭南麓山区、燕山－太行山区、吕梁山区、大别山区、罗霄山区等连片特困地区和已明确实施特殊政策的西藏、四省藏区（除西藏自治区以外的四川、青海、甘肃和云南四省藏族与其他民族共同聚住的民族自治地方）、新疆南疆三地州十四个集中连片特困区为单位整理成册，形成《十四个集中连片特困区中药材精准扶贫技术丛书》（以下简称《丛书》）。《丛书》有幸被列为2019年度国家出版基金资助项目。

《丛书》按地区分册，共14本，每本书的内容分为总论和各论两个部分，总论系统介绍各片区的自然环境、中药资源现状、中药材种植品种的筛选、相关法律政策等内容。各论介绍各个中药材品种的生产加工适宜技术。这些品种的适宜技术来源于基层，经过实践验证、简单实用，有助于经济欠发达的偏远地区和生态脆弱地区开展精准扶贫和巩固脱贫攻坚成果。书稿完成后，我们又邀请农学专家、具有中药材栽培实践经验的专家组成审稿专家组，对书中涉及的中药材病虫害防治方法、农药化肥使用方法等内容进行审定。

"更喜岷山千里雪，三军过后尽开颜。"希望本书的出版对十四个集中连片特困区的农户在种植中药材的实践中有一些切实的参考价值，对我国巩固脱贫攻坚成果，推进乡村振兴贡献一份力量。

2021年6月

前　言

武陵山属云贵高原云雾山的东延部分，山系呈东北—西南延伸。武陵山（山脉或山系）海拔约1000米，山体形态呈现出顶平、坡陡、谷深的特点。武陵山区指武陵山及其余脉所在区域，多为湖南省、湖北省、贵州省、重庆市交界的区域，该区域典型喀斯特地貌较常见，重峦叠嶂，山势陡峭，形成了奇峰异林的独特景观。

武陵山区气候湿润、光照充足，是植物多样性的地区，也是道地中药材产地，如石柱黄连、垫江丹皮、川黄柏、紫油厚朴、湘枳壳、川枳壳、湘玉竹、平白术、龙山百合、山银花（秀山、隆回）等。同时，武陵山区还是湖南省、湖北省、贵州省、重庆市的中药材重要生产基地。

由于该区域自然条件和资源禀赋，中药材生产成为主导产业之一。但长期以来，各地中药产业发展多因盲目引种、种植技术不规范等因素，造成中药材质量不稳定现象；或因中药材的连作，引起病虫害的发生；或因不合理使用农药，致农残、重金属超标。以上种种，直接危及中药材产业的发展。

为解决上述问题，巩固脱贫攻坚成果，推进乡村振兴，作为《十四个集中连片特困区中药材精准扶贫技术丛书》之一的《武陵山区中药材生产加工适宜技术》，则遴选武陵山区道地、优势、特色的药材23种，从植物特性、资源分布概况、栽培技术、采收加工、仓储运输、药材规格等级、药（食）用价值等方面对药材进行介绍，重点对药材种植技术进行详细叙述，图文并茂，浅显易懂，为本区域及全国其他地区中药材种植户、中药材生产企业等提供参考。

本书编者团队中，既有长期从事中药材研究的专家，也有长期在中药材生产第一线的技术人员。因此，编写中注重中药材种植的共性，也注意吸取不同地域的种植方法，突出本书的种植技术的实用性。

由于各地种植差异较大，书中若存在遗漏及不足之处，恳请专家和同行们提出宝贵意见。

编　者
2021年9月

目 录

总 论

一、概论 2

二、武陵山区基本情况 2

三、武陵山区中药产业扶贫对策 5

四、中药材扶贫的共性要求 7

五、中药材相关政策法律法规（节选）................ 14

各 论

黄连 22

百合 36

牡丹皮 43

湖北贝母 52

黄精 59

山银花 73

黄柏 85

玄参 93

太白贝母 103

川党参 113

陈皮 128

续断 136

天麻 144

玉竹 163

木瓜 172

白芍 181

枳壳 188

独活 196

半夏 203

竹节参 216

厚朴 226

白及 234

博落回 242

总 论

一、概论

武陵山区自古以来就是中药材传统产区，是区各省（市）药材重点产地，如湘西地区是"湘药"重要药材产区，恩施土家族苗族自治州（以下简称恩施州）是湖北重要药材产区，渝东南是"川药"的传统药材产区。因此，在现有的中药资源的基础上，推动中药材种植，有利于缩小地区发展差距，有利于保障长江流域生态安全，有利于促进生态文明建设和可持续发展，有利于实现国家总体战略布局。

二、武陵山区基本情况

武陵山区，包括湖北、湖南、重庆、贵州4个省（市）交界地区的71个县（市、区），其中，湖北11个县（市）（包括恩施州及宜昌市的秭归县、长阳土家族自治县、五峰土家族自治县）、湖南37个县（市、区）（包括湘西土家族苗族自治州、怀化市、张家界市及邵阳市的新邵县、邵阳县、隆回县、洞口县、绥宁县、新宁县、城步苗族自治县和武冈市、常德市的石门县、益阳市的安化县、娄底市的新化县、涟源市、冷水江市）、重庆市7个县（区）（包括黔江区、酉阳土家族自治县、秀山土家族苗族自治县、彭水苗族土家族自治县、武隆县、石柱土家族自治县、丰都县）、贵州16个县（市）（包括铜仁地区及遵义市的正安县、道真仡佬族苗族自治县、务川仡佬族苗族自治县、凤冈县、湄潭县、余庆县）。境内有土家族、苗族、侗族、白族、回族和仡佬族等9个世居少数民族。

（一）武陵山区的自然环境

武陵山区地形源于云贵高原山地向东部丘陵平原过渡，重峦叠嶂，山势陡峭，垂直海拔差大，最低海拔60米，最高海拔2572米（贵州梵净山主峰凤凰山）。本区属典型的喀斯特地貌，常见漏斗、溶洞、峰林等，形成了奇峰异林的独特景观。境内有乌江、清江、澧水、沅江、资水等主要河流，水资源蕴藏量大。土地资源丰富。矿产资源品种多样，锰、锑、汞、石膏、铝等矿产储量居全国前列。旅游资源丰富，自然景观独特，组合优良，极具开发潜力。

武陵山区内森林覆盖率达53%，是我国亚热带森林系统核心区、长江流域重要的水源涵养区和生态屏障。生物物种多样性丰富，素有"华中动植物基因库"之称。

1. 武陵山区气候环境

武陵山区气候属于亚热带向暖温带过渡类型，气候温暖湿润。本区年平均气温16～17.5℃，平均相对湿度在80%左右，平均日照1200～1500小时，多年积温为4500～5500℃，无霜期260～300天，年降水量为1400～1800毫米，阴雨天较多，雨水较均匀。降雨较多为4～5月，即"梅雨"季节。

2. 武陵山区土质背景

武陵山区是一个具有多级夷平面的岩溶山原山地，坡度多在25°以下。河谷多属U型谷，河流两岸的河漫滩、一级阶地、二级阶地面积较小，耕地少，土壤含水量较低。由于山高坡大、岩石风化程度高，耕地土质退化现象普通，难以开展机械化农业生产，仍然以传统人工种植为主，较有利于发展中药材、茶叶等旱地农业。

按不同海拔土壤类型分为：海拔500米以下土壤为红壤、紫色土；海拔500～800米分布黄红壤；海拔800～1700米主要为山地黄壤；1700米以上为黄棕壤和山地草甸土；在石灰岩分布地区，交错分布着黄色和黑色石灰土。大部分为砂页岩和变质岩的土石山地，土壤呈微酸性反应；其次为石灰岩山地，土壤呈中性或微碱性。土壤表层质地偏粗，黏土比例少，在山高、坡陡的地形条件下，土层浅薄，岩石出露多，喀斯特地貌特征明显。

土壤按质地可分为砂土、黏土和壤土。土壤颗粒中直径为0.01～0.03毫米之间的颗粒占50%～90%的土壤称为砂土，砂土通气透水性良好，耕作阻力小，土温变化快，保水保肥能力差，易发生干旱，适于在砂土种植的药用植物有何首乌、百合等。含直径小于0.01毫米的颗粒在80%以上的土壤称为黏土，黏土通气透水能力差，土壤结构致密，耕作阻力大，但保水保肥能力强，供肥慢，肥效持久、稳定，适宜在黏土中栽种的药用植物不多，如泽泻等。壤土的性质介于砂土与黏土之间，是最优良的土质，壤土土质疏松，容易耕作，透水良好，又有相当强的保水保肥能力，适宜种植多种药用植物，特别是根及根茎类的中药材宜在壤土中栽培，如黄连、党参、山药、白术和丹参等。

（二）武陵山区的中药资源现状

1. 武陵山区中药资源特点

据不完全统计，武陵山区药用植物3700余种，药材种植面积36万公顷，药材年产量近

50万吨,年产值达80亿元。年产达千吨的药材有:山银花、黄连、百合、黄柏、杜仲、厚朴、白术等。野生药材主要有半夏、伸筋草、骨碎补、葛根等。按省(市)划分来看,各地中药资源现状如下。

(1)武陵山区-贵州区 该地区以武陵山的主峰梵净山中药资源最为丰富,约有植物2000余种,其中梵净山特有药用植物15种。铜仁地区中草药1200余种,其中植物药976种,动物药100余种,中草药蕴藏量360万吨。其代表性的药材有:吴茱萸、半夏、杜仲、金银花、何首乌、天冬、麦冬、百合、木瓜、桃仁、杏仁、枳壳、枳实、陈皮、太子参、钩藤、瓜蒌、茵陈、石菖蒲、白及、白芍、党参、白术、续断、石斛、栀子、山慈菇、草乌。其中太子参、何首乌、头花蓼等通过中药材GAP基地认证。

(2)武陵山区-重庆区 其渝东南为药材主产区,该区域有中草药1700多种,其中,药用植物1350种。药材多冠以"川"字号,如川黄连、川黄柏、川党参、川续断等品种,均是全国知名的优质药材。主要品种有:黄连、川佛手、金银花、青蒿、半夏、黄柏、何首乌、山茱萸、玄参、百合、前胡、金荞麦、厚朴等。石柱黄连占全国产量60%,在石柱黄水镇的"中国黄连市场",年交易量1600吨左右,因量大、质量优,石柱被誉为"黄连之乡"。秀山县山银花种植20万亩。石柱黄连、酉阳青蒿、秀山山银花、黔江虎杖、南川玄参通过国家GAP认证;而石柱黄连、秀山银花、酉阳青蒿等更被列为国家地理标志产品。培育了灰毡毛忍冬新品种(渝蕾1号),青蒿新品种(渝青1号),玄参新品种(渝玄参1号)。收购量大的野生药材主要有:鱼腥草、伸筋草、骨碎补、黄柏、厚朴、何首乌、续断等药材。

(3)武陵山区-湖北区 为湖北药材主产区和药材生产基地,当地中草药资源2088种,来源于187个科,225个属。常年收购品种约300种,主要有骨碎补、鱼腥草、夏枯草、金雀花根、黄柏、厚朴、续断等药材。该区主要道地大宗品种有:黄连、湖北贝母、川党参(板党)、当归(窑归)、续断(五鹤续断),厚朴(紫油厚朴)、独活(重齿毛当归)、辛夷等。名贵民族药材有:江边一碗水、头顶一颗珠、水灵芝、白三七等。黄连、玄参通过了国家GAP的认证。

(4)武陵山区-湖南区 湖南有中药资源2384种。在国内外享有一定声誉的道地药材有白术、玉竹、杜仲、吴茱萸、百合、厚朴、栀子、枳壳、木瓜、玄参、鱼腥草、夏枯草、前胡、湘莲、牡丹皮、陈皮、青皮、薏苡仁、蕲蛇、乌梢蛇、朱砂等40余种。近几年来发展快、规模大、商品质量好、市场占有份额大、在全国具有较高声誉的有龙脑樟、金银花、茯苓、黄姜、天麻等中药材品种。此外,具有一定种植历史和规模的品种,如平江白术,沅江枳壳,道县、江华、双牌厚朴,桑植木瓜,邵东玉竹,新晃吴茱萸,祁东牡丹皮，慈利杜仲，隆回、龙山百合、玄参，靖县、通道茯苓，黔阳天麻等。其中，慈利曾被定为国家杜仲生产基地，种植面积38万亩；道县、双牌、江华曾被定为国家厚朴种植基地，种植9万亩；沅江曾被定为国家枳壳基地；新晃的万亩龙脑樟（天然冰片）基地；隆回、龙山百合6万余亩；隆回、溆浦16万亩金银花基地等。其中隆回被原国家林业局命名为"中国金银花之乡"。龙山百合、隆回金银花获国家地理标志保护产品。

2. 武陵山区的中药加工及流通情况

由于武陵山区丰富的中药资源，故各大药厂纷设药材生产基地。如九芝堂药业公司在平江建立了白术生产基地，正清药业在沅陵建立了黄姜基地，湘云制药厂在安化建立了黄姜基地，德海制药公司在石门建立了天麻基地，天士力集团在新晃建立了龙脑樟基地，太极集团在石柱等地建立前胡、紫菀基地，湖北九州通药业在利川建立了黄连生产基地等。

武陵山区的中药材有很长的生产历史，因而自然形成药市或专业药市。邵阳廉桥药材市场为全国十七家药材市场之一，药市现有国营、集体、个体药材栈、公司共800多家，经营厂13 340平方米，经营品种1000余种，集全国各地名优药材之大成。年成交额在10亿元以上，年上交国家税费800多万元。专业药材市场，如石柱黄连交易市场、龙山的百合专业市场、隆回小沙江的金银花专业市场、邵东"十里玉竹加工长廊"和靖州的茯苓专业市场等。

武陵山区出口的药材有：黄连、大黄、玉竹、百合、金银花、吴茱萸、茯苓等；加工提取物出口的药材有：青蒿、博落回、枳壳、厚朴、黄姜、虎杖等。

三、武陵山区中药产业扶贫对策

根据武陵山区贫困特点，认为武陵山区"亲贫式"增长的产业选择关键在于有效利用区内与特色农业、旅游产业相关的优势资源，并促进第一产业中特色农业与第三产业中旅游产业的有机结合。而中药材产业属于本区域的特色农业产业，又属于健康产业，有利于形成"康养、文化、旅游"的紧密融合。《武陵山片区区域发展与扶贫攻坚规划（2011—2020年）》"特色产业"提出："大力发展中药材种植，建设一批符合中药材生产质量管理规范（GAP）的生产基地"。

中药产业扶贫，应以提质增效、保护环境为导向，促进"生产+加工+流通+科技"要素集聚，加快一、二、三产业的深度融合，构建"社会资本+龙头企业+合作社+家庭农场+

农户"的产业复合体，推动中药产业扶贫形成全链条、全要素、一体化运用，使中药材产业扶贫具有精准、长效、可持续发展。

1. 因地制宜、适度发展中药材

武陵山区各区（县）的海拔、土壤、中药种植基础等条件不同，因而中药材扶贫应结合现在的种植基础，以提高中药材品质，增加农民效益为前提，坚持因地制宜、统筹规划、合理布局的原则，规划中药材种植品种和面积。宜药则药，切勿盲目追风或引种。发展本区道地或优质药材，如德江天麻，酉阳青蒿，秀山、松桃、思南、隆回金（山）银花，松桃和龙山百合，隆回的龙牙百合，邵阳玉竹、白芍，平江白术，鹤峰续断，慈利和石门杜仲，石柱和利川鸡爪黄连，恩施紫油厚朴，宣恩竹节参，咸丰鸡腿白术，巴东独活、玄参，长阳资丘木瓜等，提质增效，树立品牌，拓展市场。根据市场的需求，在周边区（县）适当拓展，形成优质药材的品牌带动作用。

2. 坚持开发与生态保护并重

武陵山区为长江经济带的生态屏障，加之本区的喀斯特地貌石漠化等影响，生态脆弱，发展中药材产业，应注重生态保护。坚持生态种植、立体种植、林药结合、药药结合等措施。在喀斯特地貌地区，应种植黄柏、厚朴、杜仲、吴茱萸、三叶木通、单面针、淫羊藿等木类、藤类或地上部分的药材，减少药材采收对生态环境的影响。提倡中药材生态种植，减少农药、化肥的投入，增施有机肥，合理轮作，减少病虫害发生。开展半野生抚育技术研究，使药材生长回归"原生态"，真正体现药材以疗效为目的。在优势药材产区，应建立原产地药材的自然保护区，将种质资源保护与中药文化、旅游、养生结合起来，使生态资源转化为经济资源。

3. 创建传统销售与"互联网+"结合多种销售模式

一是强化龙头企业带动作用，以龙头企业自建药材基地，或建立"龙头企业+合作社+农户"等多种模式，形成"中药材产业扶贫示范基地""定制药园"，发展订单农业，推动中药材标准化种植，形成产业精准扶贫新格局。二是培育一批经营主体。支持具有一定规模的药材销售企业或大户，开展多种形式的合作，形成利益联结机制，让农户共享发展收益。三是以"互联网+"拓展中药材销售。目前，随着互联网迅猛发展，催生一批互联网药企或农产品企业，促进中药材销售新模式发展，如数字本草、中药材天地网、康美医药城、九州通网、农推网等。中药材种植大户、专业合作社或农户均可通过互联网提供便利，促进中药材的销售。鼓励贫困地区建立中药材产地电子交易中心，拓展中药材电商营销渠道。

4. 加大中药材产品加工和开发

制定道地和优质中药材产地初加工规范，统一质量控制标准，改进加工工艺，提高中药材产地初加工水平，避免粗制滥造导致中药材有效成分流失、质量下降。严禁滥用硫黄熏蒸等方法，二氧化硫等物质残留必须符合国家规定。严厉打击产地初加工过程中掺杂使假、染色增重、污染霉变、非法提取等违法违规行为。

针对本区的中药资源，开展中药大健康产品的开发，以产品带动当地中药价值的提升。特别是药食两用类中药，充分挖掘食用价值，大力开发药食两用的产品，如百合可开发成百合粥、百合精、百合粉条、百合糕等。加大对中药副产物的综合利用，减少资源的浪费，提高中药资源的附加值。如黄连花茶，利用黄连打花的废弃物，开发成黄连花茶；黄连须根作为中畜药，可治动物痢疾等。

5. 完善中药材产业技术服务体系

构建种植、养殖、加工、研发、销售服务一体化的综合服务体系。发挥中药原料质量监测信息和技术服务中心等服务机构作用，建立中药材服务精准到户机制，组织相关专家开展技术培训、实地指导中药材技术。在中药材主产区建设一批中药材种植信息监测站，构建贫困地区中药材种植溯源体系，为中药材产业精准扶贫提供技术支撑。

四、中药材扶贫的共性要求

《武陵山片区区域发展与扶贫攻坚规划（2011—2020年）》提出"大力发展中药材种植"。由于该区域有着良好自然禀赋和中药材种植基础，各地乡村发展中药材的热情高涨，但中药材种植有着自身的发展规律和科学技术基础。本节对中药材种植品种选择、中药材常见病虫害防治方法等共性问题作了简述，为中药材产业提供参考。

（一）中药材种植的品种选择

民间常说道：中草药少了是宝，多了是草。在中药材种植方面，品种选择尤为重要，直接决定种植成败的关键。在实际生产中，因跟风种植中药材，失败者不胜枚举。如2005

年种植青蒿，2008年种植山银花，最后因价格暴跌，种植者哀鸿一片。如何选择品种，必须做到以下几点。

1. 选择道地或优势药材品种

中药是在中医理论指导下，用于预防、治疗、诊断疾病并具有康复与保健作用的物质。未经加工或未制成成品的中药原料，叫中药材。道地中药材，是指经过中医临床长期应用优选出来的，产在特定地域，与其他地区所产同种中药材相比，品质和疗效更好，且质量稳定，具有较高知名度的中药材。在一定程度上，道地中药材就是质优的代名字。如石柱黄连，称为"川黄连"，最早在《名医别录》就有记录，石柱县志记载黄连种植有700余年历史。当地种植规模大，且质量稳定，在国内有较高的知名度。

优势药材，即优势药材产区，指有一定种植或引种历史、形成一定规模，质量稳定，相对其他地区有较高知名度。如湖南龙山百合，于1966年引种江苏宜兴卷丹，到现在发展成规模最大、质量较好的产区，成为全国百合主产地之一。

各地发展中药材，首选本地区种植的道地药材或优势药材。一是这些药材经过长期种植，质量稳定；二是具有较高品牌效应；三是形成了良好销售渠道。本区域道地药材和优势药材有：黄连、山银花、青蒿、白术、玉竹、枳壳、陈皮、川党参、肉独活、太白贝母、玄参等。各地可根据不同药材生长条件的要求，选择性种植。切勿盲目引种，或者跟风种植。

2. 选择种植技术成熟品种

中药材种植技术与药材质量、产量有着密切关系，每一种植物的特性不同，种植技术也有差异。选择种植技术成熟的中药材品种，从种子繁育、施肥管理、病虫害防治、产地加工等过程形成一套技术规范，可减少种植风险，保证药材质量。相反，种植技术不成熟的品种，需要反复实践验证，存在繁育率不高，产量质量不稳定，病虫害影响等。即使要种植新品种或技术不成熟的品种，一定要依靠中药材专家的指导，防范由种植技术不成熟产生的风险。

3. 优先选择多种用途药材

优先选择具有多种用途的药材。一是选择药食两用的药材品种，如山药、百合、黄精、石斛、党参等，既可作药材，也可作食材，扩大销售范围。同时，药食两用品种，也可开发为健康食品，提升药材的附加值。二是选择具有观赏价值的品种，与乡村旅游和康养旅游结合起来，形成产业融合，如芍药、牡丹、石斛、使君子、瑞香等。三是选择综合利用高的品种，如桑树，其桑白皮、桑叶、桑枝、桑椹均作药用；莲，其莲子心、藕结、莲叶均作药用，可最大提高使用价值。

（二）中药材种植化肥农药使用要求

中药材种植过程中，化肥、农药与中药材质量和安全有着密切的关系。《中华人民共和国中医药法》第二十二条中规定："严格管理农药、肥料等农业投入品的使用，禁止在中药材种植过程中使用剧毒、高毒农药，支持中药材良种繁育，提高中药材质量"。原国家食品药品监督管理总局先后下发了《关于进一步加强中药材管理的通知》（食药监〔2013〕208号）和《关于进一步加强中药饮片生产经营监管的通知》（食药监药化监〔2015〕31号）中指出："严禁使用高毒、剧毒农药，严禁滥用农药、抗生素、化肥，特别是动物激素类物质、植物生长调节剂和除草剂。加快技术、信息和供应保障服务体系建设，完善中药材质量控制标准以及农药、重金属等有害物质限量控制标准；加强检验检测，防止不合格的中药材流入市场"。由以上可见，滥用化肥和农药有可能触犯法律法规。因而，在中药材种植过程中，掌握好肥料和农药的施用种类、施用量以及施用时期极为重要。

1. 种植中药材施肥须注意的原则

以有机肥（或有机菌肥）为主，适当搭配化肥为辅；以施基肥为主，配合追肥和种肥，适期追肥和补施肥；根据植物生长需求规律，合理施肥。

有机肥，指以有机物质作为肥料的均称为有机肥料。包括人粪尿、厩肥、堆肥、绿肥、饼肥、沼气肥等。有机质达30%以上，氮、磷、钾总养分含量在5%以上。施用有机肥料能改善土壤理化特性，有效地协调土壤中的水、肥、气、热，提高土壤肥力和土地生产力，是绿色食品生产的主要养分。

生物菌肥是在有机肥料中加入有益微生物菌群，通过有益菌在植物根系周围的大量繁殖形成优势种群，抑制其他有害菌的生命活动；分解了植物生长过程中根系排放的有害物质；促进了土壤中有机物质的降解和无机元素释放；改善了土壤的团粒结构，调节了土壤保肥、供肥、保水、供水以及透气性功能。生物菌肥的施用，能显著提高作物的产量和品质，同时达到有机生产的目的，符合安全性要求较高的中药材生产需要，但价格较高。

2. 中药材病虫草害防治中使用农药应遵循原则

（1）严格禁止使用剧毒、高毒、高残留或有致癌、致畸、致突变的农药：禁止销售和使用的剧毒、高毒、高残留农药品种（共65种）如下。

六六六、滴滴涕、毒杀芬、二溴氯丙烷、杀虫脒、二溴乙烷、除草醚、艾氏剂、狄氏剂、汞制剂、砷类、铅类、敌枯双、氟乙酰胺、甘氟、毒鼠强、氟乙酸钠、毒鼠硅、甲胺磷、对硫磷、甲基对硫磷、久效磷、磷胺、苯线磷、地虫硫磷、甲基硫环磷、磷化钙、磷化镁、福美胂、福美甲胂、胺苯磺隆单剂、甲磺隆单剂、百草枯（水剂）、磷化锌、硫线磷、蝇毒磷、治螟磷、特丁硫磷、氯磺隆、胺苯磺隆复配制剂、甲磺隆复配制剂、甲拌磷、甲基异柳磷、内吸磷、克百威（呋喃丹）、涕灭威（神农丹）、灭线磷、硫环磷、氯唑磷、水胺硫磷、灭多威、硫丹、溴甲烷、杀扑磷、氯化苦、氧乐果、三氯杀螨醇、氰戊菊酯、丁酰肼、氟虫腈、丁硫克百威、乙酰甲胺磷、乐果、毒死蜱、三唑磷及其复配剂。

（2）推广使用对人、畜无毒害，对环境无污染，对产品无残留的植物源农药、微生物农药及仿生合成农药。

提倡使用的生物源农药和一些矿物源农药。生物源农药具有选择性强，对人畜安全，低残留，高效，诱发害虫患病，作用时间长等特点。

微生物源农药：农用抗生物，如井冈霉素、春雷霉素、农抗120、阿维菌素、华光霉素；活体微生物制剂，如白僵菌、枯草芽孢杆菌、哈茨木霉、VA菌根等。植物源农药：杀虫剂，如除虫菊素、鱼藤酮、苦参碱；杀菌剂，如大蒜素、苦参碱等；驱避剂如苦楝素、川楝素等。动物源农药：昆虫信息素、微孢子原虫杀虫剂、线虫杀虫剂等。矿物源农药：硫制剂，如石硫合剂；铜制剂，如波尔多液；钙制剂，如生石灰，石灰水等。

（3）杀毒剂提倡交替用药，每种药剂喷施2～3次后，应改用另一种药剂，以免病毒菌产生抗药性。

（4）按中药材种植常用农药安全间隔期喷药，施药期间不能采挖商品药材，例如50%多菌灵安全间隔期15天，70%甲基托布津安全间隔期10天，敌百虫安全间隔期7天。

（5）严禁使用化学除草剂防除中药材种植区的杂草，以免造成药害和污染环境。

（三）中药材常见病虫害防治方法

受气候、环境及人工种植因素的影响，中药材病虫害的发生率不断增加，对药材产量和质量影响极大。特别是连作引起的病虫害最为严重，如黄连、百合、玄参等药材，因连作发生病虫害导致轻则减产，重则颗粒无收。现将武陵山区中药材常见的病虫害症状及防治方法简介如下，供中药材生产者参考。

1. 立枯病

为多数药材种苗期最常见的病症。最初是幼苗基部出现褐斑，进而扩展成绕茎病斑，病斑处失水干缩，致使幼苗成片枯死。此病危害黄连、白术、菊花等。

防治方法　降低土壤湿度，及时拔除病株，并用多菌灵等处理土壤，喷药预防其他健株感染。

2. 斑枯病

斑枯病（图1）可分几类：①鸡冠花叶斑病（又称褐斑病），侵染叶片、叶柄和茎部。叶上病斑圆形，后扩大呈不规则状大病斑，并产生轮纹，病斑由红褐色变为黑褐色，中央灰褐色。茎和叶柄上病斑褐色、长条形。②鱼尾葵叶斑病（亦称黑斑病）。叶片上产生黑褐色小圆斑，后扩大或病斑连片呈不规则大斑块，边缘略微隆起，叶两面散生小黑点。③君子兰叶斑病

图1　斑枯病

（枯斑病）。叶上有椭圆形或长条形浅红褐色病斑，周围有退绿圈，后扩大呈不规则大斑块，病斑上产生黑点。

防治方法　加强肥水管理，促使苗木和林木生长健壮，提高抗病力。发病时使用10%苯醚甲环唑（世高）1200倍液、25%咪鲜胺（使百克）1200倍液对斑枯病有显著效果。

3. 白绢病

植物受害后根部皮层腐烂，导致全株枯死。在潮湿条件下，受害根茎表面产生白色菌索，并延至附近的土壤中，后期病根茎表面或土壤内形成油菜籽似的圆形菌核。受害的有白术、鱼腥草、玉竹、黄连、金银花、太子参、苍术、芍药、玄参（图2）、桔梗、百合等中药材植物。

白绢病菌为一种根部习居菌，只能在病株残体上生活。病菌以菌核在病株残体上越

玄参白绢病发病初期   玄参白绢病发病后期

图2　白绢病发病症状

冬。次年春季土壤湿度适宜时菌核萌发产生新的菌丝体，侵入植物根茎部位危害。病株菌丝可以沿土壤间隙向周围邻近植株延伸。菌核借苗木或者流水传播，高温、高湿和积水有利于发病。6～9月为发病期，7～8月为发病盛期。

防治方法　碳酸钾对白绢病菌核的萌发有抑制作用，而硝酸钾、氯化钾、硫酸钾、磷酸二氢钾和过磷酸钙对白绢病菌核的萌发有着不同程度的促进作用。施用草木灰和充分腐熟的有机肥，适当追施硫酸铵、尿素、硝酸钙等含氮肥料，提高土壤中氮含量，可抑制白绢病菌核的萌发。采用生防菌防治，如哈茨木霉、绿色木霉、康宁木霉等多种木霉菌及粘帚霉、荧光假单胞菌、枯草芽孢杆菌、放线菌、菌根菌等。施用化学药剂防治，如40%氟硅唑1000倍液、99%噁霉灵3000倍液和70%代森锰锌防治。

4. 根腐病

发病初期，仅仅是个别支根和须根感病，并逐渐向主根扩展，主根感病后，早期植株不表现症状，后随着根部腐烂程度的加剧，吸收水分和养分的功能逐渐减弱，地上部分因养分供不应求，在中午前后光照强、蒸发量大时，植株上部叶片才出现萎蔫，但夜间又能恢复。病情严重时，萎蔫状况夜间也不能再恢复。此时，根皮变褐，并与髓部分离，最后全株死亡。如党参的根腐病见图3。此病由真菌半

图3　党参的根腐病

知菌亚门腐皮镰孢霉菌侵染引起。病菌在土壤中和病残体上过冬，一般多在3月下旬至4月上旬发病，5月进入发病盛期，其发生与气候条件关系很大。苗床低温、高湿和光照不足，是引发此病的主要环境条件。育苗地土壤黏性大、易板结、通气不良致使根系生长发育受阻，也易发病。另外，根部受到地下害虫、线虫的危害后，伤口多，有利于病菌的侵入。

防治方法 选地。选择地势高、排水良好的地块。苗床用25%多菌灵粉剂500倍液消毒；种子在播种前用清水漂洗，以去掉不饱满和成熟度不够的瘪种；种苗移栽时去除病苗，并用25%多菌灵粉剂300倍液浸泡30分钟后晾干水汽移栽。忌连作；增加通风透光；发病初期发现病株及时拔除销毁，并用10%的石灰水灌穴；收获后清洁田园，消灭病残体。发病高峰期，用50%退菌特1000倍液或50%多菌灵500倍液浇灌病区，防病效果达90%以上；也可施用哈茨木霉、绿色木霉、康宁木霉等多种木霉菌防治。

5. 霜霉病

也被称为白粉病。叶片背面有一层霜状霉层，初期为白色，后变为灰黑色，最终致使叶片枯黄坏死。如黄连的霜霉病见图4。早春或晚秋低温多雨潮湿时，发病更严重。易发病中药材主要是黄连、延胡索、党参、菊花等。防治时可用40%疫霜灵、瑞毒霉、甲基托布津等药剂喷洒。

图4 黄连的霜霉病

6. 蚜虫

多发于4～6月，"立夏"前后，特别是阴雨天蔓延更快。它的种类很多，形态各异，体色有黄、绿、黑、褐、灰等，为害时多聚集于叶、茎顶部柔嫩多汁部位吸食，造成叶子及生长点卷缩，生长停止，叶片变黄、干枯。蚜虫为害的药用植物极多，几乎所有药植物都受其危害。

防治方法 彻底清除杂草，减少其迁入的机会；在发生期可用40%乐果1000～1500倍稀释液或灭蚜松（灭蚜灵1000～1500倍稀释液）喷杀，连喷多次，直至杀灭。

7. 红蜘蛛

6月始发，为害叶片。7～8月高温干燥气候有利其繁殖，种类很多，体微小、红色。

多集中于植株背面吸取汁液。被害叶初期红黄色，后期严重时则全叶干枯，花、幼果也会受害。该虫害繁殖力很强，危害的药用植物很多，如玄参、何首乌、菊花、枳壳等。

防治方法 发生期可用25%杀虫脒200～300倍稀释液喷杀。

8. 地老虎

又名土蚕、截蚕，多发生于多雨潮湿的4～6月。幼虫以茎叶为食，咬断嫩茎，造成缺苗断垄；稍大后，则钻入土中，夜间出来活动，咬食幼根、细苗，破坏植株生长。为害的药用植物很多，如黄连、白术、桔梗、山药等。

防治方法 粪肥须高温堆制，充分腐熟后再施用；3月下旬至4月上旬铲除地边杂草，清除枯落叶，消灭越冬幼虫和蛹；用75%辛硫磷乳油按种子量的0.1%拌种；日出前检查被害株苗，挖土捕杀；危害严重时，用75%辛硫磷乳油700倍液，进行穴灌，或喷洒90%敌百虫600倍液。

五、中药材相关政策法律法规（节选）

1.《中华人民共和国药品管理法》

第一章 总则

第一条 为了加强药品管理，保证药品质量，保障公众用药安全和合法权益，保护和促进公众健康，制定本法。

第二条 在中华人民共和国境内从事药品研制、生产、经营、使用和监督管理活动，适用本法。

本法所称药品，是指用于预防、治疗、诊断人的疾病，有目的地调节人的生理机能并规定有适应症或者功能主治、用法和用量的物质，包括中药、化学药和生物制品等。

第三条 药品管理应当以人民健康为中心，坚持风险管理、全程管控、社会共治的原则，建立科学、严格的监督管理制度，全面提升药品质量，保障药品的安全、有效、可及。

第四条 国家发展现代药和传统药，充分发挥其在预防、医疗和保健中的作用。

国家保护野生药材资源和中药品种，鼓励培育道地中药材。

第七条 从事药品研制、生产、经营、使用活动，应当遵守法律、法规、规章、标准和规范，保证全过程信息真实、准确、完整和可追溯。

第二章　药品研制和注册

第二十四条　在中国境内上市的药品，应当经国务院药品监督管理部门批准，取得药品注册证书；但是，未实施审批管理的中药材和中药饮片除外。实施审批管理的中药材、中药饮片品种目录由国务院药品监督管理部门会同国务院中医药主管部门制定。

申请药品注册，应当提供真实、充分、可靠的数据、资料和样品，证明药品的安全性、有效性和质量可控性。

第三章　药品上市许可持有人

第三十九条　中药饮片生产企业履行药品上市许可持有人的相关义务，对中药饮片生产、销售实行全过程管理，建立中药饮片追溯体系，保证中药饮片安全、有效、可追溯。

第四章　药品生产

第四十四条　药品应当按照国家药品标准和经药品监督管理部门核准的生产工艺进行生产。生产、检验记录应当完整准确，不得编造。

中药饮片应当按照国家药品标准炮制；国家药品标准没有规定的，应当按照省、自治区、直辖市人民政府药品监督管理部门制定的炮制规范炮制。省、自治区、直辖市人民政府药品监督管理部门制定的炮制规范应当报国务院药品监督管理部门备案。不符合国家药品标准或者不按省、自治区、直辖市人民政府药品监督管理部门制定的炮制规范炮制的，不得出厂、销售。

第四十八条　药品包装应当适合药品质量的要求，方便储存、运输和医疗使用。

发运中药材应当有包装。在每件包装上，应当注明品名、产地、日期、供货单位，并附有质量合格的标志。

第五章　药品经营

第五十一条　从事药品批发活动，应当经所在地省、自治区、直辖市人民政府药品监督管理部门批准，取得药品经营许可证。从事药品零售活动，应当经所在地县级以上地方人民政府药品监督管理部门批准，取得药品经营许可证。无药品经营许可证的，不得经营药品。

药品经营许可证应当标明有效期和经营范围，到期重新审查发证。

药品监督管理部门实施药品经营许可，除依据本法第五十二条规定的条件外，还应当遵循方便群众购药的原则。

第五十二条　从事药品经营活动应当具备以下条件：

（一）有依法经过资格认定的药师或者其他药学技术人员；

（二）有与所经营药品相适应的营业场所、设备、仓储设施和卫生环境；

（三）有与所经营药品相适应的质量管理机构或者人员；

（四）有保证药品质量的规章制度，并符合国务院药品监督管理部门依据本法制定的药品经营质量管理规范要求。

第五十五条　药品上市许可持有人、药品生产企业、药品经营企业和医疗机构应当从药品上市许可持有人或者具有药品生产、经营资格的企业购进药品；但是，购进未实施审批管理的中药材除外。

第五十八条　药品经营企业零售药品应当准确无误，并正确说明用法、用量和注意事项；调配处方应当经过核对，对处方所列药品不得擅自更改或者代用。对有配伍禁忌或者超剂量的处方，应当拒绝调配；必要时，经处方医师更正或者重新签字，方可调配。

药品经营企业销售中药材，应当标明产地。

依法经过资格认定的药师或者其他药学技术人员负责本企业的药品管理、处方审核和调配、合理用药指导等工作。

第五十九条　药品经营企业应当制定和执行药品保管制度，采取必要的冷藏、防冻、防潮、防虫、防鼠等措施，保证药品质量。

药品入库和出库应当执行检查制度。

第六十条　城乡集市贸易市场可以出售中药材，国务院另有规定的除外。

第六十三条　新发现和从境外引种的药材，经国务院药品监督管理部门批准后，方可销售。

第十章　监督管理

第九十八条　禁止生产（包括配制，下同）、销售、使用假药、劣药。

有下列情形之一的，为假药：

（一）药品所含成份与国家药品标准规定的成份不符；

（二）以非药品冒充药品或者以他种药品冒充此种药品；

（三）变质的药品；

（四）药品所标明的适应症或者功能主治超出规定范围。

有下列情形之一的，为劣药：

（一）药品成份的含量不符合国家药品标准；

（二）被污染的药品；

（三）未标明或者更改有效期的药品；

（四）未注明或者更改产品批号的药品；

（五）超过有效期的药品；

（六）擅自添加防腐剂、辅料的药品；

（七）其他不符合药品标准的药品。

禁止未取得药品批准证明文件生产、进口药品；禁止使用未按照规定审评、审批的原料药、包装材料和容器生产药品。

第十一章　法律责任

第一百一十五条　未取得药品生产许可证、药品经营许可证或者医疗机构制剂许可证生产、销售药品的，责令关闭，没收违法生产、销售的药品和违法所得，并处违法生产、销售的药品（包括已售出和未售出的药品，下同）货值金额十五倍以上三十倍以下的罚款；货值金额不足十万元的，按十万元计算。

第一百一十六条　生产、销售假药的，没收违法生产、销售的药品和违法所得，责令停产停业整顿，吊销药品批准证明文件，并处违法生产、销售的药品货值金额十五倍以上三十倍以下的罚款；货值金额不足十万元的，按十万元计算；情节严重的，吊销药品生产许可证、药品经营许可证或者医疗机构制剂许可证，十年内不受理其相应申请；药品上市许可持有人为境外企业的，十年内禁止其药品进口。

第一百一十七条　生产、销售劣药的，没收违法生产、销售的药品和违法所得，并处违法生产、销售的药品货值金额十倍以上二十倍以下的罚款；违法生产、批发的药品货值金额不足十万元的，按十万元计算，违法零售的药品货值金额不足一万元的，按一万元计算；情节严重的，责令停产停业整顿直至吊销药品批准证明文件、药品生产许可证、药品经营许可证或者医疗机构制剂许可证。

生产、销售的中药饮片不符合药品标准，尚不影响安全性、有效性的，责令限期改正，给予警告；可以处十万元以上五十万元以下的罚款。

第一百一十八条　生产、销售假药，或者生产、销售劣药且情节严重的，对法定代表人、主要负责人、直接负责的主管人员和其他责任人员，没收违法行为发生期间自本单位所获收入，并处所获收入百分之三十以上三倍以下的罚款，终身禁止从事药品生产经营活动，并可以由公安机关处五日以上十五日以下的拘留。

对生产者专门用于生产假药、劣药的原料、辅料、包装材料、生产设备予以没收。

第一百二十条　知道或者应当知道属于假药、劣药或者本法第一百二十四条第一款第一项至第五项规定的药品，而为其提供储存、运输等便利条件的，没收全部储存、运输收入，并处违法收入一倍以上五倍以下的罚款；情节严重的，并处违法收入五倍以上十五倍以下的罚款；违法收入不足五万元的，按五万元计算。

第一百三十三条　违反本法规定，医疗机构将其配制的制剂在市场上销售的，责令改正，没收违法销售的制剂和违法所得，并处违法销售制剂货值金额二倍以上五倍以下的罚款；情节严重的，并处货值金额五倍以上十五倍以下的罚款；货值金额不足五万元的，按五万元计算。

第十二章　附则

第一百五十二条　中药材种植、采集和饲养的管理，依照有关法律、法规的规定执行。

第一百五十三条　地区性民间习用药材的管理办法，由国务院药品监督管理部门会同国务院中医药主管部门制定。

第一百五十四条　中国人民解放军和中国人民武装警察部队执行本法的具体办法，由国务院、中央军事委员会依据本法制定。

第一百五十五条　本法自2019年12月1日起施行。

2.《中华人民共和国中医药法》

第一章　总则

第一条　为了继承和弘扬中医药，保障和促进中医药事业发展，保护人民健康，制定本法。

第三章　中药保护与发展

第二十一条　国家制定中药材种植养殖、采集、贮存和初加工的技术规范、标准，加强对中药材生产流通全过程的质量监督管理，保障中药材质量安全。

第二十二条　国家鼓励发展中药材规范化种植养殖，严格管理农药、肥料等农业投入品的使用，禁止在中药材种植过程中使用剧毒、高毒农药，支持中药材良种繁育，提高中药材质量。

第二十三条　国家建立道地中药材评价体系，支持道地中药材品种选育，扶持道地中药材生产基地建设，加强道地中药材生产基地生态环境保护，鼓励采取地理标志产品保护等措施保护道地中药材。

前款所称道地中药材，是指经过中医临床长期应用优选出来的，产在特定地域，与其他地区所产同种中药材相比，品质和疗效更好，且质量稳定，具有较高知名度的中药材。

第二十四条　国务院药品监督管理部门应当组织并加强对中药材质量的监测，定期向社会公布监测结果。国务院有关部门应当协助做好中药材质量监测有关工作。

采集、贮存中药材以及对中药材进行初加工，应当符合国家有关技术规范、标准和管理规定。

国家鼓励发展中药材现代流通体系，提高中药材包装、仓储等技术水平，建立中药材流通追溯体系。药品生产企业购进中药材应当建立进货查验记录制度。中药材经营者应当建立进货查验和购销记录制度，并标明中药材产地。

第二十五条　国家保护药用野生动植物资源，对药用野生动植物资源实行动态监测和定期普查，建立药用野生动植物资源种质基因库，鼓励发展人工种植养殖，支持依法开展珍贵、濒危药用野生动植物的保护、繁育及其相关研究。

第二十六条　在村医疗机构执业的中医医师、具备中药材知识和识别能力的乡村医生，按照国家有关规定可以自种、自采地产中药材并在其执业活动中使用。

第二十七条　国家保护中药饮片传统炮制技术和工艺，支持应用传统工艺炮制中药饮片，鼓励运用现代科学技术开展中药饮片炮制技术研究。

第二十八条　对市场上没有供应的中药饮片，医疗机构可以根据本医疗机构医师处方的需要，在本医疗机构内炮制、使用。医疗机构应当遵守中药饮片炮制的有关规定，对其炮制的中药饮片的质量负责，保证药品安全。医疗机构炮制中药饮片，应当向所在地设区的市级人民政府药品监督管理部门备案。

根据临床用药需要，医疗机构可以凭本医疗机构医师的处方对中药饮片进行再加工。

第二十九条　国家鼓励和支持中药新药的研制和生产。

国家保护传统中药加工技术和工艺，支持传统剂型中成药的生产，鼓励运用现代科学技术研究开发传统中成药。

第三十条　生产符合国家规定条件的来源于古代经典名方的中药复方制剂，在申请药品批准文号时，可以仅提供非临床安全性研究资料。具体管理办法由国务院药品监督管理部门会同中医药主管部门制定。

前款所称古代经典名方，是指至今仍广泛应用、疗效确切、具有明显特色与优势的古代中医典籍所记载的方剂。具体目录由国务院中医药主管部门会同药品监督管理部门制定。

第九章　附则

第六十三条　本法自2017年7月1日起施行。

参考文献

[1] 彭福元，周佳民，黄艳宁，等. 加快湖南武陵山区中药材产业发展的思考[J]. 湖南农业科学，2015

（9）：134–136，138.

[2] 周日宝，贺又舜，罗跃龙，等. 湖南省大宗道地药材的资源概况[J]. 世界科学技术—中医药现代化，2003，5（2）：71–73.

[3] 周伟，黄祥芳. 武陵山片区经济贫困调查与扶贫研究[J]. 贵州社会科学，2013，279（3）：118–124.

各 论

黄连

本品为毛茛科植物黄连*Coptis chinensis* Franch.（习称味连）、三角叶黄连*Coptis deltoidea* C. Y. Cheng et Hsiao（习称雅连）、云南黄连*Coptis teeta* Wall.（习称云连）的干燥根茎。

一、植物特征

1. 黄连（味连）

多年生草本植物，株高15～25厘米。根状茎，黄色，常分枝，呈簇状或束状，并密生多数须根。叶基生，具长柄，无毛；叶片卵状三角形，坚纸质（老叶略带革质）；叶面绿色，有光泽；3全裂，中央全裂片卵状菱形，长3～8厘米，宽2～4厘米，顶端急尖，具长0.8～1.8厘米的细柄，3或5对羽状深裂，在下面分裂最深，深裂片彼此相距2～6毫米，边缘具锐锯齿，侧全裂片具长1.5～5毫米的柄，斜卵形，比中央全裂片短，不等2深裂，两面的叶脉隆起，除表面沿脉被短柔毛外，其余无毛；叶柄长12～20厘米。花葶数枝，高12～25厘米；二歧或多歧聚伞花序顶生；花3～8朵，白绿色或黄色；苞片披针形，3或5羽状深裂；花小，萼片5，黄绿色，狭卵形，长9～12.5毫米，宽2～3毫米；花瓣线形或线状披针形，长5～7毫米，顶端渐尖，中央有蜜槽；雄蕊约20，花药长约1毫米，花丝长2～5毫米；心皮8～12，离生；花柱微外弯。聚合蓇葖果6～12枚，蓇葖果长6～8毫米，有细柄，柄约与果等长；每个蓇葖果有种子8～12粒，种子长椭圆形，长约2毫米，宽约0.8毫米，褐色或黑褐色。花期2～3月，果期4～6月。（图1）

图1　黄连

2. 三角叶黄连（雅连）

三角叶黄连植物特征与味连植物特征基本相似，主要特征为：植株稍高于味连。根状茎不分枝或少分枝，节膨大，节间明显而较细（俗称之为"过桥"或"过江枝"），密生多数细根，具横走的匍匐茎。匍匐茎细长，从根茎节上侧向抽生，每株2～20枝，枝顶具复叶1片或数片，有膨大的芽苞，触地能生根发叶并生成新株。叶丛生，柄长7～17厘米，无毛；叶革质，深绿色，卵形，长达16厘米，宽达15厘米，3全裂，裂片均具明显的柄。花葶1～2，比叶稍长，长15～20厘米；顶生圆锥聚伞花序，有花3～9朵，淡绿色；苞片线状披针形，花萼狭卵形，黄绿色，长8～12.5毫米，宽2～2.5毫米，顶端渐尖；花瓣约10枚，近披针形，长3～6毫米，宽0.7～1毫米，顶端渐尖，中部微变宽，具蜜槽；雄蕊约20，长仅为花瓣长的1/2左右；花药黄色，花丝狭线形；心皮9～12，花柱微弯。聚合蓇葖果6～12枚，长圆状卵形，长6～7毫米，被微柔毛。3～4月开花，4～6月结果；但花多不孕，果实中罕有种子。（图2）

图2　三角叶黄连

3. 云南黄连（云连）

云南黄连（云连），植物形态与味连基本相似，主要特征为：植株稍低于味连。根状茎较少分枝，节间密，常为单枝，表面粗糙，黄褐色，须根多细长，且走茎。叶基生，有长柄；叶片三角形，长6～12厘米，宽5～9厘米，3全裂，边缘有锯齿；中央裂片卵状菱形，宽3～6厘米，基部有长达1.4厘米的细柄，顶端长渐尖，羽状深裂3～6对，小裂片彼此的距离稀疏。花葶1～2条，在果期时高15～25厘米；多歧聚伞花序，具3～5朵花，淡黄绿色；苞片椭圆形，3深裂或羽状深裂；萼片黄绿色，椭圆形，长7.5～8毫米，宽2.5～3毫米；花瓣匙形或卵状匙形，长4.5～6毫米，宽0.8～1毫米，顶端圆或钝，中部以下变狭成为细长的爪，中央有蜜槽；花药长约0.8毫米，花丝长2～2.5毫米；心皮8～15，花柱外弯。聚合蓇葖果排列果柄顶端，具微毛，种子细小，

果长7～9毫米，宽3～4毫米。（图3）

二、资源分布概况

黄连（味连）主要分布于重庆、湖北、湖南、陕西、贵州等省（市）。主产于重庆的石柱、开州、巫溪、巫山、城口、南川、武隆、江津等地；四川的峨眉、洪雅、峨边、彭

图3　云南黄连

县、金口河、乐山、邛崃、彭州等地；湖北的利川、恩施、来凤、咸丰、宣恩、建始、鹤峰、竹山、竹溪、房县、神农架等地；湖南的桑植、龙山等地；陕西的镇坪、平利、宁强、洋县等地；贵州的道真、黔西、铜仁梵净山、正安、施秉等地。

三角叶黄连（雅连）分布较为狭窄，主要分布于四川西南部，即峨眉、洪雅、峨边、马边、金口河、雅安、雷波等地。

云连主要分布于云南西北部及西藏东南部，主产于云南的福贡、泸水、德钦、碧江、贡山、腾冲、云龙等地，以及西藏的察隅等地。

三、生长习性

黄连生长在海拔1200～1800米之间，重庆石柱及湖北利川两大主产区的黄连核心产区在1500米±50米内，黄连最适宜生长的土壤为油砂土、紫红泥、红砂土，这类土壤均含腐殖较多。黄连具有喜阴凉，耐寒的特征。黄连在冬季休眠期，能经受住-8～-12℃的低温而不会受到损害；最高可耐温度33℃左右的持续高温和41℃的短暂高温。

黄连为阴生植物，忌强烈的直射光照射，喜散射光，因此栽培黄连必须遮荫。一般遮荫度达到85%左右，随着黄连的生长，需光量加大。三年生、四年生、五年生黄连最适荫蔽度分别为60%、45%和全光照。种植黄连有"前期喜阴，后期需光"的说法。传统的搭棚栽黄连，棚架光强度的自然变化，最适于黄连生长。初搭棚枝叶茂密，荫蔽度较大，有利幼苗地上部生长，发叶多且快，随着栽培年限增加，经风吹、雨淋、日晒，棚上叶子及小树枝不断枯落，棚慢慢变稀，光照逐渐增大，黄连生长也转入以地下根茎膨大为主。因

其需光特性，选择种植黄连地最好是"早阳山（东向）"或"晚阳山（西向）"，并认为前者要好于后者。太阳升起时或落下时，其光质多为蓝紫光，对黄连的生长有利。朝南的坡地，夏季光照时间长而且强，易引起夏眠的现象，不利于黄连生长。而朝北的坡地，受日照的时间短，光合作用不高，生长缓慢，并且在冬季易受冻害。

四、栽培技术

1. 种子选择

黄连植株在移植后第二年就可结种子，但数量少，种子含水量大，品质较差，一般不用。移栽三年的黄连种子数量较多，品质较好，当地称为"试花种子"。移栽四年黄连结出的种子，数量最多，成熟度高，品质好，称为"红山种子"，其种子出苗率高、出苗整齐，为种子采收的最佳时期，重庆石柱、湖北利川等黄连产地采用的种子多为红山种子。黄连苗移栽五年结出的黄连种子，称为"老红山种子"。由于遮荫棚垮塌或亮棚的影响，导致黄连叶片和花薹易受到冻害和强光的照射，影响了黄连种子的发育，其品质较红山种子差。

采收合格的种子后，需对种子分级，一般分为三级：在0.9毫米筛以上的种子为一级，二级种子在0.8～0.5毫米筛之间，三级种子在0.5毫米筛之下。一般只用一、二级种子作为良种育苗。

2. 育苗技术及种苗采收

根据育苗管理的方式可分为：精细育苗和撒茅林法。精细育苗法，需选地、搭棚荫蔽、整地、播种等措施；撒茅林法，直接将种子撒于林下含腐殖质多的土地上，让其自然生长。按照荫蔽方式可分搭棚育苗（精细育苗）、林下育苗、插枝荫蔽育苗法。下面介绍主要的几种育苗方法。

（1）精细育苗　精细育苗是目前重庆石柱、湖北利川多采用的育苗技术。其优点是出苗率高、出苗整齐、产苗量大；缺点是劳动强度较大，需搭棚荫蔽、整地、除草等环节。精细育苗一般二年即可成苗移栽，是目前主产区最常用的育苗技术。黄连精细育苗见图4。

（2）快速育苗　快速育苗是在精细育苗的基础上，通过覆盖塑料薄膜拱棚等措施，提高种苗生产所需的温、湿度，促进种子快速生长。其优点是出苗率高、种苗级别好、种

图4 黄连精细育苗

苗整齐等；缺点是黄连产区多处于高山地区，在初春种子发芽的初期，塑料拱棚易受到积雪的破坏。快速育苗多为一年即可成苗移栽，但成本相对精细育苗成本高，管理要求更高。

（3）林下育苗 林下育苗是一种相对粗放的育苗方式。一般选择在密林中无杂草及灌木，富含腐殖质的林地，撒下种子，让其自然生长，待到可以作种苗时采

图5 黄连竹林下育苗

收即可。其优点是生产成本低、劳动强度低且较环保；缺点是成苗时间长（一般为三年以上）、出苗不齐、对环境要求较严，生产量不大。目前，常见的林下育苗为竹林下育苗，黄连竹林下育苗见图5。

此外，也有几种方法的结合，如林下精细育苗，以杉、杜仲林为荫蔽物进行精细育苗。

（4）种苗采收 当生秧子：为一年生秧苗，即播后二年的苗，一般有3～4片真叶，株高4厘米左右，移栽成活率低，生长缓慢。

当年秧子：为二年生秧苗，即播后第三年生长的苗，一般有4～6片真叶，株高6厘米左右，移栽后成活率高，生长迅速，发蔸快，为移栽最适宜的苗龄，且为生产上大量移栽的秧子。

原蜂秧子：为三年生秧苗，叶片较当年秧子多，苗也大，其根茎已发育成蜂子似的形状而得名。这种苗子健壮，移栽后成活率高，生长迅速，提倡大力培育。

低海拔（1200米）育苗同比高海拔（1500米）提前半年采收，同期种苗比较，低海拔的种苗株高、叶片数及须根要比高海拔的种苗高一个等级。所以，提倡低海拔育苗高海拔移栽，缩短黄连的生长期。在高海拔地区育苗也可以采用薄膜覆盖育苗，比单纯搭棚育苗法提早15～20天出苗，加以合理的施肥和田间管理，也可提前半年达到规定的种苗级别。

在扯当年秧子时，首先选符合规定的种苗，余下的苗仍按苗期管理方法管理，待第三年时作原蜂秧子。在扯完原蜂秧子后，可按10厘米×10厘米的距离留苗，个别过稀的地方补苗，留下的苗再继续培育，任其继续自然生长，常规管理，待五六年后，即可挖取黄连。这种方法称为"蓄坐蔸"，可以节省移栽和搭棚用工用材。

3. 选地整地

（1）选地　一般应选择在海拔1200～1700米的早、晚阳山，坡度在10～30°之间，植被以生长油竹杂木地，大气、水质、土壤符合中药材GAP标准规定的肥沃、腐殖质含量高，上层疏松，下层较紧密（上泡下实）的紫红泥、森林黄棕壤、腐殖质黄棕壤等土壤的轮作地。这些土壤由于表土疏松，透水、透气性好，对黄连侧芽的成长、分枝有利，从而能形成粗壮的根茎，所产黄连形状好，产量高，质量优。

根据前茬作物，可分为：荒山土、撂荒土、轮作土和熟土等，以荒山土、撂荒土栽培黄连为好。黄连不宜连作，否则黄连生长不好，易感染病害。

（2）整地　所选地如果是荒山土或撂荒土，先清除地上的杂物，挖出树根和草根。将枯枝、草根等杂物堆集成堆，用火烧熏，只要土壤受熏发黑，土壤表面凝聚了水汽即可。然后粗挖翻土，再进行细耕，将土块打碎以备开厢作畦。如果准备春季移栽，可在12月整地，经过冻垄，既减少了病虫害发生，也增加了土壤的疏松度，利于黄连苗的移栽和生长。

4. 搭棚

（1）水泥桩棚栽培　预制水泥桩棚架已在黄连主产区广泛应用推广，以水泥桩棚为例。搭棚材料准备，按一亩计算，材料如下。

桩材：预制水泥（石）桩：长200厘米、厚（7厘米×7厘米）的水泥（石）桩约144根。木桩：长200厘米，粗（直径）8～10厘米的约30根，作为棚边固定铁丝用。

铁丝：10号铁丝约35千克，12号铁丝约45千克。支撑棚盖和固定水泥桩。

盖材：一般就地取材，多用树的枝权，也有竹子、玉米秆做盖材。最好是柳杉枝权和竹子，柳杉枝不会掉叶，在移植黄连3～4年都能保证遮荫度；而竹子作盖材，既轻又能起着一定支撑作用，可在竹枝上面加其他盖材。选择盖材最好是不落叶的与落叶的混合搭配，满足不同年生黄连的需光要求，落叶盖材一般为40%（如松枝等），不落叶为60%（如柳杉等），盖材约为2500千克，枝条长度最好在200厘米以上。

此外，也可用遮阳网遮荫，或在桩旁栽四季豆、黄瓜、绞股蓝等攀绕的经济植物，即可遮荫，同时也增加一定收入。

搭棚方法：山地栽培，地形差异大，故搭棚的方式应根据地形而定，灵活掌握。搭棚顺序是：先埋桩，后拉铁丝，然后自下而上将遮盖物放上，后搭成棚。在埋桩前，应根据地形作好规划，根据有利于排水来安排厢的排列方向。平地和单向斜坡地，桩行的方向同坡向一致；两面为斜坡，中间凹的谷地，顺山谷直上坡顶的一幅谷地为正厢，两边坡地为侧厢；两面斜中间凸出的山脊地，则顺山脊为正厢，两边为侧厢。侧厢和正厢的方向不一致，而以一定的角度相连。

桩距约2米，每根桩埋入40厘米左右，将桩周围的土壤压实，并在桩边栽一棵高约1米的树苗，当地称为"一桩一树"。在重庆石柱及湖北利川一带多栽培柳杉、白马桑、山茱萸、杜仲，柳杉可以作棚材，白马桑可用作林下栽连，山茱萸、杜仲则可增加经济收入。

若用遮阳网遮荫时，需在40厘米左右处用细铁丝捆紧，遮阳网与遮阳网边缘也得用细铁丝捆紧，棚架四周用石块或土块将网缘压紧，防止被风吹起。在冬天来临时，则需将遮阳网束起，防止被积雪压垮。

黄连整地搭棚见图6。

（2）林间栽培 林间荫蔽分为自然林和人工造林两种。林间栽培黄连见图7。

自然林栽黄连：选择荫蔽良好的林地，以常绿林、混交林为宜，或者当地春

图6 黄连整地搭棚

图7 林间栽培黄连

季发叶早，秋季落叶迟的落叶林亦可。黄连栽培农户（简称连农）的实践经验证明，树种以四季青、红马桑、白马桑、松、柳杉等树最为适宜。树冠高度，以330厘米左右的大灌木或小乔木为好。高大的阔叶乔木林下的雨水冲刷力强，黄连成活率低，不宜作栽连地。同时由于大乔木树枝茂密，不易修枝，荫蔽过大，树下黄连长势差，黄连产量低，品质不好。

在选好林地后，首先将林内地面竹子、荆棘及一切杂草除净，对灌木、乔木进行选留，使林变为"亮脚林"。其次根据树冠的荫蔽情况，"看天不看地"，即砍去多余的小灌木，在荫蔽过大的地方，砍去部分大树或砍修部分树枝。在荫蔽不够的地方，要栽树或补搭蔽荫棚，以保证林内荫蔽适当、均匀。到后期黄连需光时要修枝敞阳。

人工造林栽黄连：一是选坡度在20°以内的熟地或轮作撂荒地，用柳杉树与白马桑、红马桑或者"三木药材"等混合，按株行距120厘米栽植，树冠封林后即开沟作厢栽黄连，栽两三季黄连后，树已封林，即可按自然林栽黄连的办法继续栽黄连。二是在黄连生长地中植树，黄连收获后树木即已成林，这是最好的造林栽黄连的方法。

此外，还可采用立体种植，用水泥桩搭棚，再隔120厘米距离种植猕猴桃、金银花或绞股蓝等药材相结合，既可达到蔽荫的目的，又可以提高经济效益，保护生态。

5. 移栽

所栽的"春排"苗中，黄连新叶未长出前，栽后成活率高，移栽后不久即发新叶，长新根，生长良好，入伏后，死苗少，是比较好的栽连时间，称为"栽老叶子"。第二个时期是在5～6月，此时新叶已经长成，秧苗较大，栽后成活率高，生长亦好，群众称为"栽登苗"。黄连移栽见图8。

在栽秧苗前，将厢面用齿耙梳一遍，将草根、石块仔细梳去。梳时应注意厢面上部的土壤应稍厚，以防雨水等的冲刷。同时厢面必须弄成中高侧低的瓦背形，以备排水。梳土应选晴天或者阴天进行，切勿在雨天梳地，以免破坏土壤结构，影响秧苗栽后的成活及生长。更应现梳现栽，如果当天的梳土没有栽完，第二天栽秧苗前应再行梳地一次才能移栽。

目前，一般采用的是手指栽秧子，即以左手握秧苗的柄叶，右手取苗1株，并用

图8　黄连移栽

右手食指压住幼苗根茎向土中插下旋转半周后，取出手指将连苗留在孔穴中，然后把秧苗扶正，将手指留下的孔穴，覆土填盖即可。采用10厘米×12厘米的株行距。

6. 田间管理

（1）施肥培土　黄连是喜肥作物，开始1～2年生长较慢，直到第三、第四年才进入生长旺期。根据这一特点，故除在移栽前施足基肥外，每年都需要大量追肥，更应追肥重于基肥，才能提高黄连产量和质量。

黄连根茎具有向上生长而又不长出土面的特性，必须逐年培土（习惯称"上泥"），以促进根茎生长（伸长）。"面泥"可以是腐殖土、熏土、生土。撒"面泥"时必须撒均匀，不能厚薄不一，也不能一次上的过多，以免引起根茎节间突然迅速伸长，形成细长的"过桥"，反而降低黄连的产量和质量。施面泥可与施肥结合，即施肥后，及时上面泥。

第一年，在栽后7天以内，即应施肥一次，连农称"刀口肥"。每亩以腐熟细碎的厩肥1000千克或熏土1000千克拌腐熟的人畜粪尿均匀撒于厢面。移栽1个月左右，当秧苗发根后，每亩可用尿素7千克或者15千克碳酸氢铵拌细土在晴天无露水时撒施，撒肥后即用竹子或细树枝在厢面上轻扫一次，将肥料颗粒扫落土里，以免肥料烧叶。

若是春排栽的秧苗，于八九月份还可每亩施尿素10千克或碳酸氢铵30千克。秋末冬初（十至十一月）施肥一次，连农称"越冬肥"。用捣碎的厩肥每亩1000千克拌过磷酸钙100千克，或碳酸氢铵20千克拌熏土1500千克均匀撒于厢面，连农称上"花花泥"。

第二年三月份施春肥一次，每亩用厩肥1500千克，也可单用尿素10千克或碳酸氢铵20千克拌细土撒施。五六月份每亩施用捣碎腐熟的厩肥1500千克，或熏土2000千克。十至十一月份又施冬肥一次。每亩可用厩肥2000千克，拌100千克过磷酸钙及石灰150千克撒施厢面，或单施过磷酸钙150千克后培土1厘米左右厚。

第三、第四年黄连进入旺长的年龄时期，需肥量较多，因此，五六月份追肥很重要，可用腐熟厩肥每亩3000千克，拌石灰300千克施用。冬肥每亩用腐熟厩肥3000千克，或熏土4000千克，拌过磷酸钙150千克。撒施后马上培土约3厘米厚。撒施要均匀，不要厚薄不均。

第五年：若不收获，追肥、培土的方法同第四年。若为收获的当年，则只施春肥，不需施秋肥。

（2）除草松土　黄连在移栽后的一二年内，因苗小，地表空隙较大，再加上土地肥沃，特别是熟土、轮作土栽培黄连，杂草最容易滋生。此外，黄连棚内阴湿，往往生长很多苔藓植物，铺盖黄连地，这些杂草、苔藓与黄连争夺养分，使黄连植株瘦弱，叶子发黄，营养不良，严重影响黄连的生长发育，所以应做到及时除草。

在移栽后的第一、第二年内，每年至少除草4～5次，要求基本上保持厢面上无杂草。林间栽黄连在第二年内结合除草进行一次树旁断根。第三、第四年后，连苗已逐渐长大，草也较少，每年只需在春季、夏季采种后及秋季各除草一次。林间栽黄连在第三年内结合除草再进行一次树旁断根。第五年以后，一般不必除草。

"松一次土，长一批叶"。在拔草的同时，必须结合撬松表土，以利新叶再生，但应注意不能把连苗撬松，避免造成黄连苗的死亡。

（3）拦棚边 刚栽好的秧苗幼嫩，最怕强光照射，极易被晒死。为保证黄连棚内有足够的荫蔽度，保持一定的湿度和防止牛、马、羊进入践踏黄连，在黄连栽秧苗后，立即用竹子、树枝插于棚周，或者用编好的篱笆拦四周，以利荫蔽。在拦棚时，依照棚的大小和进出方便，需留1～4个门，平时门应关闭，进棚内作业时将门打开，出棚后即关门。

7. 病虫害防治

（1）白绢病 黄连发病初期，地上部分无明显症状，后期随着温度的升高，根茎内的菌丝穿出土层，向土表伸展，菌丝密布于根茎及四周的土表，最后在根茎和近土表上形成先为乳白色、淡黄色最后为茶褐色油菜籽大小的菌核。由于菌丝破坏了黄连根茎的皮层及输导组织，被害株顶稍凋萎、下垂，最后整株枯死。

防治方法 发现病株，及时带土移出黄连棚外深埋或者焚烧掉，并在病株周围撒生石灰粉进行消毒。施用哈茨木霉菌防治。

（2）白粉病 黄连白粉病主要危害黄连叶子。发病时如遇干旱，在黄连叶背面呈现红黄不规则病斑，其上撒播小黑点，渐次扩大成大病斑，直径大小为2～25毫米，叶的正面呈现黄褐色不规则的病斑，有时误认为日灼病，严重者迅速引起叶片枯死。如遇潮湿，叶的正面有一层白色粉状物，叶背仍为一种红黄不规则病斑。以后变成水渍状暗褐斑点，严重时叶子凋落枯死。轻者次年可生新叶，重者死亡缺株。

防治方法 可以喷洒20%粉锈宁可湿性粉剂1000～500倍液、"农抗120"200倍液防治、用庆丰霉素80单位喷射或25%多菌灵可湿性粉剂1000～500倍液喷雾。

（3）根腐病 发病时须根变黑褐色，干腐，脱落。初时根茎、叶柄无病变，叶面初期从叶尖、叶缘变紫红色不规则病斑，逐渐变暗紫红色，布满全叶；叶背由黄绿色变紫红色，叶缘紫红色。病变从外叶渐渐发展到心叶。病情继续发展，枝叶即呈萎蔫状，早期尚能恢复，后期则不再恢复，干枯至死。这种病株很容易从土中拔起。

防治方法 目前，黄连根腐病防治多采用微生物防治，因生物菌防治不容易造成农药残留。主要微生物菌剂有：枯草芽孢杆菌（*Bacillus subtilis*）和哈茨木霉菌（*Trichodermaharzianum*）进行防治。具体用法见相关生物菌剂的说明。

（4）炭疽病　发病初期，在叶脉上产生褐色略下陷的小斑，病斑扩大后呈黑褐色，中部褐色，并有不规则的轮纹，上面着生小黑点。叶柄茎部常出现深褐色水渍状病斑，后期略向内陷，造成枯柄落叶。天气潮湿时病部可产生粉红色黏状物，即病菌的分生孢子堆。

防治方法 每亩用75%百菌清可湿性粉剂600克兑水喷雾。

五、采收加工

1. 采收

（1）采收期及采收年限　黄连最佳采收期为每年的九十月份，采收植物年限为移栽后五年。

（2）采收方法　选晴天挖黄连，抖落泥沙，用剪刀将须根、叶子连同叶柄一起剪掉，只剩下根茎部分称"毛坨子"。其剪法为"一左二右，三梗子"。剪时注意切勿剪伤根茎，以免影响产量。剪好的毛坨子运回后，如遇晴天，也可将毛坨子在太阳下摊晒，待表面土色变干时，用齿耙翻晒，并拍打毛坨子，抖落黏附在毛坨子上的泥土，通过翻晒，尽量使毛坨子泥土抖净，减少烘烤的时间及温度，提高烘烤效率。

2. 加工

（1）毛炕　把剪好的黄连根茎（毛坨子），放在黄连炕上堆好，每炕放湿黄连300～800千克。在炕口用木柴点火，火力开始不宜过强，应慢慢增大。以避免黄连外干内湿或起泡，影响质量。其温度控制在50～110℃之间，即：在点火加温的1小时之内，温度保持在50～65℃，加温后1～2小时，温度逐渐由65℃升至100℃内。要求勤翻动，每隔10～20分钟，用造板翻动一次。水汽干时，用山耙捶打搓动，抖掉泥土。待根茎表面颜色发白或最小的根茎已干时，便可停火出炕。黄连出炕后，按根茎的大小及干湿程度分档。分档后再进行加温烘炕（称为细炕）。

（2）细炕　先将特大和相对较湿的黄连平铺于炕帘上，用中等火力烘炕，勤翻勤抖，待炕至干湿度与应参兑的相应级别一致时就将其加入其中，连农称"对货"，以此类推到炕满。火力由小到大，出炕前几分钟，火力逐渐加大，连农称"爆须"。即：自生火的2小时内，温度保持在60～80℃；2～4小时内，温度保持在80～100℃；4～5小时，温度保持在100～110℃；在出炕的最后半小时内，温度逐渐升至150℃。在细炕干燥的整个过程中，翻造宜勤，可每隔3～5分钟翻造一次，防止炕焦，使干燥均匀，直到全部炕干，外皮呈暗红色，内肉呈甘草色（淡黄色），即停火出炕。

图9　黄连脱须加工

（3）脱须　经细炕后的黄连根茎（毛坨子）立即趁热装入清洁无污染的槽笼进行脱毛（打槽笼）（图9）。黄连装入槽笼后，将盖子盖好，由2～6个人将槽笼抬起来回冲撞，使黄连在槽笼中相互摩擦，去掉须根及所附泥土与残余叶柄（即桩口）。随后，将黄连倒在干燥、清洁无污染的篾席上，用大孔筛子（即炭筛）将黄连筛出，除去石子、土粒，异物及灰渣即为成品黄连。

六、药典标准

1. 药材性状

（1）味连　多集聚成簇，常弯曲，形如鸡爪，单枝根茎长3～6厘米，直径0.3～0.8厘米。表面灰黄色或黄褐色，粗糙，有不规则结节状隆起、须根及须根残基，有的节间表面平滑如茎秆，习称"过桥"。上部多残留褐色鳞叶，顶端常留有残余的茎或叶柄。质硬，断面不整齐，皮部橙红色或暗棕色，木部鲜黄色或橙黄色，呈放射状排列，髓部有的中空。气微，味极苦。

（2）雅连　多为单枝，略呈圆柱形，微弯曲，长4～8厘米，直径0.5～1厘米。"过桥"较长。顶端有少许残茎。

（3）云连　弯曲呈钩状，多为单枝，较细小。

黄连药材见图10。

1cm

图10　黄连药材

2. 显微鉴别

（1）味连　木栓层为数列细胞，其外有表皮，常脱落。皮层较宽，石细胞单个或成群散在。中柱鞘纤维成束或伴有少数石细胞，均显黄色。维管束外韧型，环列。木质部黄色，均木化，木纤维较发达。髓部均为薄壁细胞，无石细胞。

（2）雅连　髓部有石细胞。

（3）云连　皮层、中柱鞘及髓部均无石细胞。

3. 检查

（1）水分　不得过14.0%。

（2）总灰分　不得过5.0%。

4. 浸出物

照醇溶性浸出物测定法项下的热浸法测定，用稀乙醇作溶剂，不得少于15.0%。

七、仓储运输

1. 仓储

药材仓储要求符合《绿色食品　贮藏运输准则》（NY/T 1056—2006）的规定。仓库应具有防虫、防鼠的功能；要定期清理、消毒和通风换气，保持洁净卫生；不应与非绿色食品混放；不应和有毒、有害、有异味、易污染物品同库存放；在保管期间如果水分超过14%、包装袋打开、没有及时封口、包装物破碎等，导致黄连吸收空气中的水分，发生返潮、生霉等现象，必须采取相应的措施。

2. 运输

运输车辆的卫生合格，温度在16～20℃，湿度不高于30%，具备防暑、防晒、防雨、防潮、防火等设备，符合装卸要求；进行批量运输时应不与其他有毒、有害、易串味物质混装。

八、药材规格等级

1. 鸡爪连

（1）一等　肥壮，鸡爪中部平均直径≥24毫米，单支数量≥7支，重量≥9.0克；间有长度不小于1.5厘米的碎节和长度不超过2.0厘米的过桥；断面髓部和皮部较宽厚；无焦枯。

（2）二等　较一等品瘦小，单支数量≥5支，重量≥5.0克；有过桥，间有碎节；断面髓部和皮部较窄，少数髓部有裂隙；间有焦枯。

2. 单枝连

（1）一等　长度≥5.0厘米，肥壮，直径≥0.5厘米；间有过桥，但过桥长度≤1.6厘米；断面皮部和髓部较宽厚。

（2）二等　较一等品瘦小，直径≤0.5厘米；有过桥，过桥长度≤3.0厘米；断面皮部和髓部较窄，少数髓部有裂隙；间有碎节。

九、药用价值

（1）治伤寒胸中有热，胃中有邪气，腹中痛，欲呕吐　黄连三两，甘草三两（炙），干姜三两，桂枝三两（去皮），人参二两，半夏半斤（洗），大枣十二枚（擘）。上七味，以水一斗，煮取六升，去滓。温服，昼三夜二。

（2）治消渴能饮水，小便甜，有如脂麸片，日夜六七十起　冬瓜一枚，黄连十两。上截冬瓜头去瓤，入黄连末，火中煨之，候黄连熟，布绞取汁。一服一大盏，日再服，但服两三枚瓜，以差为度。

（3）治赤白痢　黄连、黄柏并栀子仁二两。切，以水九升，煮取三升，分三服，并良。

（4）治肺热咯血，亦治热泻　黄连（净）三两，赤茯苓二两，阿胶（炒）一两。上黄连、茯苓为末，水调阿胶和丸，如梧子大，每服三十丸，食后米饮下。

（5）治小儿口疮　黄连、芦荟等分。为末，每蜜汤服五分。走马牙疳，人蟾灰等分，青黛减半，麝香少许。

（6）治重舌、木舌　黄连蜜炙二钱，白僵蚕一钱，共乳细，掺舌上，涎出即好。

（7）治眼风痒赤急　黄连半两（去须），蕤仁半两（去赤皮），秦皮半两。上件药，捣碎，以绵裹，于铜器中，用乳汁一合半，浸一复时，掠去滓。每日三五度，点目眦头。

（8）治痔疮　黄连二两，煎膏，更加等分芒硝，冰片一钱加入。痔疮敷上即消。

（9）治大热盛，烦呕，呻吟，错语，不得卧　黄连三两，黄芩、黄柏各二两，栀子十四枚（擘）。上四味，切，以水六升，煮取二升，分二服。忌猪肉、冷水。

（10）治呕吐酸水，脉弦迟者　人参、白术、干姜、炙甘草、黄连，水煎服。

（11）治肝火　黄连六两，吴茱萸一两或半两。上为末，水丸或蒸饼丸。白汤下五十丸。

（12）治眼赤痛，除热　黄连半两，大枣一枚（切）。上二味，以水五合，煎取一合，去滓，展绵取如麻子注目，日十夜再。

（13）治痈疽肿毒，已溃未溃皆可用　黄连、槟榔等分，为末，以鸡子清调搽之。

（14）治口舌生疮　黄连煎酒，时含呷之。

参考文献

[1]　瞿显友，李隆云. 黄连生产加工适宜技术[M]. 北京：中国医药科技出版社，2018.

[2]　瞿显友，李隆云. 黄连生态栽培技术[M]. 北京：中国三峡出版社，2007.

[3]　李建民，李华擎. 黄连商品种类现状考察[J]. 中国现代中药，2017（10）：128–131.

bai he

百合

本品为百合科植物卷丹 *Lilium lancifolium* Thunb.、百合 *Lilium brownii* F. E. Brown var. *viridulum* Baker或细叶百合 *Lilium pumilum* DC.的干燥肉质鳞叶。本书主要介绍卷丹的植物特征、生长习性及栽培技术。

一、植物特征

卷丹

鳞茎近宽球形，高约3.5厘米，直径4～8厘米；鳞片宽卵形，长2.5～3厘米，宽1.4～2.5厘米，白色。茎高0.8～1.5米，带紫色条纹，具白色绵毛。叶散生，矩圆状披针形或披针形，长6.5～9厘米，宽1～1.8厘米，两面近无毛，先端有白毛，边缘有乳头状突起，有5～7条脉，上部叶腋有珠芽。花3～6朵或更多；苞片叶状，卵状披针形，长1.5～2厘米，宽2～5毫米，先端钝，有白绵毛；花梗长6.5～9厘米，紫色，有白色绵毛；花下垂，花被片披针形，反卷，橙红色，有紫黑色斑点；外轮花被片长6～10厘米，宽1～2厘米；内轮花被片稍宽，蜜腺两边有乳头状突起，尚有流苏状突起；雄蕊四面张开；花丝长5～7厘米，淡红色，无毛，花药矩圆形，

图1　卷丹

长约2厘米；子房圆柱形，长1.5～2厘米，宽2～3毫米；花柱长4.5～6.5厘米，柱头稍膨大，3裂。蒴果狭长卵形，长3～4厘米。花期7～8月，果期9～10月。（图1）

二、资源分布概况

百合全国大部分都有生产，主产于湖南、浙江、江苏、陕西、四川、安徽、河南等省，以湖南所产质量最好，浙江产量最大。

三、生长习性

性喜湿润、光照，要求肥沃、富含腐殖质、土层深厚、排水性极为良好的砂质土壤，

最忌硬黏土；土壤pH值为5.5～6.5。百合喜凉爽潮湿、日光充足的地方，略荫蔽的环境对百合更为适合。忌干旱、酷暑，它耐寒性稍差些。百合生长、开花温度为16～24℃，低于5℃或高于30℃生长几乎停止，10℃以上植株才能正常生长，超过25℃时生长又停滞。

四、栽培技术

1. 种植材料

百合无性繁殖和有性繁殖均可，目前生产上主要用鳞片、小鳞茎和珠芽繁殖。卷丹鳞茎见图2。

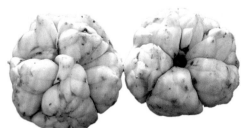

图2　卷丹鳞茎

2. 选地

百合喜温暖湿润环境，宜选择地势高、向阳、土层深厚、土质疏松、排水良好的夹沙土或腐殖质土壤种植；山区可选半阴半阳的疏林下或缓坡地种植。

3. 整地

选地后，于栽种前深翻土壤25厘米以上，结合整地，每亩施腐熟农家肥或堆肥2000千克、过磷酸钙25千克作基肥，翻入土内，然后，整细耙平做成宽1.3米的畦，畦沟宽30厘米、深20厘米，四周开好较深的排水沟，以利排水。

4. 播种

（1）鳞片繁殖　秋季采挖鳞茎，剥取里层鳞片，选肥大者在1∶500的苯菌灵或克菌丹水溶液中浸30分钟，取出，阴干，基部向下插入苗床内，第2年9月挖出，按行株距15厘米×6厘米移栽，经2～3年培育可以收获。亦可采用育苗箱育种。

（2）小鳞茎繁殖　采收时，将小鳞茎按行株距15厘米×6厘米播种，经2年培育可收获。

（3）珠芽繁殖　夏季采收珠芽，用湿沙混合贮藏于阴凉通风处，当年8～9月播于苗床上，第2年秋季地上部枯萎后，挖取鳞茎，按行株距20厘米×10厘米播种，到第3年秋采收，较小者再培育1年。

5. 栽培

（1）种植时间　7、8、9月均可栽种，其中以立秋后下种为宜。

（2）种植密度　行距27～33厘米，株距17～20厘米，行深16厘米。一般每亩栽5000～6000蔸，需种200～300千克。百合种植基地见图3。

（3）种植方法　在抽好行后，每亩用大粪250～300千克，拌火土灰施放于行沟里，并盖一层薄土，然后把种茎放在土上，再用第2行的土覆盖约7厘米厚。

图3　百合种植基地

6. 田间管理

（1）中耕除草施肥　栽后第2年，于春季齐苗后进行第1次中耕除草，宜浅锄，不要伤鳞茎。结合锄草，追肥1次，每亩施用腐熟人畜粪水1000千克、过磷酸钙20千克、堆肥800千克混拌均匀，于行间开沟施入，施后盖土。第2次在5月开花前结合中耕除草，每亩施入腐熟饼肥水500千克、过磷酸钙20千克、堆肥800千克拌匀于行间开沟施入。第3次于7月花后，结合除草再追施1次磷、钾肥，用量稍大，方法同第1次。每次施肥应避免肥液与种茎直接接触，以免引起鳞茎腐烂。

（2）摘蕾　除留种地外，于5～6月现蕾时，及时剪除花蕾，使养分集中于鳞茎生长，有利增产。

（3）排灌水　百合怕涝，夏季高温多雨季节以及大雨后要及时疏沟排水，以免发生病害。遇干燥天气，应及时浇水。

7. 病虫害防治

（1）灰霉病　当花蕾、花朵上出现淡黄色灰霉状物后，用速克灵1000倍液，或腐霉利1000倍液，或灰霉净1000倍液，每隔7～10天喷洒叶面1次，连续喷洒2～3次，注意务必喷洒到花蕾和花朵上，以开始有水珠顺着叶片或花朵往下滴为宜。

（2）病毒病　在百合生长过程中，一般应每月根部淋洒或叶面喷洒1次植物病毒疫苗600倍液，或病毒净600倍液，或病毒必克600倍液，每次每株淋2～3千克，或以喷湿叶面至滴水为宜，以削弱植株体内病毒的活性，有效地防止植株发病。

（3）叶斑病　当叶片上出现暗褐色水渍状病斑时，用敌力脱1000倍液，或腈菌唑1000倍液，或叶斑净800倍液，每隔7～10天喷洒叶面1次，连喷2～3次，均匀喷湿所有的叶片，以开始有水珠顺着叶片往下滴为宜。

（4）软腐病　在种植前，要选择无损伤的鳞茎，并用0.1%的高锰酸钾溶液浸泡8～10分钟进行消毒。大田发病后，用农用硫酸链霉素5000倍液，或新植霉素5000倍液灌根和喷洒叶面，每次每株灌2～3千克，每隔7～10天喷1次，连喷2～3次，以喷湿叶面至滴水为宜。

（5）立枯病　在种植前要注意选择无病的鳞茎，并用0.1%的石灰水上清液浸泡鳞茎8～10分钟进行消毒。在大田管理过程中，要增施磷钾肥，避免偏施氮肥，以提高植株的抗病能力。一般每月根部施1次磷酸二氢钾或高效生物磷钾肥，每株施25～30克，施时兑清水或沤制腐熟的人畜粪水2～3千克后淋施。大田发病后，用敌克松600倍液或硫酸铜1000倍液进行灌根，每隔7～10天灌1次，连灌2～3次，每次每株灌药液2～3千克。

（6）虫害

①地上害虫：蚜虫、红蜘蛛、介壳虫、白粉虱等危害叶片，刺吸汁液，传播病毒病，并使植株衰退，影响开花。

防治方法　应每月叶面喷洒1次蚜虱净1000倍液，或乐斯本1000倍液，或农地乐1000倍液进行防治。

②地下害虫：蛴螬、蝼蛄、蟋蟀、小地老虎均为地下害虫，它们咬食地下根系，使植株倒伏、死亡。

防治方法　应每月根部淋洒1次乐斯本1000倍液，或敌百虫800倍液，每次每株淋药液2～3千克。

五、采收加工

1. 采收

采收期一般于栽后第2年的立秋前后，当茎叶枯萎时，选晴天挖取。除去泥土、茎秆和须根，将大鳞茎者作为商品，小鳞茎者留作种用。百合药材见图4。

2. 加工

先将大鳞茎剥成片，按大、中、小

图4　百合药材

分别盛放，洗净泥土，沥干水滴。然后，投入沸水中烫煮，大片约10分钟，小片约5～7分钟，煮至边缘柔软，背面有极小的裂纹时，迅速捞出，放入清水中漂洗去黏液，立即薄摊于晒席上暴晒，未干时不要随意翻动，以免破碎。晚间收进屋内平摊晾干，切勿叠放。次日再晒，晒2天后可翻动1次，晒至九成干时再晾至全干。遇阴雨天则可用文火烘干。

六、药典标准

1. 药材性状

呈长椭圆形，长2～5厘米，宽1～2厘米，中部厚1.3～4毫米。表面黄白色至淡棕黄色，有的微带紫色，有数条纵直平行的白色维管束。顶端稍尖，基部较宽，边缘薄，微波状，略向内弯曲。质硬而脆，断面较平坦，角质样。气微，味微苦。

2. 浸出物

照水溶性浸出物测定法项下的冷浸法测定，不得少于18.0%。

七、仓储运输

1. 仓储

分级后立即密封包装，放置于通风凉爽的仓库中，防止虫蛀和霉变。

2. 运输

运输应遵循及时、准确、安全、经济的原则。将固定的运输工具清洗干净，商品遮盖严密，及时运往贮藏地点，不得雨淋、日晒、长时间滞留在外，不得与其他有毒、有害物质混装，避免污染。

八、药材规格等级

色泽洁白完整，大而厚的作为一级品；小片和碎片为三级品；其余为二级品。

九、药用食用价值

1. 临床常用

百合性微寒、味甘，有润肺、止咳、清热。解毒、理脾健胃、利湿消积、宁心安神、促进血液循环等功效。主治劳嗽、咯血、虚烦惊悸等症，对医治肺络疾病和保健抗衰老有特别功效。据药理研究表明，百合有升高白细胞的作用，因此对多种癌症都有较好的疗效。

2. 食疗及保健

（1）百合莲子汤　将干百合、干莲子和黄花各用温水洗净，放入盆内加清水，蒸熟后加入冰糖，再蒸化冰糖即可。早晚空腹时喝。此汤有润肺，养神，健肤，美容之功。

（2）绿豆百合粥　免淘优质粳米50克，绿豆50克，干百合15克，大枣10只。粳米用水轻漂1次，绿豆、百合洗3遍，大枣洗净去核，共放高压锅内；加水1500～2000毫升，用大米煮至上气，加盖继续用小火焖20分钟。停火后不开盖，自然放冷后食用。

（3）清热莲蓬汤　鲜莲蓬1个、白莲子38克、干百合38克、炒扁豆38克、赤小豆38克。用3碗水把所有材料煲约2小时，下盐调味即成。

（4）木瓜鲜鱼汤　木瓜1个（约500克重），鲜草鱼约600克，干百合50克，胡萝卜1个，黄杏40克，党参50克，姜2片。先将所有原料洗净，木瓜去核切成块，待水滚开后将所有原料放入锅内，然后用文火炖2个小时便可饮用。

（5）干百合桂圆甜汤　干百合，干桂圆肉，糖冬瓜，蜜枣，枸杞子，红枣适量。干百合，干桂圆肉，枸杞子，红枣洗净，全部材料放入煲里，大火煮开，小火煮半小时。

（6）百合莲子银耳羹　银耳3朵、莲子20克、干百合20克、冰糖100克、枸杞子10克。把银耳用温水泡发约半小时后洗净，剪去根部，然后用手撕成小片；莲子、百合和枸杞子也分别用温水泡发，把撕成小片的银耳放入砂煲内，倒入足够多的清水，开大火煮开后盖上盖子转文火煲2.5小时，待银耳煮至浓稠后，放入冰糖搅拌均匀、然后倒入莲子，盖上锅盖小火煮半小时，最后放入百合和枸杞子再煮15分钟左右即可熄火。此款甜品有滋阴润肺、益气养心的功效。

（7）药膳

①慢性支气管炎：百合20克，粳米50克，煮粥食用；百合9克，梨1个，白糖15克，混合蒸2小时，饭后服。

②慢性胃炎：百合30克，乌药、木香各10克，每日2次煎服，用于胃阴损伤者。

③心动过速：百合、莲子各30克，大枣15克，烧甜羹食用。

④淋巴结结核：鲜百合适量，捣烂后敷患处。

⑤咽喉炎：百合9克，绿豆15克，同煮加糖食用。

⑥更年期综合征：百合30克，红枣15个，烧汤食用；百合60克，鸡蛋2个（去除蛋白），百合煮烂后，倒入蛋黄拌匀，再煮沸加糖饮服，每日分2次服。

⑦小儿支气管哮喘：百合500克，枸杞子120克，共研细末，炼蜜丸，每日6丸，用于发病间隙期。

⑧神经衰弱：干百合15克，酸枣仁20克，同煎，取汁每日服2次。

参考文献

[1] 郝瑞娟，王周锋，穆鼎. 百合栽培品种群的种质特征和品质调查[J]. 北方园艺，2011（4）：103－104.

[2] 向国军，刘斌，张宏锦，等. 龙山县百合栽培及加工技术规程[J]. 湖南农业科学，2011（12）：28－29.

[3] 陈苏利. 百合栽培基质配方的筛选研究[D]. 咸阳：西北农林科技大学，2005.

[4] 王仙芝. 秦巴山区野生百合及栽培百合3种病毒病发生的研究[D]. 咸阳：西北农林科技大学，2008.

mu dan pi

牡丹皮

本品为毛茛科植物牡丹*Paeonia suffruticosa* Andr.的干燥根皮。

一、植物特征

落叶灌木，茎高达2米；分枝短而粗。叶通常为二回三出复叶，偶尔近顶的叶为3小叶；顶生小叶宽卵形，长7～8厘米，宽5.5～7厘米，3裂至中部，裂片不裂或2～3浅裂，表面绿色，无毛，背面淡绿色，有时具白粉，沿叶脉疏生短柔毛或近无毛，小叶柄长1.2～3厘米；侧生小叶狭卵形或长圆状卵形，长4.5～6.5厘米，宽2.5～4厘米，不等2裂至3

图1　牡丹

浅裂或不裂，近无柄；叶柄长5～11厘米，和叶轴均无毛。花单生枝顶，直径10～17厘米；花梗长4～6厘米；苞片5，长椭圆形，大小不等；萼片5，绿色，宽卵形，大小不等；花瓣5，或为重瓣，玫瑰色、红紫色、粉红色至白色，通常变异很大，倒卵形，长5～8厘米，宽4.2～6厘米，顶端呈不规则的波状；雄蕊长1～1.7厘米，花丝紫红色、粉红色、上部白色，长约1.3厘米，花药长圆形，长4毫米；花盘革质，杯状，紫红色，顶端有数个锐齿或裂片，完全包住心皮，在心皮成熟时开裂；心皮5，稀更多，密生柔毛。蓇葖长圆形，密生黄褐色硬毛。花期5月，果期6月。（图1）

二、资源分布概况

牡丹原产于中国西部秦岭和大巴山一带山区，为落叶灌木。隋朝时期，牡丹主要以洛阳为栽培中心。唐代，牡丹的种植范围从北方地区扩大到长江以南地区。北宋时期仍以洛阳为栽培中心，南宋时转移至天彭，明代则以亳州为主，清代以曹州为主。公元724～749年，中国牡丹进入日本；1330～1851年，法国对引进的中国牡丹进行大量繁育；1656年，荷兰东鲕公司将牡丹引入荷兰；1789年英国丘园引进牡丹。目前，牡丹主要分布于安徽、四川、河南、山东等地。

三、生长习性

牡丹为多年生灌木。春季，温度5℃左右时其根部开始萌动，1月下旬至2月上旬芽萌动膨大，2月下旬或3月上旬出现花蕾，3月下旬至4月中旬开花，4月下旬至5月上旬花芽分化，9月至11月下旬花芽分化结束。秋季降温后，其根开始生长。10月下旬至11月上旬进入倒苗期，枝叶枯萎后进入休眠状态。第2年春季开始下一个生长年周期。

四、栽培技术

1. 种植材料

牡丹的有性繁育也称种子繁殖，是利用牡丹通过有性发育阶段胚珠受精所形成的种子进行繁殖的繁殖方式。无性繁殖包括扦插、分株、嫁接、压条、组织培养等多种方式。生产以有性繁殖为主，选择颗粒饱满的成熟种子（图2）。

2. 选地与整地

选择土质疏松、土层深厚的砂质壤土，要求牡丹栽植地块高亢向阳、不重茬，且具有很好的排灌水能力。牡丹栽植前1～2个月深翻土壤，深度50～60厘米即可，整平做成高畦，畦呈龟背形，以便排水，畦宽1.5～2.0米、沟深30厘米、沟宽40厘米。牡丹选地与整地见图3。

图2　牡丹种子

图3　牡丹选地与整地

3. 播种育苗

牡丹的播种育苗适宜在处暑后至白露前，即阴历7月底。选择颗粒饱满的成熟种子，用50℃温水浸种24～30小时，播种前再用500～1000毫克/升的赤霉素处理24小时，与适量草木灰拌匀后进行播种。

播种分穴播、条播。穴播每穴播6～8粒，每隔20厘米1穴；条播行距15厘米，开4～6厘米沟，将种子每隔4～6厘米播1粒于沟内。然后盖土3厘米左右，稍微浇水，为保湿可在苗床上遮阳，忌浇过多水，防止土壤板结，入冬前将遮阳物去掉，霜冻前用稻草或树叶覆盖苗床以防冻害，翌年2月，去掉覆盖物，并浇水。萌芽后注意松土除草。

4. 田间管理

（1）移栽　定植选在秋季落叶后，即9～10月份，将2年生种苗挖起移栽。按行株距50厘米×30厘米、深20～30厘米挖坑，每个坑种1株壮实的牡丹或2～3株较小的牡丹。填土时根系需伸直，且保持根部舒展并与土壤密接，栽植后浇水以定根。

（2）中耕除草　移栽第2年春季出芽后开始中耕除草，每年中耕3～4次，保持地内无杂草，土壤疏松。一般结合中耕除草要进行培土。

（3）露根　4～5月份晴天时，揭去覆盖物，扒开根际周围的泥土，露出根蔸，让其接收光照。2～3天后结合中耕除草，再培土施肥。

（4）追肥　牡丹在开春化冻、开花以后和入冬前各施肥1次，每亩可施腐熟的有机肥150～200千克。施肥一般结合培土进行。

（5）灌溉排水　北方地区4～6月降雨量较少，应适当增加浇水次数。7～8月降水多，要减少浇水次数，而且需要注意雨后排涝。秋季植物进入生长后期，需水量小，可适当少灌水，春季是牡丹旺盛生长期，要及时给足水分。灌水方式分为地面灌溉、地下灌溉和空中灌溉。雨季应及时清沟排水，防止积水烂根。

（6）摘蕾与整形修剪

①整形修剪原则：应使树型内高外低，形成自然丰满的圆头形或半圆形树型。灌木内膛的小枝应适量疏剪，强壮枝应进行适当短截，下垂细弱枝及地表萌生的地蘖应彻底疏除。栽种多年的应逐年更新衰老枝，疏剪内密生枝，培育新枝。生长于树冠外的徒长枝，应及时疏除或尽早短截，促生二次枝。花落后形成的残花、残果，若无其他需要的宜尽早剪除。成片栽植的灌木丛，修剪时应形成中间高四周低或前面低后面高的丛形。

②修剪顺序：先大后小，由粗到细；先上后下，由高到低；先外后内，由头到尾；先

开后疏，由轻到重；先疏后截，由长到短；先去后理，由乱到清。

③修剪：清明节前后，混合芽开始萌动，此时需要将牡丹枝条上残留的枯梢、花梗和枝叶剪去，同时清理根茎周围杂草。根据牡丹的株龄、大小、品种、生长势等，选择性留下7～8或者11～12个分布均匀、生长健壮的枝条，剪掉枯枝、病虫枝和其他多余的枝条。掰去早春萌芽根茎部长出的土芽以达到集中养分的目的，保证枝干上留下的芽萌发开花。根茎部土芽和老枝上的不定芽需要及时清理，避免消耗牡丹的养分。留芽修剪时要选择平剪，这样能使伤口小、愈合快。修剪时选择枝干外侧的芽，剪口高于芽的位置1～1.5厘米。如果不留种子，则开花后要及时剪去残花以保留养分。

5. 病虫害防治

（1）炭疽病　加强田间管理，对土壤进行深翻，剪去枯枝、病枝和过于繁盛的花芽，及时清除病残体，深埋或烧毁；发病初期可喷75%代森锰锌络合物800倍液，或80%代森锰锌800～1000倍液，每10～15天喷1次，连续喷2次。

（2）白粉病　喷洒15%粉锈宁可湿性粉剂1000倍。同时加强田间管理，注意增施磷、钾肥，控制氮肥的施用量；可在春季萌芽前喷施波美3～4度石硫合剂；生长季节发病时可喷施75%代森锰锌可湿性粉剂800倍或50%多菌灵可湿性粉剂800倍液防治，每半个月1次，连续3次。

（3）叶斑病　11月上旬（立冬）前后剪除病叶枯枝，集中烧掉，以消灭病原菌；发病前（5月份）喷洒1∶1∶160倍的波尔多液，10～15天喷1次，直至7月底；发病初期，喷洒500～800倍的甲基托布津、多菌灵，7～10天喷1次，连续3～4次。

（4）紫纹羽病　选排水良好的高燥地块栽植；雨季及时中耕，降低土壤湿度；4～5年轮作1次；选育抗病品种；分栽时用50%多菌灵可湿性粉500倍浸根或70%甲基硫菌灵1000倍液浇其根部；受害病株周围用石灰或硫黄消毒。

（5）根腐病

①土壤处理：选择排水良好的高燥地块，用石灰穴位消毒。

②种苗处理：发现病株及时挖出并进行土壤消毒，剪去伤残根及衰老根，晾晒2天后，全株放入70%甲基托布津（600～800倍）+甲基异硫磷（1000倍）混合液中浸泡2～3分钟，捞出晾干后栽植。

③药剂处理：用50%多菌灵可湿性粉剂500倍液，浇灌于病株根茎基部，每10天1次，连续2～3次。

（6）锈病　发病期间用15%粉锈宁800倍液喷施。

（7）白绢病

①为了预防苗期发病，可用50%多菌灵可湿性粉剂处理土壤，每亩地用250克，加干细土5千克，混合均匀后，撒在播种或扦插沟内，然后进行播种或扦插。

②发病初期，在苗圃内可用50%多菌灵可湿性粉剂500～800倍液，或50%托布津可湿性粉剂500倍液，或1%硫酸铜液，或萎锈灵10ppm，或氧化萎锈灵25ppm，浇灌苗根部，可控制病害的蔓延。

③春、秋季扒土晾根：树体地上部分出现症状后，将树干基部主根附近土扒开晾晒，可抑制病害的发展。晾根时间从早春3月开始到秋天落叶为止均可进行，雨季来临前可填平树穴以防发生不良影响。晾根时还应注意在穴的四周筑土埂，以防水流入穴内。

④选用无病苗木：调运苗木时，严格进行检查，剔除病苗，并对健苗进行消毒处理。消毒药剂可用70%甲基托布津或50%多菌灵可湿性粉剂800～1000倍液、2%的石灰水、0.5%硫酸铜液浸10～30分钟，然后栽植。

⑤病树治疗：根据树体地上部分的症状确定根部有病后，扒开树干基部的土壤寻找发病部位，确诊是白绢病后，用刀将根颈部病斑彻底刮除，并用抗菌剂401的50倍液或1%硫酸液消毒伤口，再外涂波尔多浆等保护剂，然后覆盖新土。

⑥挖隔离沟：在病株周围挖隔离沟，封锁病区。

（8）虫害 发现虫害时可剪除受害的枝叶烧毁。介壳虫：可用1000～1500倍敌敌畏或氧化乐果喷洒。天牛：可用磷化铝熏杀或幼虫钻蛀前用20%氯虫苯甲酰胺3000倍液喷雾防治。黄刺蛾：用1000～1500倍敌敌畏喷洒于牡丹叶背面，可极大降低幼虫的成活率。蛴螬：50%辛硫磷2000倍液或90%敌百虫1000倍液灌根，每亩撒施5%辛硫磷颗粒250克于土表，然后深翻入土中。地老虎：低龄幼虫用98%的敌百虫晶体1000倍液或50%辛硫磷乳油1200倍液喷雾防治。高龄幼虫可用切碎的喜食性鲜草30份拌入敌百虫粉1份，傍晚撒入田间诱杀。蝼蛄：用豆饼或麦麸配成毒饵撒在田里诱杀，也可在夜间用灯光诱捕。根结线虫病：80%二氯异丙醚乳油颗粒施入穴内5～10厘米深处，每株5～10克，每年施1次；还可用1.8%阿维菌素1000倍液灌根。

五、采收加工

1. 采收

一般移栽3～5年即可采收。常在秋季选择晴天，采挖根部，去除泥土，将根条自基部剪下，运回加工。

2. 加工

连丹皮：将剪下的牡丹根堆放1～2天，失水变软后，去掉须根，用刀剖皮，深达木部，抽去木心（俗称抽筋），将根皮晒干，为连丹皮（原丹皮）。晒时趁其柔软，将根条理直，捏紧刀缝使之闭合。

刮丹皮：趁鲜刮去外皮，再用木棒将根捶破，抽去木部，晒干，为刮丹皮（粉丹皮）。

丹须：根条细小，不易刮皮和抽心，直接晒干，为丹须。

牡丹皮在晾晒过程中不能淋雨或接触水分，否则会使其发红变质，影响药材质量。

六、药典标准

1. 药材性状

（1）连丹皮　呈筒状或半筒状，有纵剖开的裂缝，略向内卷曲或张开，长5～20厘米，直径0.5～1.2厘米，厚0.1～0.4厘米。外表面灰褐色或黄褐色，有多数横长皮孔样突起和细根痕，栓皮脱落处粉红色；内表面淡灰黄色或浅棕色，有明显的细纵纹，常见发亮的结晶。质硬而脆，易折断，断面较平坦，淡粉红色，粉性。气芳香，味微苦而涩。（图4）

图4　牡丹皮药材

（2）刮丹皮　外表面有刮刀削痕，外表面红棕色或淡灰黄色，有时可见灰褐色斑点状残存外皮。

2. 显微鉴别

粉末淡红棕色。淀粉粒甚多，单粒类圆形或多角形，直径3～16微米，脐点点状、裂缝状或飞鸟状；复粒由2～6分粒组成。草酸钙簇晶直径9～45微米，有时含晶细胞连接，簇晶排列成行，或一个细胞含数个簇晶。连丹皮可见木栓细胞长方形，壁稍厚，浅红色。

3. 检查

（1）水分　不得过13.0%。

（2）总灰分　不得过5.0%。

4. 浸出物

照醇溶性浸出物测定法项下的热浸法测定，用乙醇作溶剂，不得少于15.0%。

七、药材规格等级

1. 凤丹皮、连丹皮

（1）一等品　干燥后为圆筒状，根条均匀，稍有弯曲，长约6厘米以上，中部直径2.5厘米以上。表面灰褐色或棕褐色，粗皮脱落处显粉棕色，质硬脆，断面粉白或淡褐色，显粉性，有香气。断碎药材不能超过5%，没有木心、杂质、霉变。

（2）二等品　药材长5厘米以上，中部直径1.8厘米以上，其他规格标准同一等品。

（3）三等品　药材长4厘米以上，中部直径1厘米以上，其他规格标准同二等品。

（4）四等品　不符合一等品、二等品、三等品的细条及断枝碎片，包括断碎品。

2. 刮丹皮

药材外表面灰黄色、粉红色或淡红棕色，有多数横生皮孔及细根痕，其他特征同连丹皮。药材分成4个等级。

（1）一等品　呈圆筒状，根条均匀，已刮去外皮。其他同药材特征。长6厘米以上，中部直径2.4厘米以上，断碎药材不超过5%，没有木心、杂质、霉变品。

（2）二等品　药材根条长5厘米以上，中部直径1.7厘米以上，其他同一等品。

（3）三等品　药材根条长4厘米以上，中部直径0.9厘米以上，其他同二等品。

（4）四等品　不符合一等品、二等品、三等品长度的断枝碎片。

八、药用食用价值

1. 临床常用

牡丹味苦、辛，性微寒，归心、肝、肾经。具有清热凉血，活血化瘀，退虚热等功效。用于温热病热入血分，发斑，吐衄，热病后期热伏阴分发热，阴虚骨蒸潮热，血滞经闭，痛经，痈肿疮毒，跌扑伤痛，风湿热痹等。据现代研究报道，牡丹皮具抗血栓形成和抗动脉粥样硬化、抗心肌缺血、抗心律失常、降压、镇痛、抗炎、抑菌、增强免疫、保肝等作用。

2. 食疗及保健

（1）自古牡丹花就可食用，其颜色鲜艳，味道独特，且营养丰富。李时珍《本草纲目》："牡丹花红花利、白花补"。2013年，凤丹牡丹被国家正式宣布可以食用之后，凤丹牡丹花在食品上的利用，更是种类繁多。食牡丹花已日渐成为一种时尚，并形成了许多配方，牡丹花做成牡丹花醋、牡丹饮料（如牡丹花茶、牡丹花酒等）、牡丹酱及牡丹鲜花糕点等。

（2）根据2014年原国家卫生和计划生育委员会对于化妆品原料的公告，凤丹牡丹任何部位的提取物都可以做化妆品。如牡丹精华护肤霜，对人体具有保护皮肤、延缓衰老、美容的功效，其香气也能使人们心情愉悦。

参考文献

[1] 范俊安. 重庆垫江牡丹皮质量分析与控制研究[D]. 重庆：重庆医科大学，2006.

[2] 张鸿雁，郭毅春，胡晓黎，等. 牡丹皮适宜气候及优质高产栽培技术[J]. 陕西农业科学，2013，59（2）：258–259.

[3] 刘正中. 垫江药用牡丹的栽培技术要点[J]. 中国林业产业，2005（3）：49–50.

[4] 王军，张雨凤，方成武，等. 趁鲜加工对凤丹皮的适用性研究[J]. 中国现代中药，2016，18（8）：1039–1041.

[5] 范俊安，张艳，邱宗荫，等. 重庆垫江牡丹皮原植物和形态组织学研究[J]. 中国中药杂志，2006，31（10）：843–845.

[6] 申明亮，邓才富，易思荣，等. 重庆药用牡丹规范化生产技术规程（SOP）[J]. 中国现代中药，2009，11（5）：9–11.

[7] 郭宝林，巴桑德吉，肖培根，等. 中药牡丹皮原植物及药材的质量研究[J]. 中国中药杂志，2002，27（9）：654–657.

湖北贝母

本品为百合科植物湖北贝母*Fritillaria hupehensis* Hsiao et K. C. Hsia的干燥鳞茎。

一、植物特征

植株长26～50厘米。鳞茎由2枚鳞片组成，直径1.5～3厘米。叶3～7枚轮生，中间常兼有对生或散生的，矩圆状披针形，长7～13厘米，宽1～3厘米，先端不卷曲或多少弯曲。花1～4朵，紫色，有黄色小方格；叶状苞片通常3枚，极少为4枚，多花时顶端的花具3枚苞片，下面的具1～2枚苞片，先端卷曲；花梗长1～2厘米；花被片长4.2～4.5厘米，宽1.5～1.8厘米，外花被片稍狭些；蜜腺窝在背面稍凸出；雄蕊长约为花被片的一半，花药近基着，花丝常稍具小乳突；柱头裂片长2～3毫米。蒴果长2～2.5厘米，宽2.5～3厘米，棱上的翅宽4～7毫米。花期4月，果期5～6月。（图1）

图1 湖北贝母

二、资源分布概况

湖北贝母是武陵山区的道地药材之一，主产于鄂西南，湘西北，重庆奉节、万州、巫山等地，栽培和使用历史悠久，为湖北省及四川省、重庆市的地方常用药材。产于湖北省恩施州利川县板桥镇的湖北贝母，习称"板贝""窑贝"。在湖北建始、室恩一带有栽培，为湖北恩施州通过GAP认证的品种。其产量仅次于浙贝母。

三、生长习性

喜阳光充足而又凉爽、润湿的气候，怕高温、干旱和积水。根的生长，9～10月下种的经7～10天鳞茎基部萌发须根，至翌年2月下旬呈丛簇状，新鳞茎基部已萌生新的肉质粗壮须根，生长旺盛。茎叶的生长，鳞茎休眠期芽的分化已经开始，9月分化显著加快，至11月中旬分化基本形成，下旬主芽伸出鳞茎表面，但越冬前不出土，到翌年2月上旬前后主芽生长出土，2月下旬苗出齐，2月底、3月初（苗高12～15厘米）二秆露头，3月上旬植株茎部萌生出1～2个侧茎。开花结实期，花芽及叶芽在鳞茎休眠期已分化形成。现蕾期在3月中下旬，花期为10～20天。

四、栽培技术

1. 种植材料

湖北贝母有种子繁殖和鳞茎繁殖2种方式。因种子繁殖萌发率低，且生长周期长、见效慢。因此以鳞茎繁殖为主，也可用鳞片和种子繁殖。板贝进行无性繁殖多代后，应进行1次有性繁殖。但因板贝开花多，结果极少，难收到较多种子，种子繁殖尚在试验阶段。

2. 选地与整地

（1）选地　选择河流、山脚、大溪两侧的冲击土为最好。土层深厚，富含腐殖质，砂质壤上，排水良好的，可与前茬作物玉米、大豆、甘薯等作物轮作。黏壤、过沙的土壤均不适宜。土质以腐质壤土为宜。

（2）整地　地选好后深翻18～20厘米，耙细耙平，做成宽200厘米、高12～15厘米的畦，畦沟深15～20厘米，宽30厘米左右。每公顷施腐熟的厩肥和堆肥37 500～75 000千克，均匀施入地表土层。种前将细碎的土做成130厘米宽、830厘米长的厢子，面上铺腐熟的牛粪厚约4厘米，粪面可铺肥泥一层，即可播种。湖北贝母种植前整地见图2。

图2　湖北贝母种植前整地

3. 播种

湖北贝母可采用无性繁殖和有性繁殖两种方法，因极难收到成熟种子，恩施州以无性繁殖（鳞茎繁殖）为主。

（1）选种与种球处理

①选种：鳞茎收获后，用不同筛孔的筛分成大、中、小3级，分别保存，一般大、中子用作栽植材料，大子加工入药（直径2厘米以上），有时也采用小子作种，多不分瓣，而大、中子则分瓣繁殖。

②种球处理：播种前必须严格选种，将染病虫害的鳞茎剔除，栽植当日，用手指或竹刀，将鳞茎纵切成2～4瓣，不能横切，每瓣宽应在1厘米以上，分瓣时必须保留内皮，否则不易发芽。选种后用0.3%高锰酸钾溶液或10%福尔马林溶液浸种10分钟，捞出后不必用水冲洗，直接播种，应边分瓣边栽种，不宜分瓣后保存。

（2）播种期　6月中下旬，湖北贝母收获后即可栽植，最好随收随栽，如播种过迟，会直接影响湖北贝母的出苗率和鳞茎的生长发育。

（3）播种方法　在整好的畦面上开横沟，一般沟宽15～20厘米，沟深6～8厘米，以行株距3厘米×10厘米将分瓣鳞茎摆在沟内，分瓣的伤口应向下，覆盖腐殖质土5～6厘米厚，上盖杂草竹枝一层，起抗旱保湿作用（图3）。每公顷需种栽5250～7500千克。

图3　湖北贝母种植

4. 田间管理

（1）中耕除草　重点放在贝母未出土前和植株生长的前期进行，栽后半个月浅除一次草，每隔半个月进行一次，并和施肥结合起来。在施肥之前要除一次草，使土壤疏松，肥料易吸收。苗高12～15厘米抽薹，每隔15天除草一次，或者见草就拔，种子田5月中耕一次。

（2）定苗　4月中旬，参苗封行前拔除病株、弱株。

（3）追肥　施冬肥很重要，用量大，地上部生长仅有3个月左右。肥料需要期比较集中，仅是出苗后追肥不能满足整个生长的需要，而冬肥能够满足整个生长期，能源源不断地供给养分，因此冬肥应以迟效性肥料为主。重施基肥，在畦面上开浅沟，每公顷人粪尿

15 000千克施于沟内，覆土，上面再盖厩肥、垃圾和饼肥混合发酵的肥料。

（4）排灌水 湖北贝母从2～4月需水多一点，如果这一阶段缺水，植株生长不好，直接影响鳞茎的膨大，进而影响产量。整个生长期水分不能太多，也不能太少。但北方春季干旱，可每周浇一次水，南方雨季要注意排水。

（5）越夏 管理重点为荫蔽过夏和除草施肥。畦上一定要有荫蔽物，千万不能忽视。秋季栽种的亦应视气候情况，采取必要的荫蔽措施。生育期要注意及时揭除盖草，中耕除草要求浅锄。在出苗后和开花后要适当追肥。

（6）摘花 为了使鳞茎得到充足的养分，花期要摘花，但也不能摘得过早或过晚。当花长2～3朵时采为合适。

湖北贝母种植基地见图4。

图4 湖北贝母种植基地

5. 病虫害防治

（1）病害 危害湖北贝母的主要病害有茎腐病、灰霉病等。防治应采取农业综合措施与药剂防治并举的方案，多雨季节注意及时清沟排涝，松土施肥。在雨天和露水未干时，不能开展田间作业，发现病株应及时清除，并用生石灰消毒病穴，控制传染。

①茎腐病：一是选用无病种贝；二是轮作；三是药剂防治，田间发病初期（多为3月上旬），用40%多菌灵500倍液或25%多菌灵可湿性粉剂300倍液浇灌发病区，可有效控制该病扩展蔓延。

②灰霉病：俗称"烂种"。防治方法有轮作；及时拔除病残植株，集中烧毁或深埋；发病时用50%甲基托布津1000倍液喷雾，7天1次，连续3～4次，目前采用40%霉疫净可湿性粉剂200倍液喷雾，防治效果达90%以上。

（2）虫害 危害湖北贝母的害虫主要有地老虎、蛴螬、金针虫、线虫和尾足螨等。

①地老虎、蛴螬、金针虫：用敌敌畏1600倍液，代森铵800倍液兑人粪水浇灌根部或浸种处理。

②线虫：3月份湖北贝母出苗后，危害鳞茎茎盘处，6月中旬收获至栽植前贮藏期间，最为猖獗，严重者鳞茎腐烂，感染较轻者，栽植后继续危害，次年春天不能发芽，严重时发病率达到80%以上。播种时用40%福尔马林液稀释20～50倍浸种1小时，捞出后用麻袋

等物覆盖闷种1小时，不用水洗，立即分瓣栽种，应边浸边栽。

③尾足螨：用福尔马林浸种对尾足螨同样有防治效果。

五、采收加工

1. 采收

湖北贝母一般在5月下旬至6月上旬采收（图5）。选晴天或阴天进行，用小铲挖起鳞茎，挖时尽量勿伤鳞茎，以免影响产品质量。除去地上部分及须根，洗净泥土，清除残茎。将有病虫危害的剔出，一般小子（直径小于1.2厘米）用来加工入药，大、中子（直径1.2厘米以上）用作栽植材料。

图5　湖北贝母采收

2. 加工

挖出后的湖北贝母要及时洗净泥土。用石灰水浸泡12小时，捞出拌石灰粉，摊放晒席上；以1日能晒半干，次日能晒全干为好；切勿在石坝、三合土或铁器上晾晒。切忌堆沤，否则泛油变黄。如遇天气不好，洗后摊于筛板上，可用无烟热源烘炕，烘房温度控制在40～50℃。温度过高，湖北贝母会变成"油子"，质量降低。在干燥（晒或烘）过程中，湖北贝母外皮未呈粉红色时，不宜翻动，以防变黄。翻动宜用竹、木器而不用手，以免变成"油子"或"黄子"。半干时可用手搓退灰壳，筛出灰粉，用水淘洗余灰，再炕至全干称为毛货。将毛货浸入淘米水及明矾、滑石粉、樟脑粉配制的溶液中，12小时后捞出炕至半干，然后在烈日下晒干，即成商品。

六、药典标准

1. 药材性状

湖北贝母呈扁圆球形，高0.8～2.2厘米，直径0.8～3.5厘米，表面类白色至淡棕色。外层鳞叶2瓣，肥厚，略呈肾形，或大小悬殊，大瓣紧抱小瓣，顶端闭合或开裂。内有鳞叶2～6枚及干缩的残茎。内表面淡黄色至类白色，基部凹陷呈窝状，残留有淡棕色表皮及少数须根。单瓣鳞叶呈元宝状，长2.5～3.2厘米，直径1.8～2厘米。质脆，断面类白色，富粉性。气微，味苦。（图6）

图6　湖北贝母药材

2. 显微鉴别

本品粉末淡棕黄色。淀粉粒甚多，广卵形、长椭圆形或类圆形，直径7～54微米，脐点点状、人字状、裂缝状层纹明显，细密；偶见复粒，由2～3分粒组成，形小。表皮细胞方形或多角形，垂周壁呈不整齐的连珠状增厚；有时可见气孔，扁圆形，直径54～62微米，副卫细胞4～5个。草酸钙结晶棱形、方形、颗粒状或簇状，直径可达5微米。导管螺纹或环纹，直径6～20微米。

3. 检查

（1）水分　不得过14.0%。
（2）总灰分　不得过6.0%。

4. 浸出物

照醇溶性浸出物测定法项下的热浸法测定，用稀乙醇作溶剂，不得少于7.0%。

七、仓储运输

湖北贝母贮藏要在阴凉、干燥、通风的环境条件，相对湿度在70%以下。湖北贝母容易生虫、吸潮，要常检查，发现生虫、潮湿立即烘干，密封。

八、药材规格等级

（1）一等 干货。为鳞茎外层的单瓣片，呈半圆形。表面白色或黄白色。质坚实，断面粉白色。味甘、微苦，无僵个、杂质、虫蛀、霉变。

（2）二等 干货。为完整的鳞茎，呈扁圆形。断面白色或黄白色。质坚实，断面粉白色。味甘、微苦。大小不分，间有松块、僵个、次贝。无杂质、虫蛀、霉变。

九、药用价值

湖北贝母可清热，化痰，止咳，解毒，散结；用于肺热咳嗽，胸闷痰结，痰核瘰疬，痈肿疮毒等症。现代化学和药理研究表明，湖北贝母含多种生物碱，有青贝碱、松贝碱甲和松贝碱乙，还有川贝碱和西贝素。湖北贝母总生物碱及非生物碱部分有镇咳作用；川贝流浸膏、川贝母碱均有不同程度的祛痰作用。贝母总碱有抗溃疡作用。但使用过程中不宜与川乌、制川乌、草乌、制草乌、附子等乌头类药材同用。其常见药方如下。

（1）用于咳嗽 湖北贝母适量，紫皮大蒜30克去皮，共煮水。

（2）主治瘰疬，颈项部淋巴结结核 湖北贝母、白芍、海藻各12克，当归18克，川芎、生地黄、柴胡、黄芩、夏枯草、乳香、没药各9克，牡丹皮6克。加水煎沸15分钟，滤出药液，再加水煎20分钟，去渣，两煎药液调兑均匀，分早、晚2次服，每天1剂。忌食辛辣等物。

（3）主治急性咽喉炎，张口困难 湖北贝母、牡丹皮、白芍药（炒）各12克，生地黄30克，玄参24克，麦冬18克，薄荷8克，甘草6克。煎服法同（2）。每天2剂，重者3剂。咽喉肿痛严重者，加生石膏12克；大便燥结数天不通，加清宁丸6克，玄明粉6克；面赤身热或者舌苔黄色，加金银花12克，连翘6克。

参考文献

[1] 刘杰书. 湖北贝母的本草考证及其品质评价[J]. 湖北中医杂志，2001，23（7）：50-51.

[2] 韦传宝，刘林帅，郑淼淼. 药用贝母栽培中病虫鼠害发生情况及防治措施[J]. 湖南农业科学，2011（23）：101-104.

[3] 周文，潘素英. 贝母高产栽培技术[J]. 农村百事通，2005（19）：33-33.

[4] 肖培根. 湖北贝母的研究进展[J]. 中国中药杂志，2002，27（10）：726.

[5] 王莉. 湖北贝母炮制工艺及质量标准的研究[D]. 武汉：湖北中医药大学，2010.

黄精

本品为百合科植物滇黄精 *Polygonatum kingianum* Coll. et Hemsl.、多花黄精*Polygonatum cyrtonema* Hua和黄精 *Polygonatum sibiricum* Red.的干燥根茎。按形状不同，习称"大黄精""姜形黄精""鸡头黄精"。

一、植物特征

1. 滇黄精

多年生宿根草本植物。根状茎近圆柱形或近连珠状，结节有时作不规则菱状，肥厚，直径1～3厘米。茎高1～3米，顶端作攀援状。叶轮生，每轮3～10枚，条形、条状披针形或披针形，长6～20（～25）厘米，宽3～30毫米，先端拳卷。花序具（1～）2～4（～6）朵花，总花梗下垂，长1～2厘米，花梗长0.5～1.5厘米，苞片膜质，微小，通常位于花梗下部；花被粉红色，长18～25毫米，裂片长3～5毫米；花丝长3～5毫米，丝状或两侧扁，花药长4～6毫米；子房长4～6毫米，花柱长（8～）10～14毫米。浆果红色，直径1～1.5厘米，具有7～12颗种子。花期3～5月，果期9～10月。（图1）

图1 滇黄精

2. 黄精

多年生宿根草本植物。根状茎圆柱状，由于结节膨大，因此"节间"一头粗、一头细，在粗的一头有短分枝，直径1～2厘米。茎高50～90厘米，或可达1米以上，有时呈攀援状。叶轮生，每轮4～6枚，条状披针形，长8～15厘米，宽（4～）6～16毫米，先端拳卷或弯曲成钩。花序通常具2～4朵花，似呈伞形状，总花梗长1～2厘米，花梗长（2.5～）4～10毫米，俯垂；苞片位于花梗基部，膜质，钻形或条状披针形，长3～5毫米，具1脉；花被乳白色至淡黄色，全长9～12毫米，花被筒中部稍缢缩，裂片长约4毫米；花丝长0.5～1毫米，花药长2～3毫米；子房长约3毫米，花柱长5～7毫米。浆果直径7～10毫米，黑色，具4～7颗种子。花期5～6月，果期8～9月。（图2）

图2 黄精

3. 多花黄精

多年生草本植物。根状茎肥厚，通常连珠状或结节成块，少有近圆柱形，直径1～2厘米。茎高50～100厘米，通常具10～15枚叶。叶互生，椭圆形、卵状披针形至矩圆状披针形，少有稍作镰状弯曲，长10～18厘米，宽2～7厘米，先端尖至渐尖。花序具（1～）2～7（～14）朵花，伞形，总花梗长1～4（～6）厘米，花梗长0.5～1.5（～3）厘米；苞片微小，位于花梗中部以下，或不存在；花被黄绿色，全长18～25毫米，裂片长约3毫米；花丝长3～4毫米，两侧扁或稍扁，具乳头状突起至具短绵毛，顶端稍膨大乃至具囊状

图3　多花黄精

突起，花药长3.5～4毫米；子房长3～6毫米，花柱长12～15毫米。浆果黑色，直径约1厘米，具3～9颗种子。花期5～6月，果期8～10月。（图3）

二、资源分布概况

根据调查，目前按照黄精药材的自然分布，黄精分布区域为我国黑龙江、吉林、辽宁、河北、山西、陕西、内蒙古、宁夏、甘肃（东部）、河南、山东、安徽（东部）、浙江（西北部）、云南（东北部）等地，以及朝鲜、蒙古和西伯利亚东部等国家的部分地区。多花黄精则主要分布于我国四川、贵州、湖南、湖北、河南（南部和西部）、江西、安徽、江苏（南部）、浙江、福建、广东（中部和北部）、广西（北部）等地。而滇黄精则以云南为中心，产于云南、贵州、四川等我国西南地区及与云南接壤的越南、缅甸等国家。

三、生长习性

黄精具有喜温、耐寒、耐旱、耐高温、耐阴、怕涝的特点，惧霜冻和阳光直射。在生长过程中，需要较高的空气湿度和隐蔽度。在降雨量集中的地区生长良好，尤喜灌

丛、林缘、沟边和背阴山坡地。生于海拔700～3600米；年平均气温为15～25℃，地温为10～20℃，无霜期240天以上；年降雨量在850～1200毫米，土壤pH值为5.5～7.2。

四、栽培技术

1. 种植材料

滇黄精、黄精和多花黄精分布较广，但不同的区域要选择不同的类型，根据种植地的气候环境差异变化，选择种植本地最适宜生长的类型。一般湿度较大、热量充足，但冬季偶尔有一定低温的区域（如云南文山、红河、西双版纳，四川南充、遂宁市，重庆潼南区，贵州的安顺、毕节、六盘水等区域）适宜种植多花黄精和黄精。而相对干燥、冷凉的区域（如云南昆明、大理、丽江、迪庆，贵州新义、六盘水、毕节，四川的凉山、西昌等海拔1700米以上区域）要选择滇黄精。

种苗移栽选择芽头饱满、根系发达、无病虫害、无机械损伤的根茎作为种植材料，带苗移栽则要求茎秆健壮、叶色浓绿，无病虫害的植株。种子繁殖则要选择母本纯正、生长整齐、植株较为整齐、无病虫害的植株所繁殖的成熟度一致、饱满成熟种子作为种植材料（图4）。

图4　滇黄精种子

2. 选地

（1）大田　根据黄精的生长特性，选择相应的大田。土质为土壤疏松，富含腐殖质、保湿、利于排水的坡地或缓坡地。所选地块周边植被较好，空气湿度大，光照充足，热量丰富的区域，前茬不能种植茄科作物如辣椒、茄子、烤烟等，或种植施肥过多、种植过蔬菜的熟地，最好选择生荒地或前茬为玉米、荞麦等禾谷类作物的坡地。

（2）林地　种植黄精可以选择林下种植。林地树种可以选择果树、竹林、华山松、杉木林、旱冬瓜、常绿阔叶林或落叶阔叶林等蔽荫度在50%～70%、利于保水的砂质或腐殖质层深厚的林下，所选林地的海拔高度等可参照"三、生长习性"。

3. 搭建荫棚

黄精属喜阴植物，忌强光直射，如果采用荫棚种植，应在播种或移栽前搭建好遮荫棚。按4米×4米打穴栽桩，可用木桩或水泥桩，桩的长度为2.5米，直径为10～12厘米，桩栽入土中的深度为40～50厘米，桩与桩的顶部用铁丝固定，边缘的桩子都要用铁丝拴牢，并将铁丝的另一端拴在小木桩上斜拉打入土中固定。在拉好铁丝的桩子上，铺盖遮荫度为70%的遮阳网，在固定遮阳网时应考虑以后易收拢和展开。在冬季风大和下雪的地区种植黄精，待植株倒苗后（11月中下旬），应及时将遮阳网收拢，第2年2～3月份出苗前，再把遮阳网展开盖好。

4. 整地

种植前1～2个月先深翻1遍，结合整地施农家肥2000～2500千克/亩翻入土中作基肥，让太阳暴晒自然消毒杀菌，之后耙细整平作厢，厢宽1.2～1.5米，厢与厢之间的沟深度应在20厘米以上，预防多雨季节厢面积水，在有条件的情况下，可以架设喷灌或滴灌，预防旱季缺水减产；如果所选地块土质偏酸性较大，可以适当加入草木灰，或土壤偏碱性过大，可以适当撒入少量生石灰，确保土质在中性稍微偏酸。

5. 播种

目前黄精的种源材料主要来源于以下几个途径。

（1）野生苗驯化变家种苗 滇黄精、黄精和多花黄精野生变家种较为普遍，把野生零星的苗收集来，按照根茎的大小，进行分级处理，栽种时大小分开，并把节数多的块茎进行切块，以每个种植材料2～3节为宜，并对伤口用草木灰和多菌灵处理，处理完之后，按（20～25）厘米×（25～30）厘米的株行距进行定植移栽。或把野生苗收集来按照大小分类，直接移栽，待产生种子后再用种子进行育苗。

（2）种子繁殖

①种子选择：在立冬前后，当滇黄精果实变成黄色或橙红色，黄精、多花黄精浆果由绿色变为黑色或紫黑色时，植株开始枯萎时，采集果实，并及时进行处理，防止堆积后发生霉烂，将所采果实置于纱布中，搓去果皮，洗净种子，剔去透明发软的细小种子。选择饱满、成熟、无病害、无霉变和无损伤的种子做种，种子不能晒干或风干。

②种子处理：滇黄精种子具有明显的后熟作用，胚需要休眠完成后熟才能萌发。在自然情况下需要经过2个冬天才能出土成苗，且出苗率较低，一般情况下翌年春天播种，播

种后第2年才出苗，出苗率低，且出苗不整齐。采用种子低温催芽处理能使种子播种当年出苗，且出苗率高，出苗整齐。具体处理方法是：将选好的滇黄精种子，去皮处理后，用200毫克/升的赤霉素（85%）浸泡种子30分钟或200毫克/LGA（85%）浸泡种子30分钟，再用干净的湿砂催芽。按种子与湿砂的1∶10比例拌匀，再拌入种子量的0.5%的多菌灵可湿性粉剂，拌匀后放置于花盆或育苗盘中，置于室内，温度保持在18～22℃，每15天检查一次，保持湿度在30%～40%（用手抓一把砂子紧握能成团，松开后即散开为宜），第2年1月便可播种。

③种子育苗：种子育苗宜采用点播或条播，每亩约需种子50千克（带果皮和种皮时的鲜重），可育10万株苗。按宽1.2～1.4米，厢面高20厘米，沟宽30厘米整理苗床。整理好苗床后，先铺一层1厘米左右洗过的河砂，再铺1～2厘米筛过的壤土或火烧土，然后将上述处理好的种子按5厘米×5厘米的株行距播于做好的苗床上，种子播后覆盖基质（泥炭土∶沙子=1∶1），覆土厚约1.5～2.0厘米，再在厢面上盖一层松针或碎草，厚度以不露土为宜，冷凉的地方可以多盖一些保温，浇透水，保持湿润。播种后当年5月份开始出苗，一般8月份苗可出齐。实践证明，出苗时间和整齐度与水分和温度有密切关系，水分不足或水分不均，及温度过高或过低都是影响滇黄精出苗时间和出苗整齐度的主要因素。种子繁育出来的种苗生长缓慢，可以喷施少量磷酸二氢钾，中间特别要注意天气干燥造成的小苗死亡。出苗第2年，黄精种苗根茎直径超过1厘米大小时即可移栽。

（3）切块繁殖　根茎切块繁殖。分为带顶芽切块和不带顶芽切块两种方法，一般切块时带顶芽部分成活率高，带顶芽切段根茎的生长量是不带顶芽切段的1.5～2.5倍，并且当年就可以出苗，甚至开花结果，而不带顶芽的切段需要2年才形成小苗，且不带顶芽切块黄精分化出来的苗第1年基本上只有1片叶子，但能够形成多个芽。目前在生产上主要以带顶芽切块繁殖为主。带顶芽切块繁殖的方法：秋、冬季黄精倒苗后，采挖健壮、无病虫害根茎，把以带顶芽部分根茎的第2节处切割，伤口蘸草木灰和多菌灵或将切口晒干，随后按照大田种植的标准栽培，第2年春季便可出苗，其余部分可晒干作商品出售，也可进行催芽后作为繁殖材料。不带顶芽根茎切块繁殖：将不带顶芽的块茎切块，切块长度以2～3个节为宜，切块后的伤口蘸草木灰和多菌灵或将切口晒干，置于阴凉潮湿的干净砂中或砂质壤土中进行催芽，一般要催2年后才能出苗，出苗后的1～2年，按有萌发能力的芽残茎、芽痕特征，把带芽的块茎掰下，掰下根茎的伤口适当晾干或蘸草木灰和多菌灵，随后按照大田种植标准栽培。

（4）组织培养无性繁殖　用组织培养无性繁殖的苗，经炼苗处理后，按照大田种植标准进行栽培。

6. 栽培

（1）种植时间　小苗（根茎直径＜0.3厘米）可以在秋季带苗移栽或等冬季地上部分倒苗（11～12月）开始移栽，而大苗（根茎直径＞0.5厘米）宜植株倒苗后移栽。目前，雨季移栽小苗也较为常见，一般雨季移栽要注意起苗时尽量减少根部损伤，尽量带苗移栽，减少运输时间，最好起苗后立即移栽。

（2）种植密度　生产上黄精种植密度也不尽相同，一般根据苗大小，种植密度也有差异，苗小种植密度相对较大，苗大种植密度相对较小，株行距在20厘米×25厘米、25厘米×30厘米、35厘米×40厘米或50厘米×50厘米均有，一般每亩种植2000～5000株之间。黄精种植基地见图5。

图5　黄精种植基地

（3）种植方法　在畦面横向开沟，沟深6～8厘米，根据种植规格放置种苗，一定要将顶芽芽尖向上放置，用开第二沟的土覆盖前一沟，如此类推。播完后，用松毛或稻草覆盖畦面，厚度以不露土为宜，起到保温、保湿和防杂草的作用。栽后浇透一次定根水，以后根据土壤墒情浇水，保持土壤湿润。

7. 田间管理

（1）水肥管理　黄精种植后应根据土壤湿度及时浇水，使土壤水分保持在30%～40%。出苗后，有条件的地方可采用喷灌，以增加空气湿度，促进黄精的生长。雨季来临前要注意理沟，以保持排水畅通。多雨季节要注意排水，切忌畦面积水。黄精怕水涝，遭水涝时根茎易腐烂，导致植株死亡，造成减产。

黄精的施肥以有机肥为主，辅以复合肥和各种微量元素肥料。有机肥包括充分腐熟的农家肥、家畜粪便、油枯及草木灰、作物秸秆等，禁止施用人粪尿。有机肥在施用前应堆沤3个月以上（可拌过磷酸钙），以充分腐熟。追肥每亩每次1500千克，于5月中旬和8月下旬各追施1次。在施用有机肥的同时，应根据黄精的生长情况配合施用氮、磷、钾肥。黄精的氮、磷、钾施肥比例一般为1：0.5：1，施肥采用撒施或兑水浇施，施肥后应浇一次水或在下雨前追施。在其生长旺盛期（7～8月）可进行叶面施肥促进植株生长，用0.2%磷酸二氢钾喷施，每15天喷1次，共3次。喷施应在晴天傍晚进行。

（2）中耕除草　由于黄精根系较浅，而且在秋、冬季萌发新根和新芽，种植第1年可以用中耕除草，在中耕时必须注意，9～10月前后是地下茎生长初期，应用小锄轻轻中耕，不能过深，以免伤害地下茎，第2年以后宜人工除草，严禁使用化学除草剂。中耕除草时要结合培土，避免根状茎外露吹风或见光，或在冬季发生冻害，中耕除草时可以结合施用冬肥。2～3月苗逐渐长出，发现杂草要及时拔除，除草要注意不要伤及幼苗和地下茎，以免影响黄精生长。

（3）摘花疏果及封顶　黄精的花果期持续时间较长，并且每一茎、枝、节腋生多朵伞形花序和果实，致使消耗大量的营养成分，影响根茎生长。因此，种植基地需要在花蕾形成前及时将花芽摘去，同时把植株顶部嫩尖切除，只保留1～1.5米的植株高度。以促进养分集中转移到收获物根茎部，利于产量提高。

（4）防冻　黄精种植区域的冬季气温较低时，应在苗周盖上一薄层农家肥和稻草（干松毛）以防止霜冻，并避免下午浇水，地块干燥适宜在上午10点至下午2点浇水。

8. 病虫害防治

（1）叶斑病　冬季黄精倒苗后，及时清除植株地上部分枯枝，将枯枝病残体集中烧毁。雨季来临，发病前和发病初期喷10%苯醚甲环唑水分散颗粒剂1500倍液，或50%退菌灵可湿性粉剂1000倍液，每7～10天喷1次，连续喷施3～4次。发病后可喷洒50%甲基托布津可湿性粉剂600倍液，或40%百菌清悬浮剂500倍液、25%苯菌灵·环己锌乳油800倍液、50%甲基硫菌灵·硫黄悬浮剂800倍液、50%利得可湿性粉剂1000倍液。每隔5～7天1次，连续防治3～4次。黄精叶斑病见图6。

（2）黑斑病　冬季黄精倒苗后，及时清除植株地上部分枯枝，将枯枝病残体集中烧毁。休眠期喷洒1%硫酸铜溶液杀死病残体上的越冬菌源。发病初期用50%退菌特1000倍液喷雾防治，每隔7～10天喷药1次，连续喷2～3次。黄精黑斑病见图7。

图6　黄精叶斑病

图7　黄精黑斑病

（3）根腐病　选择避风向阳的坡地栽培，并开沟理厢。播种或移栽时用草木灰拌种苗，初发病时选用75%百菌清600倍液、25%甲霜灵锰锌600倍液、70%代森锰锌600倍液、64%杀毒矾600倍液、80%多菌灵500倍液等浇根。7～10天浇施1次，防控2～3次。也可选用50%多菌灵可湿性粉剂600倍液和58%甲霜灵锰锌可湿性粉剂600倍液混合后浇淋根部。若发现线虫或地下害虫危害，选用10%克线磷颗粒剂沟施、穴施和撒施，2～3千克/亩；或50%辛硫磷乳油800倍液浇淋根部。黄精根腐病见图8。

图8　黄精根腐病

（4）炭疽病　一是加强栽培管理，增施生物有机肥，做好防冻、防旱、防涝和其他病虫的防治；二是冬季清除枯枝落叶，并集中烧毁；三是在春、夏黄精出苗初期喷施化学药剂，15～20天一次，连续3～4次，药剂可选用30%悬浮剂戊唑·多菌灵龙灯福连1000～1200倍液或70%默赛甲基硫菌灵1000倍液；或F500百泰2000倍液。黄精炭疽病见图9。

图9　黄精炭疽病

（5）褐斑病　移栽时注意土壤消毒，种植不宜过密，要注意通风透光，注意排水。发现病叶要立即摘除并销毁。发病初期用1∶1∶300波尔多液（硫酸铜∶爆石灰∶水）或80%代森锌可湿性粉剂600倍液，50%多菌灵可湿性粉800倍液，70%甲基托布津可湿性粉1000倍液，32%乙蒜素酮乳剂及30%乙蒜素乳剂1500倍液喷洒，7～10天一次，连喷2～3次。发病严重时，应喷药防治，可以喷施1%的波尔多液，或75%的百菌灵可湿性粉剂600～800倍释液，或可喷洒65%可湿性代森锌粉剂500～600倍液，或50%代森铵200倍释液，或托布津200倍稀释液，连续喷施3～4次。黄精褐斑病见图10。

图10　黄精褐斑病

（6）茎腐病　冬、春季要清除枯枝、病叶，集中烧毁，减少病源的越冬基数，发现病株及时清除；苗床地要高畦深沟，以利雨后能及时排水；注意通风透气，雨后及时排水，保持适当温、湿度；中耕除草不要碰伤根茎部，以免病菌从伤口侵入。发病初期选用58%瑞毒霉500倍液、72%甲霜灵锰锌600倍液、75%百菌清600倍液、80%代森锰锌500倍液、68.75%氟菌·霜霉威（银法利）2000倍液等其中一种药液喷施植株，每7～10天喷淋1次，连续防治3次。

（7）病毒病

①采用轮作套种不同作物可以减少病原积累，防止病害严重发生。

②铲除田间地头杂草，拔除病株以除掉毒源，及时治虫防病，也能减轻病害。

③施肥要以天然有机肥为主，用生物发酵好的肥料，厌氧菌或放线菌类有益防腐微生物为最好。

（8）枯萎病　种子种苗消毒；土壤消毒，对种植黄精的地块用0.008～2千克/升的氯化苦消毒；药液灌治：在零星发病田块，用12.5%治萎灵水剂200～300倍液浇灌病苗，每株10～20毫升。

（9）灰霉病　及时清除、销毁病残体；注意排水和降低湿度，增施有机肥，通风透光，提高黄精抗病力；注意雨前重点预防和控病。发病初期选用40%氟啶胺+异菌脲（明迪）3000倍液、40%嘧霉胺1000倍液、50%啶酰菌胺1200倍液、50%速克灵2000倍液等药液喷施、喷淋植株。

（10）虫害

①蚜虫：采用粘虫黄板诱杀蚜虫，用银灰色塑料条避蚜虫，注意搞好喷水抗旱。

②螨虫：冬、春季要清除枯枝，消灭过冬虫卵，进行轮作，可用15%哒螨酮乳油300倍液，或34%螨虫立克乳油2000～2500倍液，或48%乐斯本1000倍液，或1.8%的阿维菌素（齐螨素、新科等）3000倍液，或15%哒螨灵乳油1500倍液，或73%克螨特乳油2000倍液，或15%扫螨净乳油2000倍液，或35%杀螨特乳油1000倍液等药剂进行防治。

③地老虎：黑光灯或带有发酵气味的物质来诱杀成虫，减少幼虫数量。可用麦麸毒饵（麦麸20～25千克，压碎、过筛成粉状，炒香后均匀拌入40%辛硫磷乳油0.5千克，农药可用清水稀释后喷入搅拌，以麦麸粉湿润为好，然后按每亩用量4～5千克成小堆撒入幼苗周围）和油渣毒饵（把油渣炒香后用甲基异柳磷拌匀），洒在幼苗周围可以诱杀地老虎、蝼蛄等多种地下害虫。在地老虎1～3龄幼虫期，按每亩用2.5%敌杀死乳油30～40毫升，加水45千克于日落后对农作物的幼苗作常规喷洒，茎叶都要喷湿。

④蝼蛄：用50%辛硫磷乳油每亩200～250克，加水10倍喷于25～30千克细沙上拌匀制

成毒沙，顺厢面撒施，随即浅锄；用2%甲基异柳磷粉每亩2～3千克拌细沙25～30千克制成毒沙；用3%甲基异柳磷颗粒剂、3%呋喃丹颗粒剂、5%辛硫磷颗粒剂或5%地亚农颗粒剂，每亩2.5～3千克处理土壤。种苗种植时可以适当拌上辛硫磷、敌百虫等粉剂。每亩地用25%对硫磷或辛硫磷胶囊剂150～200克拌麦麸或油枯等饵料5千克，或50%对硫磷、50%辛硫磷乳油50～100克拌饵料3～4千克，撒于种沟中。

⑤蝼蛄：用黑光灯、白炽灯诱杀成虫。对新拱起的蝼蛄隧道，采用人工挖洞捕杀。每亩地用90%晶体敌百虫，晶体用水溶化拌麦麸或油枯等饵料（100～200倍），于傍晚时撒在已出苗的苗床表土上，或随播种、移栽定植时撒于播种沟或定植穴内。当蝼蛄发生危害严重时，每亩用3%辛硫磷颗粒剂1.5～2千克，兑细土15～30千克混匀撒于地表。

五、采收加工

1. 采收

（1）采收期综合产量和药用成分含量　黄精在移栽后3～5年采收最佳；采收时间为11月至翌年3月萌芽前。

（2）田间清理　采挖前将地上枯萎的植物及杂草清除，集中运出种植地。

（3）采挖　采挖时可以根据茎痕判断地下块茎的位置，从地的一头开始挖，挖的深度应深于20厘米，小心挖出黄精的根茎，剥离泥土，尽量避免损伤根茎，保证根茎的完好无损，小心放入清洁的竹筐或塑料框中。带顶芽部分切下留作种苗，其余部分洗净干燥。

（4）清洗干燥　原药材运回后及时除去杂质，流动水搓洗，淘去泥土。应及时干燥处理，干燥时，可以高温或冷冻处理，迅速杀死其细胞，抑制细胞内酶类的活动，减少有效成分的分解。

2. 加工

晴天采挖黄精原药材，除去杂质，洗净，切薄片，把黄精片放置于太阳下暴晒干燥，或放置于烘箱60℃烘制半干，再把温度调至80℃烘制全干。大黄精鲜药材见图11。

1cm

图11　大黄精鲜药材

六、药典标准

1. 药材性状

（1）鸡头黄精　呈结节状弯柱形，长3～10厘米，直径0.5～1.5厘米。结节长2～4厘米，略呈圆锥形，常有分枝。表面黄白色或灰黄色，半透明，有纵皱纹，茎痕圆形，直径5～8毫米。

（2）大黄精　呈肥厚肉质的结节块状，结节长达10厘米以上，宽3～6厘米，厚2～3厘米。表面淡黄色至黄棕色，具环节，有皱纹及须根痕，结节上侧茎痕呈圆盘状，圆周凹入，中部突出。质硬而韧，不易折断，断面角质，淡黄色至黄棕色。气微，味甜，嚼之有黏性。

（3）姜形黄精　呈长条结节块状，长短不等，常数个块状结节相连，表面灰黄色或黄褐色，粗糙，结节上侧有突出的圆盘状茎痕，直径0.8～1.5厘米。

味苦者不可药用。

2. 显微鉴别

（1）大黄精　表皮细胞外壁较厚。薄壁组织间散有多数大的黏液细胞，内含草酸钙针晶束。维管束散列，大多为周木型。

（2）鸡头黄精、姜形黄精　维管束多为外韧型。

3. 检查

（1）水分　不得过18.0%。

（2）总灰分　不得过4.0%。

（3）重金属及有害元素　照铅、镉、砷、汞、铜测定法，铅不得过5mg/kg；镉不得过1mg/kg；砷不得过2mg/kg；汞不得过0.2mg/kg；铜不得过20mg/kg。

4. 浸出物

不得少于45.0%。

七、仓储运输

1. 仓储

贮藏最好采用密封的塑料袋，能有效地控制其安全水分（＜18%），这是针对黄精易吸潮的特点进行贮藏。同时可将密封塑料袋装好的药材放入密封木箱或铁桶内，防虫防鼠。防止霉变、鼠害、虫害，注意定期检查。

2. 运输

黄精的运输应遵循及时、准确、安全、经济的原则。将固定的运输工具清洗干净，将成件的商品黄精捆绑好，遮盖严密，及时运往贮藏地点，不得雨淋、日晒、长时间滞留在外，不得与其他有毒、有害物质混装，避免污染。

八、药材规格等级

1. 滇黄精

干货。呈肥厚肉质的结节块状，表面淡黄色至黄棕色，具环节，有皱纹及须根痕，结节上侧茎痕呈圆盘状，圆周凹入，中部突出，质硬而韧，不易折断，断面角质，淡黄色至棕黄色。气微，味甜，嚼之有黏性。无杂质、虫蛀、霉变。

（1）一等 每千克药材所含个子数量在25头以内。

（2）二等 每千克药材所含个子数量在80头以内。

（3）三等 每千克药材所含个子数量多于80头。

（4）统货 干货。结节呈肥厚肉质块状。不分大小。无杂质、虫蛀、霉变。

2. 黄精

干货。呈结节状弯柱形，结节略呈圆锥形，常有分枝，表面黄白色或灰白色，半透明，有纵皱纹，茎痕圆形。无杂质、虫蛀、霉变。

（1）一等 每千克药材所含个子数量在50头以内。

（2）二等 每千克药材所含个子数量在100头以内。

（3）三等 每千克药材所含个子数量多于100头。

（4）统货 干货。结节略呈圆锥形，长短不一。不分大小。无杂质、虫蛀、霉变。

3. 姜形黄精

干货。呈长条结节块状，长短不等，常数个结节相连。表面灰黄色或黄褐色，粗糙，结节上侧有突出的圆盘状茎痕。无杂质、虫蛀、霉变。

（1）一等　每千克药材所含个子数量在115头以内。

（2）二等　每千克药材所含个子数量在215头以内。

（3）三等　每千克药材所含个子数量多于215头。

（4）统货　干货。结节呈长条块状，长短不等，常数个结节相连。不分大小。无杂质、虫蛀、霉变。

九、药用食用价值

1. 临床常用

（1）传统用途　黄精补中益气，除风湿，安五脏。因其味甘、性平、无毒，宜于久服，且作用较全面，单用即有抗衰老延年的作用。

（2）现代临床用途　黄精多糖具有免疫激发和免疫促进作用，增强免疫功能。此外还具有抗衰老、降血压、降血脂、抗炎、抗菌、抗病毒、抗疲劳、提高记忆力等作用。黄精作用广泛，功效显著，目前在临床上已应用于手（脚）癣、哮喘、肾虚型糖尿病、缺血性脑血管疾病、肺结核、动脉硬化、神经性皮炎、肾虚腰痛、低血压、痛风、高尿酸血症、冠心病等方面的治疗，且有升高白细胞的作用。

2. 食疗及保健

（1）黄精粉　黄精粉可按适当比例加入各类谷物粉料中，生产不同的黄精主食，黄精糕点、黄精儿童食品，利用挤压膨化技术可生产松脆易消化的黄精休闲食品等。

（2）黄精饮料　黄精具有良好的饮料加工适性，其天然甜味、香气和色素参与构成饮料良好的感官品质，尤其是其丰富的多糖和黏液质可为饮料的稳定性做出贡献。黄精可与其他多种植物材料、水果、蔬菜组合，开发天然复合型保健饮品，黄精提取汁经精密过滤、低温真空浓缩、UHT灭菌、无菌灌装可制成黄精口服液。

（3）黄精保健酒　用米酒浸泡黄精，可制成黄精浸制酒；同时黄精由于其高含糖量很适用于生产发酵酒。民间利用黄精制备糖稀，加酶转化后出糖率达26%，这有利于降低生产成本。

（4）黄精糖渍品和盐渍品　鲜黄精适度脱水后，适量加糖蜜制或加盐腌渍可得色、香、味俱全的休闲食品或佐餐食品。

（5）黄精膏　黄精、桑椹、枸杞子、云茯苓、怀山药、白茅根等具有补肾养肾功能的药食同源品，秘方配制而成的黄精膏，适用于以下人群：腰膝酸软，五心烦热或畏寒怕冷者；小腹不适或小便不利者；阳痿早泄、不孕不育者；面目下肢虚浮易肿者；骨骼脊柱经常不舒适者；体质虚弱者；超负荷工作的男性群体。

（6）当归黄精膏　主要功效为养阴血、益肝脾。用于肝脾阴亏，身体虚弱，饮食减少，口燥咽干，面黄肌瘦。

（7）黄精粳米粥　黄精30克，粳米100克。粳米中加入黄精煎水制成的汁液，将其煮至粥熟，加适量冰糖服食。用于阴虚肺燥、咳嗽咽干、脾胃虚弱的患者。

（8）益寿排骨汤　黄精20克，猪排骨250克。将排骨、黄精、生姜1片、葱1根、黄酒少许洗净置锅内，加清水适量。可治疗体虚，多汗。

（9）土鸡炖黄精　黄精100克，土鸡1只。将土鸡、黄精、生姜等洗净，至于锅内，加清水、食盐适量，盖锅盖隔水炖熟，调味即可。是心血管疾病、糖尿病者的保健药膳。

参考文献

[1] 赵致，庞玉新，袁媛，等. 药用作物黄精栽培研究进展及栽培的几个关键问题[J]. 贵州农业科学，2005，33（1）：85-86.

[2] 杨子龙，王世清，左敏. 黄精高产栽培技术[J]. 安徽科技学院学报，2002，16（1）：51-52.

[3] 田启建，赵致，谷甫刚. 栽培黄精物候期研究[J]. 中药材，2010，33（2）：168-170.

[4] 谷甫刚. 中药材黄精种植技术研究[D]. 贵阳：贵州大学，2006.

shan yin hua
山银花

本品为忍冬科植物灰毡毛忍冬*Lonicera macranthoides* Hand.-Mazz.、红腺忍冬*Lonicera hypoglauca* Miq.、华南忍冬*Lonicera confusa* DC.或黄褐毛忍冬*Lonicera fulvotomentosa* Hsu et S. C. Cheng的干燥花蕾或带初开的花。种植品种以灰毡毛忍冬为主。

一、植物特征

1. 灰毡毛忍冬

藤本。其幼枝或其顶梢及总花梗有薄绒状短糙伏毛，有时兼具微腺毛，后变栗褐色有光泽而近无毛，很少在幼枝下部有开展长刚毛。叶革质，卵形、卵状披针形、矩圆形至宽披针形，长6～14厘米，顶端尖或渐尖，基部圆形、微心形或渐狭，上面无毛，下面被由短糙毛组成的灰白色或有时带灰黄色毡毛，并散生暗橘黄色微腺毛，网脉凸起而呈明显蜂窝状；叶柄长6～10毫米，有薄绒状短糙毛，有时具开展长糙毛。花有香味，双花常密集于小枝梢成圆锥状花序；总花梗长0.5～3毫米；苞片披针形或条状披针形，长2～4毫米，连同萼齿外面均有细毡毛和短缘毛；小苞片圆卵形或倒卵形，长约为萼筒之半，有短糙缘毛；萼筒常有蓝白色粉，无毛、有时上半部或全部有毛，长近2毫米，萼齿三角形，长1毫米，比萼筒稍短；花冠白色，后变黄色，长3.5～4.5（～6）厘米，外被倒短糙伏毛及橘黄色腺毛，唇形，筒纤细，内面密生短柔毛，与唇瓣

图1　灰毡毛忍冬

等长或略较长，上唇裂片卵形，基部具耳，两侧裂片裂隙深达1/2，中裂片长为侧裂片之半，下唇条状倒披针形，反卷；雄蕊生于花冠筒顶端，连同花柱均伸出而无毛。果实黑色，常有蓝白色粉，圆形，直径6～10毫米。花期6月中旬至7月上旬，果熟期10～11月。主产于湖南小沙江一带（隆回、溆浦）、重庆秀山、贵州绥阳等地，四川、广西等地亦有栽培。湖南已选育出金翠蕾、银翠蕾、白云、花瑶晚熟等品种，重庆已选育出"渝蕾一号"品种。（图1）

2. 红腺忍冬

红腺忍冬又称菰腺忍冬。落叶藤本；幼枝、叶柄、叶下面和上面中脉及总花梗均

密被上端弯曲的淡黄褐色短柔毛，有时还有糙毛。叶纸质，卵形至卵状矩圆形，长6～9（～11.5）厘米，顶端渐尖或尖，基部近圆形或带心形，下面有时粉绿色，有无柄或具极短柄的黄色至橘红色蘑菇形腺；叶柄长5～12毫米。双花单生至多朵集生于侧生短枝上，或于小枝顶集合成总状，总花梗比叶柄短或有时较长；苞片条状披针形，与萼筒几等长，外面有短糙毛和缘毛；小苞片圆卵形或卵形，顶端钝，很少卵状披针形而顶析尖，长约为萼筒的1/3，有缘毛；萼筒无毛或有时略有毛，萼齿三角状披针形，长为筒的1/2～2/3，有缘毛；花冠白色，有时有淡红晕，后变黄色，长3.5～4厘米，唇形，筒比唇瓣稍长，外面疏生倒微伏毛，并常具无柄或有短柄的腺；雄蕊与花柱均稍伸出，

图2　红腺忍冬

无毛。果实熟时黑色，近圆形，有时具白粉，直径约7～8毫米；种子淡黑褐色，椭圆形，中部有凹槽及脊状凸起，两侧有横沟纹，长约4毫米。花期4～5（～6）月，果熟期10～11月。（图2）

3. 华南忍冬

半常绿藤本；小枝淡红褐色或近褐色。叶纸质，卵形至卵状矩圆形，花冠白色，后变黄色，唇形，果实黑色，椭圆形或近圆形，花期4～5月，有时9～10月开第二次花，果熟期10月。

4. 黄褐毛忍冬

藤本；全枝被开展或弯伏的黄褐色毡毛状糙毛，叶纸质，卵状矩圆形至矩圆状披针形，花冠先白色后变黄色，唇形，果实不详。花期6～7月。

二、资源分布概况

产于我国安徽南部，浙江，江西，福建，台湾北部和中部，湖北西南部，湖南中部、

西部至南部，广东（南部除外），广西，四川东部和东南部，重庆，贵州北部、东南部至西南部及云南西北部至南部。生于海拔200～700米（西南部可达1500米）的灌丛或疏林中。

三、生长习性

灰毡毛忍冬适应性较强，喜温暖环境，耐寒、耐旱、耐涝。在土层深厚、肥力较高、水分充足的酸性或微酸性砂壤土生长良好。能耐碱，适宜在偏碱性的土壤中生长。喜长日照，光照不足会使枝嫩细长，叶缠绕性更强，花蕾分化减少。

灰毡毛忍冬生长适温为20～30℃，以湿度大而透气性强为好。气温上升到12℃以上开始出苗，生长期以15～25℃为宜。一年四季只要温度不低于5℃，并有一定湿度就可以发芽，春季发芽最盛。根在4月上旬至8月下旬的生长速度最快，主根系分布在10～15厘米的表面层，须根系在5～30厘米表土层生长。根深，能防止沙土流失，可利用荒山坡种植。

灰毡毛忍冬生育期

（1）萌动期　1月底、2月初芽开始萌动，3月初左右开始萌动叶子，4月初开始展叶。

（2）孕蕾开花期　5月下旬孕蕾，大约15天。开花期因海拔不同相差20天左右。花蕾着生当年新枝上。

（3）开花期　6月份开头茬花，头茬花占全年总花量90%左右。一般在花期的第四至六天是盛花期，可采到头茬花的时间约1个月。在小暑至立秋（8～9月）时候开二茬花，开花量占全年总花量的10%左右。花蕾先是绿色，然后变为全白，一般在下午、傍晚开花。

（4）越冬休眠期　开花后山银花就开始结果，10月底到11月初果实成熟，10月以后，部分叶子枯落进入越冬休眠状态。

四、栽培技术

（一）育苗技术

山银花有种子繁殖法、嫁接繁殖和扦插繁殖法。一般各地多用嫁接、扦插育苗法。

1. 选地

选向阳、土层深厚、土壤肥沃、土质疏松的缓坡地或平地，以砂壤土（夹沙泥）作苗圃地。切不要选择荒地或杂草多的土地作育苗地。

2. 整地

整地深耕30厘米左右，按每亩施经腐熟的有机肥1000～2500千克，过磷酸钙50千克作底肥，将肥料翻入土中，耙平。开成120厘米×800厘米的苗床，厢与厢之间为40厘米，厢沟深30厘米左右。开厢后的厢面整细整平。

3. 播种育苗

（1）种子繁殖　秋季种子成熟时采集成熟的果实，置清水中揉搓，漂去果皮及杂质，捞出沉入水底的饱满种子，晾干贮藏备用。秋季可随来随种。如果第二年春播，可用砂藏法处理种子越冬，春季开冻后再插。在苗床间距30厘米，开宽约10厘米的沟，将种子均匀撒入沟内，盖3厘米厚的土，压实，10天左右出苗。苗期要加强田间管理，当年秋季或第二年春季幼苗可定植于生产田。每亩播种量约1～1.5千克。

（2）扦插繁殖　山银花藤茎生长季节均可进行扦插繁殖（图3）。选择藤茎生长旺盛的枝条，截成长30厘米左右插条，每根至少具有3个节位，摘下叶片，将下端切成斜口，扎成小把，用植物激素生长素500毫克/千克（500ppm）浸泡一下插口，趁鲜进行扦插。扦插时间以10～11月、2月为好。扦插方法：按株行距6厘米×30厘米开60度斜沟，然后将山银花的插条放入，地上留1/3的茎，至少有一个芽露在土面，踩紧压实，浇透水，扦插完成后覆盖地膜，并在地膜两连压紧。1个月左右即可生根发芽。

图3　山银花的扦插育苗

（二）移栽技术

1. 移栽地选择

选向阳的丘陵、山冈或山地种植，喀斯特地区可在大石块中间有土壤的地方进行种植。以背风向阳、开阔平坦、土层深厚、土壤肥沃、透气排水良好的砂壤土种植。

2. 整地

根据土地现状进行整地，如建立优质高产地，需先遍翻耕1次，深45～50厘米，地表杂草深埋；去除树根、草根、直径超过1厘米以上的石块、石砾。如在荒地种植，需深翻开穴。平地或缓坡地按行株距1.5～2米挖穴；坡地沿山坡水平线修筑梯级畦，畦宽2米以上，在畦面上按株距1.5～2米挖穴；石山地区在大石块周围挖穴，一般株距2～3米。穴深、宽各0.4～0.5米，每穴施腐熟有机肥5千克，覆土回填时与肥料拌匀。

3. 移植时间

于10～11月或翌年的2～3月均可定植，但以10～11月定植较好，移植可以生根，有利于翌年快速生长。移植成熟活在90%以上。

4. 移植方法

选择径粗0.5厘米以上，新枝2个以上，枝条长度在50厘米以内的插条。在施好肥的地穴内盖上1厘米厚度的薄土，将扦插苗放入穴内，根据扦插苗长度适当栽植深度，至少保证1/3枝条在外，然后用细土培根，压紧，覆盖松土与地面持平。浇1次透水。

5. 田间管理

（1）中耕除草　移栽成活后，每年要中耕除草3～4次，3年以后，藤茎生长繁茂，可视杂草情况而定，减少除草次数。在除草的同时，在植株周边浅松土，以免伤根，要防止根系露出地面，并培土保护植株。

（2）追肥　每年春季、秋季要结合除草追肥，农家肥或有机肥，每亩追农家肥500～1000千克，同时要培土保根。从定植开始抚育期2～3年。

投产期每年施2～3次肥，其中追肥1～2次，冬肥1次。施冬肥在12月左右，每亩施腐熟有机肥1500千克，采用大穴深施，深度25～30厘米，施后盖土。追肥在2月或5月进行，每亩施用腐熟的有机肥1000～1500千克，追肥采用根区小穴环状淋施，施后盖土。

（3）修枝整形　修剪是提高山银花产量的重要措施之一。剪成单干矮小灌木状，开花多，产量高。生长1～2年的山银花植株，藤茎生长不规则，需要修枝整形，有利于树冠的生长和开花。剪枝以"枯枝全剪，病枝重剪，弱枝轻剪，壮枝不剪"的原则。一年至少修剪二次，在霜降后开始冬剪（冬季下雪地区需雪化之后修剪），在6月开花后夏剪。

具体整形修剪办法：栽后1～2年内主要培育直立粗壮的主干。当主干高度在30～40厘米时，剪去顶梢，促进侧芽萌发成枝。第二年春季萌发后，在主干上部选留粗壮枝条4～5个，作主枝，分两层着生，从主枝上长出的一级分枝中保留5～6对芽，剪去上部顶芽。以后再从一级分枝上长出的二级分枝中保留6～7对芽，再从二级分枝上长出的花枝中摘去勾状形的嫩梢。通过这样整形修剪的山银花植株由原来的缠绕生长变成枝条分明、分布均匀、通风透光、主干粗壮直立的伞房形灌木状花墩，有利于花枝的形成，多长出花蕾。山银花的修枝整形对提高产量影响很大，一般可提高产量50%以上。山银花的修剪圆头型见图4。

图4　山银花的修剪圆头型

根据枝条修剪的要求，修剪方式有短剪、疏剪、缩剪和长放四种方法。短剪：剪去枝条一部分；疏剪：将植株上一年生的枝条或多年生的枝条，从基部全部剪除；缩剪：指对多年生枝条进行短截。一般缩剪方法是在结果母枝的分叉处，将顶枝剪除。长放：指对1年生枝条不加修剪，使枝条延长和加粗生长，以扩大树冠，长放只限于幼树整形或培养骨干枝。灰毡毛忍冬种植基地见图5。

图5　灰毡毛忍冬种植基地

6. 病虫害防治

（1）忍冬白粉病　危害山银花叶片和嫩茎。叶片发病初期，出现圆形白色绒状霉斑，后不断扩大，连接成片，形成大小不一的白色粉斑。最后引起落花、凋叶，使枝条变枯。山银花白粉病见图6。

防治方法　①选育抗病品种：凡枝粗、节密而短、叶片浓绿而质厚、密生绒毛的品种，大多为抗病力强的品种；②合理密植，整形修剪，改善通风透光条件，增施有机肥，可增强抗病能力；③发病期间喷25%粉锈宁1500倍液或50%托布津1000倍液，每

图6　山银花白粉病

7天1次，连喷3～4次。

（2）忍冬褐斑病　危害叶片。叶病斑呈圆形或受叶脉所限呈多角形。黄褐色。直径5～20毫米。潮湿时背面生有灰色霉状物。为病原分生孢子梗及分生孢子。干燥时，病斑中间部分容易破裂。病害严重时，叶片早期枯黄脱落。

防治方法　①结合冬季修剪，除去病枝、病芽。清扫地面落叶集中烧毁或深埋，以减少病源。发病初期注意摘除病叶，以防病害扩大感染。加强栽培管理，提高植株抗病能力。多雨季节及时排水，降低土壤湿度，适当剪掉弱枝及徒长枝，改善通风透光，以利于控制病害发生。②药剂防治：发病初期喷1：1.5：300的波尔多波，或代森锰锌可湿粉剂800倍，或代森锌500倍液等。每7～10天1次，连喷2～3次。药剂要交替使用。

（3）豹蠹蛾　主要危害枝条。幼虫多自枝杈或嫩梢的叶腋处蛀入，向上蛀食。受害新梢很快枯萎，幼虫向下转移，再次蛀入嫩枝内，继续向下蛀食，被害枝条内部被咬成孔洞。

防治方法　①及时清理花墩，收二茬花后，一定要在7月下旬至8月上旬结合修剪，剪掉有虫枝，如修剪太迟，幼虫蛀入下部粗枝再截枝对花墩长势有影响。②7月中下旬为其幼虫孵化盛期，这是药剂防治的适期，用40%氧化乐果乳油1500倍液，加入0.3%～0.5%的煤油，以促进药液向茎秆内渗透，防治效果良好。

（4）银花叶蜂　该虫仅危害山银花。幼虫危害叶片，初孵幼虫喜爬到嫩叶上取食，从叶的边缘向内吃成整齐的缺刻，全叶吃光后再转移到邻近叶片。虫害发生严重时，可将全株叶片吃光，使植株不能开花，不但严重影响当年花的产量，而且使次年发叶较晚，受害枝条枯死。

防治方法　①人工防治：发生数量较大时可于冬、春季在树下挖虫茧，减少越冬虫源。②药剂防治：幼虫发生期喷90%敌百虫1000倍液或25%速灭菊酯1000倍液。

五、采收加工

1. 采收

山银花扦插苗、嫁接苗种植后次年开始开花，实生苗种植后第3年开始开花，4～5年进入盛花期。适宜采收标准：开花型，花蕾由绿色变白，花枝上5～20花开放，多数花朵由青变白，尚未开放；花蕾型，花蕾由白转黄时方可采收。

海拔在450米地区，6月初采，6月15日左右采完；海拔在700～800米地区，6月中下旬采收。一般在上午9点前所采摘的花蕾质量为好。因露水未干，不会损伤花蕾，因而香气浓，容易保色。

采收时用竹（藤）篮（筐）等透气性好的容器盛装，采回来的鲜花不宜堆放，应摊薄晾开，以免发热变黑。

2. 加工

采收回来的鲜花要及时干燥，防止堆沤发酵。干燥方法有多种，推荐晒干法、低温烘干法和杀青烘干法3种。

（1）晒干法　将花倒入晒筐，厚2～3厘米，以当天或两天晒干为宜。阳光较强时宜摊得厚些，以免干燥太快，质量变次。若阳光弱，摊得太厚又容易变为黑色。当天未晒干的，夜间需将花筐架起，留有空隙，让水分散发。初晒时切忌翻动，待晒至八成干时才能翻动，并合并晒具。此外，也可将鲜花直接摊晒在水泥地或石头上晒干。

（2）低温烘干法（图7）　在烤房或烤箱中对花蕾进行烘干。烘干的关键是掌握好温度：初烘温度不宜过高，控制在30～35℃，烘2小时后，温度可升至40℃左右，鲜花逐渐排出水分，5～10小时，保持温度45～50℃，10小时后，鲜花水分大部分已经排出，打开门窗放气，然后温度升至55℃左右。经过20～30小时即可烘干。温度过高，烘干过急，则花蕾发黑，质量下

图7　山银花低温烘烤

降；温度太低，烘干时间过长，则花色不鲜，也影响质量。烘时不要翻动，也不要中途停烘，否则要变质。

（3）杀青烘干法

蒸汽杀青烘干：用蒸汽将鲜花杀青，杀青温度300℃左右，处理15～60秒，然后在温度45～50℃，烘1小时后，再将温度控制在60～80℃，烘2～3小时即干。

机械杀青烘干：设备由杀青机、热风炉、多层翻转干燥箱和温控箱组成。杀青温度250～300℃，处理2分钟，然后用80～110℃热风通过多层烘干箱循环翻转，脱水40分钟左右即干。山银花加工机器见图8。

图8　山银花加工机器

六、药典标准

1. 药材性状

（1）灰毡毛忍冬　呈棒状而稍弯曲，长3～4.5厘米，上部直径约2毫米，下部直径约1毫米。表面黄色或黄绿色。总花梗集结成簇，开放者花冠裂片不及全长之半。质稍硬，手捏之稍有弹性。气清香，味微苦甘。

（2）红腺忍冬　长2.5～4.5厘米，直径0.8～2毫米。表面黄白色至黄棕色，无毛或疏被毛，萼筒无毛，先端5裂，裂片长三角形，被毛，开放者花冠下唇反转，花柱无毛。

（3）华南忍冬　长1.6～3.5厘米，直径0.5～2毫米。萼筒和花冠密被灰白色毛。

（4）黄褐毛忍冬　长1～3.4厘米，直径1.5～2毫米。花冠表面淡黄棕色或黄棕色，密被黄色茸毛。

2. 显微鉴别

（1）灰毡毛忍冬　腺毛较少，头部大多圆盘形，顶端平坦或微凹，侧面观5～16细胞，直径37～228微米；柄部2～5细胞，与头部相接处常为2（～3）细胞并列，长32～240微米，直径15～51微米。厚壁非腺毛较多，单细胞，似角状，多数甚短，长21～240（～315）微米，表面微具疣状突起，有的可见螺纹，呈短角状者体部胞腔不明显；基部稍扩大，似三角状。草酸钙簇晶，偶见。花粉粒，直径54～82微米。

（2）红腺忍冬　腺毛极多，头部盾形而大，顶面观8～40细胞，侧面观7～10细胞；柄部1～4细胞，极短，长5～56微米。厚壁非腺毛长短悬殊，长38～1408微米，表面具细密疣状突起，有的胞腔内含草酸钙结晶。

（3）华南忍冬 腺毛较多，头部倒圆锥形或盘形，侧面观20～60（～100）细胞；柄部2～4细胞，长50～176（～248）微米。厚壁非腺毛，单细胞，长32～623（～848）微米，表面有微细疣状突起，有的具螺纹，边缘有波状角质隆起。

（4）黄褐毛忍冬 腺毛有两种类型：一种较长大，头部倒圆锥形或倒卵形，侧面观12～25细胞，柄部微弯曲，3～5（～6）细胞，长88～470微米；另一种较短小，头部顶面观4～10细胞，柄部2～5细胞，长24～130（～190）微米。厚壁非腺毛平直或稍弯曲，长33～200微米，表面疣状突起较稀，有的具菲薄横隔。

3. 检查

（1）水分 不得过15.0%。

（2）总灰分 不得过10.0%。

（3）酸不溶性灰分 不得过3.0%。

七、仓储运输

1. 仓储

花干燥后要等待其稍变软才能进行包装。否则，花易碎，影响花商品等级及质量。干燥后的药材按标准分级，再装入纸箱、布包或塑料袋，也可用内衬聚乙烯塑料薄膜或锡纸的编织袋装，密封。每件净重15～25千克为宜。应贮存于清洁、阴凉、干燥处，温度不高于30℃，相对湿度65%以下。数量少者，可以放在缸内，底部放上少量的石灰，上面盖塑料布防潮。

2. 运输

运输工具应具备防潮、防雨和防晒设施，同时不能与其他有毒、有害、易串味物质混装，避免污染。

八、药材规格等级

（1）一等品 干货。花蕾呈棒状，上粗下细，略弯曲，花蕾长瘦。表面黄白色或青白色。气清香，味淡微苦。开放花朵不超过20%。无梗叶、杂质、虫蛀、霉变。

（2）二等品　干货。花蕾或开放的花朵兼有。色泽不分。枝叶不超过10%。无杂质、虫蛀、霉变。

九、药用食用价值

1. 临床常用

清热解毒，疏散风热。用于痈肿疔疮，喉痹，丹毒，热毒血痢，风热感冒，温病发热。外用适量捣敷，用治痈肿疔疮、喉痹、丹毒、热毒血痢、风热感冒、温病发热等病症。

（1）治感冒、暑热　山银花30克，水煎加红糖服。

（2）治大肠积热便秘、便血　山银花30克，水煎，加红糖服。便血加马齿苋30克。

（3）治痢疾　山银花60克，水煎服。热痢加苦瓜根15克，赤痢加白头翁30克，冲蜜服。

（4）治风湿关节酸痛　山银花藤、桑枝、络石藤各30克，水煎服。或用山银花藤、桑枝、薏苡仁各30克，水煎服。

（5）解煤炭烟毒　山银花30克，煮萝卜，加红糖服。

（6）治皮肤疮疖热毒、湿毒　山银花30克，水煎，加红糖服。

（7）治急、慢性阑尾炎　山银花30克（重者90克），水煎服。

（8）治流行性感冒　山银花、野菊花各15克，大青叶10克，水煎服，每日1剂，流行期间连服5天。

2. 食疗及保健

（1）预防流行性脑膜炎　山银花、夏枯草、大青叶各15克，流行季节煎水代茶服。

（2）治牙龈肿痛　山银花15克，白糖5克。山银花水去渣，加入白糖，早、晚饭前分2次服。

（3）解暑茶　山银花适量，泡茶饮。

参考文献

[1]　邹苏秀，龙福东. 灰毡毛忍冬金银花的栽培加工技术[J]. 南方农业，2010，4（3）：19-20.

[2]　田谨为，王桂英. 灰毡毛忍冬的藤茎扦插育苗栽培方法[J]. 中国中药杂志，1995，20（7）：401-402.

[3] 庾韦花，蒙平，张向军，等. 灰毡毛忍冬生产技术规程[J]. 现代农业科技，2014（1）：133-133.

[4] 黄昌银. 秀山金银花种植历史[J]. 农家科技，2011（6）：53-53.

黄柏
huang bo

本品为芸香科植物黄皮树*Phellodendron chinense* Schneid.的干燥树皮，习称"川黄柏"。

一、植物特征

树高达15米。成年树有厚、纵裂的木栓层，内皮黄色，小枝粗壮，暗紫红色，无毛。叶轴及叶柄粗壮，通常密被褐锈色或棕色柔毛，有小叶7～15片，小叶纸质，长圆状披针形或卵状椭圆形，长8～15厘米，宽3.5～6厘米，顶部短尖至渐尖，基部阔楔形至圆形。两侧通常略不对称，边全缘或浅波浪状，叶背密被长柔毛或至少在叶脉上被毛，叶面中脉有短毛或嫩叶被疏短毛；小叶柄长1～3毫米，被毛。花序顶生，花通常密集，花序轴粗壮，密被短柔毛。果多数密集成团，果的顶部略狭窄，椭圆形或近圆球形，直径约1厘米或大的达1.5厘米，蓝黑色，有分核5～10个；种子5～8、很少10粒，长6～7毫米，厚4～5毫米，一端微尖，有细网纹。花期5～6月，果期9～11月。（图1）

图1 黄皮树

二、资源分布概况

黄柏属于速生树种，较耐阴、耐寒。宜在山坡河谷较湿润地方种植。生于海拔900米以上杂木林中。有相当数量栽种。黄柏分布于湖北、湖南西北部；湖北鹤峰、宜昌、恩施；湖南龙山、安化；重庆秀山等地区。

三、生长习性

黄柏喜温和湿润的气候环境，具有较强的耐寒、抗风能力，苗期稍能耐树荫，成年树喜光照湿润，不适荫蔽、不耐干旱，常混生于稍荫蔽的山间河谷及溪流附近或老林及杂木林中。以土层深厚、湿润疏松的腐殖质砂壤土为最适生长土壤，在干旱瘠薄的山谷或黏土层上虽有分布，但生长发育不良，在沼泽地带不宜生长，适宜生长的气候条件为年均气温–1～10℃，年降水量500～1000毫米，最冷月均气温–30～–5℃，最热月均气温20～28℃。

四、栽培技术

1. 种植材料

多用黄柏种子（图2）繁殖育苗移栽。选择生长健壮、无病虫害的成年黄柏树结实的种子为宜，种子籽粒饱满、无虫蛀、常温贮藏不超过1年。

2. 选地与整地

（1）选地　造林地宜选择向阳的山坡、山区、平原、房前屋后、溪边沟坎、自留地等坡度25°以上地方栽种，要求排水良好、腐殖质含量较高，以砂壤土为好，沼泽地、重黏土均不宜栽种；育苗地选择地势宜平坦、排灌方便、肥沃湿润的砂质壤土，低洼积水之处不适宜栽种。

（2）整地　造林地清除土中生长的灌木及杂草，再深挖、耙细整平，并清除土中的树根及草根即可。

图2　黄皮树种子

育苗地深翻20~25厘米，每亩施有机肥2000~3000千克，过磷酸钙25~30千克，耙细整平。开厢作床，床宽1~1.5米，床高18~24厘米，四周开好排水沟。

3. 播种

黄柏种子无生理休眠，适宜春季3月上、中旬播种。播种前种子用水浸泡24小时，略为晾干，即可下种。在育苗地里进行，每亩用种子约2.5千克。

（1）条播　在整好的畦面上横开浅沟条播，沟距15~20厘米，沟深1.5~1.8厘米，宽18厘米左右。每沟播种子80~100粒，均匀撒入沟内。上盖细土和细堆肥，厚约1.5厘米，将沟覆平，稍加镇压，浇水。厢面上盖稻草保湿，利于出苗。在种子发芽将出土前揭去，种后约40~50天出苗。

（2）撒播　先将种子按3∶1比例与沙拌匀，均匀撒于厢面，盖土约1.5厘米厚即可。同时盖稻草保湿。

4. 田间管理

（1）间苗与定苗　出苗期经常保持土壤湿润，苗齐后对生长较密的植株必须进行间苗，及时拔除弱苗和过细苗，第1次间苗时间在苗高7~10厘米时，每隔3厘米留1株；苗高15~18厘米时定苗，每隔10厘米留1株。每次间苗结合中耕除草追肥1次，每次施入沼液1000~1500千克/亩，或尿素8~10千克。苗高70~100厘米时移到造林地定植。

（2）覆盖遮阳　黄柏幼苗喜欢阴凉湿润的环境。因此，在幼苗未达到半木质之前要对其遮阳，可采取70%的遮阳网遮阳，以提高幼苗的成活率。

（3）定植　在育苗当年冬季或次年的早春起苗，选80厘米以上的苗进行定植。将挖取的苗，在先整好地的土上，按2米×2米的株行距挖30厘米深、50厘米宽的窝（每窝施厩肥或商品有机肥5~10千克作底肥，并与表土拌匀），每窝1株，填土一半时，将树苗轻往上提，使根部舒展，再填土至平，逐步将土踩实，浇水，覆一层松土使其略高于地面即可。

（4）灌溉排水　出苗期间经常保持土壤润湿，以利黄柏苗生长，注意高温、干旱的伤害。定植半个月内经常浇水，多雨积水时应及时排出。黄柏苗木郁闭后，根系入土较深，耐旱能力增强，可不再浇水。

（5）中耕除草　苗期根据土壤是否板结情况和杂草的多少，在苗子周围适当中耕除草2~3次。定植当年和发芽后2年内，每年夏秋两季，松土除草2~3次。3~4年后，疏松土层，将杂草翻入土内。第一次除草在4~5月进行。第二次除草在9~10月杂草种子脱落之前进行。

（6）追肥　育苗地除施足底肥外，在间苗或中耕除草后追肥，每次施入沼液1000千克加复合肥5千克。移栽定植后经常浇水，保证成活，定植当年和以后两年，还应结合中耕除草追肥一年2～3次。第一次在4～5月进行，每株用复合肥0.1千克，在树旁30厘米范围内均匀撒施，头年秋季植苗，施肥可提前至3月；第二次施肥7～8月；第三次施肥结合9～10月的除草进行，肥料每株用复合肥0.1千克，在树旁30厘米范围内均匀撒施。每年夏秋季中耕除草2～3次，入冬前施1次堆肥或有机肥，每株沟施10～15千克。第4年后每隔2～3年夏季中耕除草1次，疏松土层适当追施有机肥或堆肥。

（7）套种与补苗　在移栽后的第1年至第4年间，可套种如玉米、豆类等农作物，适时除草松土，并结合施肥及注意检查有无死株，如出现死株现象应及时进行补栽。

（8）整形与修剪　黄柏树体高大，枝干挺拔，干性强，生长势强，修剪和整形一定要按其生理和生物的特性进行。成年的黄柏，一般只进行冬季修剪，时间为11月下旬，每年修剪一次。若栽培的主要目的为采皮，应适当修剪侧枝，以促进主干的生长。

（9）间伐　成林后可根据黄柏林的密度，分期间伐，直至最后成为密度适宜的成林。

（10）种子收集　选择生长健壮、无病虫害的成年黄柏树作采种母株。10～11月，果实由青绿色变成紫黑色时采收。放在屋角或木桶内，盖上稻草10～15天。果皮果肉腐烂后，取出揉搓脱粒、淘洗，除去果皮果肉。种子阴干或晒干（切勿烘烤），低温储藏（存放不可超过一年）。

5. 病虫害防治

（1）根腐病（又称烂根病）　育苗时，选择光线强弱适当、凉爽湿润、年平均气温在18～19℃左右的地区作为苗圃基地，适当使用紫外线杀死土壤中的细菌或抑制部分细菌的生长；在整理苗床时，选择平缓，肥沃，排水好，透气性强的砂壤土，可以保持苗床排水良好，透气性强，防止细菌繁殖；使用生石灰进行土壤消毒，提高pH，使土壤的pH不适宜细菌的生长；多施草木灰等钾肥，以增强苗木的抗病能力；苗圃中发现病苗，立即将其拔掉，并使用石灰对病穴进行消毒，缓解土壤酸碱度，再用50%胂·锌·福美双600倍液全面喷洒病区，防止细菌蔓延。

（2）锈病　主要是危害黄柏的叶部。常于5月中旬发生病害，并以6～7月最为严重。发病初期，叶片上出现黄绿色近圆形斑，边缘有不明显的小点，发病后期叶背呈橙黄色微突出小斑，叶片上病斑增多以至枯死。

防治方法　在发病初期，喷97%敌锈钠400倍液，0.2～0.3波美度石硫合剂或25%粉锈700～1500倍液，每隔7～10天喷1次，连续喷2～3次。

（3）煤污病　被害树干和树叶出现铅黑色或煤黑色霉状物，常发生在有蚜虫、水虱、蚧壳虫等的树枝上，尤在荫蔽、潮湿、高温的环境中发病率高。

防治方法　注意排水，及时防治以上虫害。在发病初期喷1∶0.5∶（150～200）的波尔多液，每隔10天左右1次，连续2～3次；或在发病期间喷多菌灵800～1000倍液。冬季要加强幼林抚育管理，适当修枝，改善林地通风透光度，降低林地湿度以减轻或防治发病。

（4）小地老虎　以幼虫为害，在3龄以前昼夜活动，多群集在叶或茎上为害；3龄以后分散活动，白天潜伏土表层，夜间出土危害、咬断幼苗的根或咬食未出土的幼苗，常常将咬断的幼苗拖入穴中。每年发生4～5代，第一代幼虫4～5月危害药材幼苗。成虫白天潜伏于土缝、杂草丛或其他隐蔽处，晚上取食、交尾，具强烈的趋化性。幼虫共6龄，高龄幼虫1夜可咬断多株幼苗。灌区及低洼地、杂草丛生、耕作粗放的田块受害严重。田间杂草如小蓟、小旋花、藜、铁苋菜等幼苗上有大量卵和低龄幼虫，发现这些危害药材的幼苗随时转移。

防治方法　及时铲除田间杂草，消灭卵及低龄幼虫。在高龄幼虫期每天早晨检查，发现新萎蔫的幼苗可扒开表土捕杀幼虫；药剂防治：选用50%辛硫磷乳油800倍液、90%敌百虫晶体600～800倍液、20%速灭杀丁乳油或2.5%溴氰菊酯2000倍液喷雾；或每公顷用50%辛硫磷乳油4000毫升，拌湿润细土10千克做成毒土；或每公顷用90%敌百虫晶体3千克加适量水拌炒香的棉籽饼60千克（或用青草）做成毒饵，于傍晚顺行撒施于幼苗根际。

（5）花椒凤蝶　其幼虫危害叶片，食成孔洞，影响生长。凤蝶1年3代，以蛹附在叶背、枝干或其他隐蔽场所越冬，第2年4～5月羽化成虫，交尾交卵。第1代幼虫5～6月出现；第2代7～8月出现；第3代9～10月出现。各代幼虫都咬食叶片，尤多发生在5～8月。

防治方法　广大脚小蜂是花椒凤蝶的天敌，可用于生物防治。在凤蝶蛹上曾发现广大脚小蜂和一寄生蜂。因此，在人工捕捉幼虫和采蛹时把蛹放入纱笼内，保护天敌。寄生蜂羽化后能飞出笼外，继续寄生，为抑制凤蝶发生，在幼虫幼龄期，可喷90%敌百虫800倍液或50%杀螟硫磷乳剂1000倍液，每7天1次，连喷2～3次；在幼虫3龄后喷每克含菌量100亿的青虫菌300倍液，每隔10～15天1次，连喷2～3次；虫害大量发生时，用苏云金杆菌菌粉500～800倍液喷雾，效果好，且对人畜安全。

（6）地老虎　以幼虫为害，咬断根茎处，危害幼苗，白天常在被害株根际或附近表土找到，尤在地势低洼、潮湿的地方虫害则更为严重。

防治方法 在倒伏的幼苗周围寻找，人工捕杀：将鲜草切成小段，用50%辛硫磷乳油0.5千克拌成毒饵诱杀，或用90%晶体敌百虫1000倍液拌成毒饵诱杀。

（7）蚜虫 多发生在夏季，蚜群集于嫩叶或花蕊吸食液汁，并可传染病毒引起病害。

防治方法 发病时80%敌敌畏1500倍液，7～10天1次，连续数次，直到蚜虫被灭完为止。

（8）蛞蝓 为一种软体动物，以成虫、幼虫舔食叶、茎、幼芽方式危害植株。

防治方法 发生期用地瓜皮或嫩绿蔬菜诱杀，也可喷1%～3%石灰水进行防治。

（9）牡蛎蚧 群集于树干、枝的表皮为害，致使植株发育不良。

防治方法 可在4、6、7月喷16～18倍的松脂合剂或20～25倍的机油乳剂。

五、采收加工

1. 采收

黄柏栽后10～15年便可剥皮作药用，树龄愈大，产量愈高，质量愈佳。收获最佳时间为4～5月。

剥皮方法：在晴天进行操作，选择长势旺盛，枝叶繁茂的树进行环剥，先用利刀在树干枝下15厘米处横割一圈，并按商品规格需要向下再横割一圈，在两环切口间垂直向下纵割一刀，切口斜度以45°～60°为宜，深度以不伤及形成层和木质部为宜。然后用竹刀在纵横切口交界处撬起树皮，向两边均匀撕裂，在剥皮的过程中要注意手勿接触剥面，以防病菌感染而影响新皮的形成。如法剥皮，直至离地面15厘米处为止。树皮剥下后，用百万分之十浓度的吲哚乙酸溶液、百万分之十的2,4–D或百万分之十萘乙酸加百万分之十赤霉素溶液喷在创面上，以加速新皮形成的速度，并用塑料薄膜包裹，包裹时应上紧下松，利于雨水排出，并减少薄膜与木质部的接触面积，以后每隔1周松开薄膜透风1次，当剥皮处由乳白色变为浅褐色时，可剥除薄膜，让其正常生长。但再生的树皮质量和产量都不如第一次取得的树皮。

2. 加工

把剥下的树皮截成60厘米长的节，晒至半干，压平，然后将粗皮刨干净，至显黄色为度，不可伤及内皮。也可将树皮剥下后先压平、晾干，再刮去粗皮。此法所得商品较为平坦、整齐，但需时间较多。最后再用竹刷刷去刨下的皮屑。在商品黄柏中质量最好的以皮厚、断面鲜黄色为佳。

六、药典标准

1. 药材性状

呈板片状或浅槽状，长宽不一，厚1～6毫米。外表面黄褐色或黄棕色，平坦或具纵沟纹，有的可见皮孔痕及残存的灰褐色粗皮；内表面暗黄色或淡棕色，具细密的纵棱纹。体轻，质硬，断面纤维性，呈裂片状分层，深黄色。气微，味极苦，嚼之有黏性。（图3）

图3　黄柏药材

2. 显微鉴别

本品粉末鲜黄色。纤维鲜黄色，直径16～38微米，常成束，周围细胞含草酸钙方晶，形成晶纤维；含晶细胞壁木化增厚。石细胞鲜黄色，类圆形或纺锤形，直径35～128微米，有的呈分枝状，枝端锐尖，壁厚，层纹明显；有的可见大型纤维状的石细胞，长可达900微米。草酸钙方晶众多。

3. 检查

（1）水分　不得过12.0%。

（2）总灰分　不得过8.0%。

4. 浸出物

照醇溶性浸出物测定法项下的冷浸法测定，用稀乙醇作溶剂，不得少于14.0%。

七、仓储运输

1. 仓储

药材仓储要求符合《绿色食品　贮藏运输准则》（NY/T 1056—2006）的规定。

黄柏一般为外裹麻片的压缩打包件，每件40～50千克。贮存温度30℃以下，相对湿度65%～75%，商品安全水分10%～13%。存放过久，颜色易失，变为浅黄或黄白色。危害的仓虫有家茸天牛等，蛀蚀品周围常见蛀屑及虫粪。储藏前应严格入库质量检查，防止受潮或染霉品掺入；平时保持环境干燥、整洁；定期检查，发现吸潮或初霉品，及时通风晾晒，虫蛀严重时用较大剂量磷化铝（9～12克/立方米）熏杀。高温高湿季节前，可密封使其自然降氧或抽氧充氮进行养护。

2. 运输

本品易生霉，变色，虫蛀。采收时，内侧一般未充分干燥，在运输中易感染霉菌，受潮后可见白色或绿色霉斑。运输车辆要求卫生合格，温度在16～20℃，湿度不高于30%，具备防暑防晒、防雨、防潮、防火等设备，符合装卸要求；进行批量运输时应不与其他有毒、有害、易串味物质混装。

八、药材规格等级

（1）一等　干货。去净栓皮。为弯曲丝条状，厚度不得薄于0.3厘米。表面黄褐色或黄棕色。内面暗黄色或淡棕色。体轻，质较坚硬。杂质含量不得超过1%，即无枝皮、粗栓皮、边角料、灰屑、虫蛀、霉变。均匀度不得少于80%（长度为7～12厘米，宽度为0.4～0.8厘米）。气微，味极苦，嚼之有黏性。

（2）二等　干货。去净粗栓皮。呈弯曲丝条状、卷成单筒状或块状，厚度不得薄于0.2厘米。表面黄褐色或黄棕色。内面暗黄色或淡棕色。体轻，质较坚硬。杂质含量不得超过3%，即无粗栓皮、边角料、灰屑、虫蛀、霉变，间有枝皮。均匀度：不得少于70%（长度为7～12厘米，宽度为0.4～0.8厘米）。气微，味极苦，嚼之有黏性。

（3）统货　干货。呈弯曲丝条状、卷成单筒状或块状，厚度不得薄于0.1厘米。表面黄褐色或黄棕色，内面暗黄色或黄棕色。体轻，质较坚硬。杂质含量不得超过9%，即间有枝皮、粗栓皮、灰屑、边角料，无虫蛀、霉变。长度与宽度不分大小。气微，味极苦，嚼之有黏性。

九、药用价值

（1）清热燥湿

①用于湿热带下，症见带下色黄黏浊或为脓样、黄水，阴痒，灼热，尿短赤，常与芡实、金樱子、苦参、车前子等配用。

②用于湿热淋证，症见小便频数短涩，淋沥刺痛，小腹拘急或腰腹痛等，常与车前子、滑石、瞿麦、萹蓄同用。

③用于湿热脚气，症见脚膝浮肿，常与苍术、牛膝同用，即三妙散。

④用于湿热下痢，症见腹痛下痢脓血，里急后重等，常与白头翁、黄连同用。

（2）泻火解毒　用于湿毒肿疡、湿疹、口疮疔肿、烫伤等，随证配用，内服外敷皆可。

（3）退虚热，制相火　用于阴虚发热、骨蒸、盗汗及相火亢盛的遗精证，多配知母同用。

参考文献

[1] 贵州省中药研究所. 贵州中药资源[M]. 北京：中国医药科技出版社，1992.

[2] 国家医药管理局. 76种药材商品规格标准[M]. 北京：中华人民共和国卫生部，1984.

[3] 陈瑛. 实用中药种子技术手册[M]. 北京：人民卫生出版社，1999.

[4] 黄慧茵. 黄皮树种植地环境及育苗技术研究[D]. 长沙：中南林业科技大学，2009.

[5] 孙鹏，张继福，李立才，等. 黄柏的栽培技术与方法[J]. 人参研究，2013，25（3）：59-61.

[6] 丁万隆. 药用植物病虫害防治彩色图谱[M]. 北京：中国农业出版社，2002.

[7] 曾云瑾. 黄柏及其伪品木蝴蝶树皮的鉴别[J]. 海峡药学，2006，18（5）：110-111.

[8] 蒋锐，陈俊华. 川黄柏伪品水黄柏的生药鉴定[J]. 中药材，1991，14（6）：20-22.

xuan　shen

玄参

本品为玄参科植物玄参 *Scrophularia ningpoensis* Hemsl.的干燥根。别名浙玄参、乌玄参、元参、黑参等。

一、植物特征

高大草本，可达1米余。块根数条，纺锤形或胡萝卜状膨大，粗可达3厘米以上。茎四棱形，有浅槽，无翅或有极狭的翅，无毛或多少有白色卷毛，常分枝。叶在茎下部多对生而具柄，上部有时互生而柄极短，柄长者达4.5厘米，叶片多变化，多为卵形，有时上部为卵状披针形至披针形，基部楔形、圆形或近心形，边缘具细锯齿，稀为不规则的细重锯齿，大者长达30厘米，宽达19厘米，上部最狭者长约8厘米，宽仅1厘米。花序为疏散的大圆锥花序，由顶生和腋生的聚伞圆锥花序合成，长可达50厘米，但在较小植株中，仅有顶生聚伞圆锥花序，长不及10厘米，聚伞花序常2～4回复出，花梗长3～30毫米，有腺毛；花褐紫色，花萼长2～3毫米，裂片圆形，边缘稍膜质；花冠长8～9毫米，花冠筒多少球形，上唇长于下唇约2.5毫米，裂片圆形，相邻边缘相互重叠，下唇裂片

图1　玄参

多少卵形，中裂片稍短；雄蕊稍短于下唇，花丝肥厚，退化雄蕊大而近于圆形；花柱长约3毫米，稍长于子房。蒴果卵圆形，连同短喙长8～9毫米。花期6～10月，果期9～11月。（图1）

二、资源分布概况

玄参为多年生的高大草本，为我国特有品种，仅在中国自然分布，且分布范围广。根据《中国植物志》记载，主要分布区有河北（南部）、河南、山西、陕西（南部）、湖北、安徽、江苏、浙江、福建、江西、湖南、广东、贵州、四川等，不同种源间变异较大。因玄参为大宗中药材，市场需求较大，主要以栽培为主。玄参生态幅较大，适生范围较广，在我国分布北至河北，南至广东，经纬度范围在23.88°～37.44°N、104.27°～120.30°E，

在浙江以及武陵山区的四川、重庆、湖北、湖南、贵州均有栽培。

在武陵山区中，道真是贵州最大的玄参产地，也是中国重要的玄参基地，道真玄参是贵州的知名中药材品牌，是道真县政府重点发展的产业，也是贵州省科技厅重点支持的中药现代化项目；产自湖北恩施州的巴东玄参是湖北省第一个GAP认证的中药材；湖南湘西龙山县盛产玄参，龙山玄参为从安徽引进在大安试种，后逐渐发展到高山地区；重庆主要在南川、武隆、酉阳等区县种植，有一定规模，重庆南川玄参于2014年也通过了国家GAP认证。

三、生长习性

玄参喜温暖湿润、雨量充沛、日照时间短的气候，耐寒，忌高温、干旱。当气温达到10℃时开始出苗，20～23℃时茎叶生长发育较快，地上部生长发育高峰之后，根部生长才逐步加快，块根膨大期平均温度为17.8℃，气温低于15℃后，玄参进入块根充实期，至低于10℃进入收获期。

积温多少是衡量玄参生长的重要温度指标。据研究，活动积温在3400℃左右，有效积温在1400℃为宜。玄参生长期为3～11月，生长期为200天左右，总生长期日均气温为17.0℃。

中高山地区的玄参生育期可划分四个阶段：苗期（3月至6月中旬）、茎叶生长期（6月中旬至8月中旬）、块根膨大期（8月中旬至9月中下旬）、块根充实期（10月至收获期）。海拔较低的地区，玄参生长发育期可能推迟1个月左右。玄参生长盛期见图2。

图2　玄参生长盛期

苗期新叶生长（3月至6月中旬）。半均气温为12℃左右，此时株高增加，到苗期末期叶片总数一般为72片左右，其中主茎叶20片，分枝叶52片，株高达到45厘米左右，分枝数约为9.5枝，全株干物质量为25.65克，其中块根占5.96%。茎叶生长期（6月中旬至8月中旬）株高、叶面积迅速增加，种芽腐烂，块根开始发育。到茎叶生长期末期叶片总数一般为304片左右，株高144厘米左右。

块根膨大期（8月中旬至9月中下旬）。此阶段平均气温达20～27℃，地下块根生长迅速，干物质大量积累，子芽生长，一般植株封行。到末期叶片总数一般为351片左右，其中主茎叶32片，分枝叶319片，株高达到206厘米左右，全株干物质量为319.2克，其中块根占22.52%。

块根充实期（10月至收获期）。功能叶片逐渐减少至全部枯萎，块根质量快速增加，子芽生物积累迅速。到收获时，全株干物质量与块根膨大期后期相当。

四、栽培技术

1. 繁殖材料

玄参在生产上一般采用子芽繁殖。11月收挖玄参时，选粗壮、色白、无病虫害、长3～4厘米的子芽，从芦头上掰下作种栽培。可随挖随栽，也可于室内或室外的地下保温越冬，于翌年2月上旬至3月上旬栽植。野外越冬保存，就选择向阳、地势干燥、排水良好的缓坡地作储藏地。开宽1.3米，长3～5米的厢，厢深15厘米。将子芽挨着摆于厢内，在其上盖8～10厘米的细土，周围开沟排水。也可采用窖藏的方法：窖深50厘米，窖底整平，先铺10厘米厚的细砂，将子芽平铺窖内，厚30厘米，盖上细土10厘米左右，表面作龟背形，四周开排水沟，防积水。冬季气温在0℃以下需加盖细土或稻草防子芽冻伤。储藏期间发现霉烂、发芽、长根应及时翻窖。玄参子芽标准等级见表1。

表1　玄参子芽标准等级

级别	长度（厘米）	直径（厘米）	重量（克）	芽鳞	芽头
1级	>6	>2.5	20	不开裂	不分叉
2级	4~6	>1.6	10	不开裂	不分叉
3级	<3	<0.9	5	有开裂	有分叉

注：一般低于3级的子芽不能在生产上使用。

2．选地整地

（1）选地　土壤要求：玄参喜温暖湿润气候，较耐寒，茎叶能经受轻霜。玄参适应性较强，对土壤要求不严，但是积水容易造成根部腐烂而减产。玄参为深根植物，砂质壤土、腐殖质多、肥沃的、土层深厚、结构良好、排灌方便的土壤有利于生长，黏土、排水不良的低洼地不宜种。玄参吸肥力强，病虫害多，忌连作，一般轮作需在3年以上。

海拔要求：玄参在南北方均可生长，平原、丘陵以及低山地均可栽培，海拔对玄参的生长影响显著。在浙江，玄参一般种植在低海拔（600米）地区，但武陵山区多在高海拔（1200米）地区种植。

温度要求：玄参在气候温和、阳光充足的地区生长较好。玄参的栽培忌高温干旱，需要较凉爽、湿润的气候环境，适宜山区种植生产。年平均日照数1600小时以上。年平均气温10℃左右。全年无霜期200天左右。

（2）整地　在冬季垦翻泥土40厘米左右，使充分冻松风化，碎土整地作畦，畦宽150厘米，高16厘米，周围沟宽33厘米左右。玄参的种植区早期施肥种类以腐熟农家肥、过磷酸钙为主，每亩施基肥2000千克、过磷酸钙150千克，入沟内作基肥，施肥后作垄。

3．播种

玄参一般于头年12月至次年3月上旬栽种（图3），宜早不宜迟。对选好的健壮子芽在栽培前必须进行处理，通常用多菌灵500倍液或退菌特1000倍液浸种5～10分钟，捞出晾干备用。

种植方法采用开穴栽种法，穴深约10厘米，穴口直径8～10厘米，双行种植的行株距相距35～45厘米，子芽每穴1个，芽尖向上，子芽直者直栽，弯者弯摆，务必使芽尖向上，栽后盖土杂肥或腐熟的火土，每亩约1000千克，然后再覆盖细土，不要露出芽头，浇水保湿。每亩栽子芽40～50千克。

图3　玄参栽种

4．田间管理

（1）间苗补苗　4月中旬玄参出苗后，发现缺苗或死苗应及时补苗。对根际萌生许多幼苗的植株，选留壮苗2～3株，以降低植株的养分消耗，确保壮苗生长。

（2）追肥 生长期一般追肥3次。齐苗后施第一次肥，每亩施入人畜粪尿500～1000千克，促使幼苗生长。当苗高35厘米左右，玄参生长即将转入旺盛时期时进行第二次追肥，每亩施人畜粪尿1000～1500千克，厩肥1500千克，促使地上植株旺长。此时气温较高，在行间应铺一层树叶或嫩草，以降低地温，保持土壤湿度。7月上中旬玄参开花初期，进行第三次追肥，以施磷钾肥为主，每亩沟施过磷酸钙50千克，草木灰300千克，施后盖土，以促使玄参块根膨大。玄参施肥见图4。

图4 玄参施肥

图5 玄参人工除草

（3）中耕除草 幼苗出土后及时中耕除草，第一次在4月中旬苗出齐以后；第二次在5月中旬；第三次在6月中旬。中耕除草不宜太深，以锄松表土，不损伤块根为度。玄参人工除草见图5。

（4）培土 培土一般在第三次施肥后进行，将畦沟底部泥土培在株旁。以保护根茎部生长，使白色子芽增多。

（5）灌溉排水 玄参较耐旱，一般不需灌溉。如遇长期干旱，可在太阳未出前浇水。雨季开沟排水，防止积水引起块根腐烂。

（6）去蘖打顶 一般在苗期6月进行，将基部长出的纤细芽全部剔除。打顶在8月植株上部形成花蕾至初花期，及时将花梗摘除，控制上部生殖发育和养分消耗，以促进地下块根膨大。

5. 病虫害防治

（1）白绢病 一般多发病于4月下旬，7～8月较重，9月停止。白绢病又名"白粮烂"，在根部出现白绢一样丝网，危害根部。

农业防治：实行与禾本科植物轮作，防病效果更好。土壤消毒，在翻地时，每亩施入

50千克生石灰。选用无病子芽作种栽培，再用50%托布津1000倍液浸泡5～10分钟，晾干后栽种。

药剂防治：发病初期用50%退菌特500倍液加石灰5%和0.2%尿素淋灌植株，亦可用50%多菌灵800倍液浇灌病株及周围的植株。

（2）斑枯病　4月中旬发生，6～8月发病较重，直到10月为止。

农业防治：降低田间湿度，将杂草等物烧毁，采用冻垄或晒垄方式，消灭越冬病原菌。

药剂防治：发病初期用1∶1∶100波尔多液，或65%代森锌400～500倍液喷雾，每隔7～10天1次，连喷3～4次。

（3）叶斑病　于4月中旬开始发生，5～6月较重。7月后因气温上升病情逐渐减轻。高温多湿容易发病，同时发病与否、轻重程度还与土质、施肥情况、管理条件等因素有关。

农业防治：玄参收获后，清除田间残株病叶，减少越冬病原菌；同时与禾本科作物轮作；加强田间管理，合理施肥，中耕除草，促进植株健壮生长增加抗病力；从5月中旬开始，喷洒波尔多液（1∶1∶100），每隔10～14天施用1次，连续喷4～5次。

（4）红蜘蛛　喷20%三氯杀螨砜600～800倍液，每隔5～7天喷1次，连喷2～3次。

（5）蜗牛　清晨进行人工捕捉。喷洒1%石灰水或撒施油茶籽饼粉，每亩8～10千克。

五、采收加工

1. 采收

立冬前后玄参地上部茎叶枯萎时采收最为适宜。收获时，择晴天掘起根部，勿使挖断，剪去茎叶残枝，抖掉须根泥沙，掰下子芽（根芽）供留种用，切下块根进行加工。一般亩产干玄参200千克，高产可达400千克。玄参采挖见图6。

图6　玄参采挖

2. 加工

采收后将玄参块根摊放在晒场上暴晒4～6天，经常翻动，使上下块根受热均匀。每天晚上堆积起来，盖上稻草或其他防冻物，否则会使块根内心空泡。待晒至半干时，修去芦头和须根（如鲜时剪芦头，易使剪口内陷；干后剪芦则因坚硬较费力），堆积4～5天，使块根内部逐渐变黑，水分外渗，然后再晒，经25～30天晒至八成干。如块根内部还有白色，需继续堆积，直至发黑。一般堆晒至足干，约需40～50天。如遇连续阴雨天，用火烘加工，将鲜块根放在炕具内，用文火烘烤，烘2天，堆放3～4天，使内部水分渗出，反复几次，烘干为度。一般鲜干玄参折率为5∶1。

六、药典标准

1. 药材性状

类圆柱形，中间略粗或上粗下细，有的微弯曲，长6～20厘米，直径1～3厘米。表面灰黄色或灰褐色，有不规则的纵沟，横长皮孔样突起和稀疏的横裂纹和须根痕。质坚实，不易折断，断面黑色，微有光泽。气特异似焦糖，味甘、微苦。（图7）

图7　玄参药材

2. 显微鉴别

横切面：皮层较宽，石细胞单个散在或2～5个成群，多角形、类圆形或类方形，壁较厚，层纹明显。韧皮射线多裂隙。形成层成环。木质部射线宽广，亦多裂隙；导管少数，类多角形，直径约至113微米，伴有木纤维。薄壁细胞含核状物。

3. 检查

（1）水分　不得过16.0%。

（2）总灰分　不得过5.0%。

（3）酸不溶性灰分　不得过2.0%。

4. 浸出物

照水溶性浸出物测定法项下的热浸法测定，不得少于60.0%。

七、仓储运输

1. 包装

选用瓦楞纸箱为包装容器。其技术要求应符合GB 6266—86的规定。包装容器不得有异物，箱装每件净重15～20千克，内附包装袋，袋内装入识别卡片，卡片上内容与箱外标签内容一致。箱外必须印刷品名、等级、净重、产地、包装、日期、封袋人员或代号、商标标志、生产单位、质量合格标志。同一批货物各件包装的净重应一致，并采用不同颜色的封箱带作为等级的辨识标志，特等为蓝色，一等为红色，二等为绿色。

2. 仓储

按品种等级分别放于阴凉库中。仓库地面要铺设木条或隔板，药材放置货架上分垛放置。垛与垛之间距离不少于60厘米，垛与墙的间距不少于50厘米。

不得与有毒有害物品及窜味药品混合贮存。贮藏期间要定期检查，注意防止霉变、虫蛀、腐烂等现象发生。

3. 运输

运输工具要求清洁卫生，无异味。药材运输时不得与有毒有害及易窜味物品混运。待运时，应批次分明，堆码整齐，环境干燥、清洁、通风良好，严禁暴晒雨淋。装卸时应轻拿轻放，严禁倒置或踩踏、坐卧包装箱上。

八、药材规格等级

（1）一等　干货。呈类纺锤形或长条形。表面灰褐色，有纵纹及抽沟。质坚韧。断面黑褐色或黄褐色。味甘、微苦咸。每千克36支以内，支头均匀。无芦头、空泡、杂质、虫蛀、霉变。

（2）二等　干货。呈类纺锤形或长条形。表面灰褐色，有纵纹及抽沟。质坚韧。断面黑褐色或黄褐色。味甘、微苦咸。每千克72支以内。无芦头，空泡、杂质、虫蛀、霉变。

（3）三等　干货。呈类纺锤形可长条形。表面灰褐色，有纵纹及抽沟。质坚韧。断面黑褐色或黄褐色。味甘、微苦咸。每千克72支以外，个头最小在5克以上。间有破块。无芦头、杂质、虫蛀、霉变。

九、药用食用价值

1. 临床常用

玄参为民间常用药材，在我国已有千年种植历史。具清热凉血，滋阴降火，解毒散结功效。用于温热病热入营血，身热，烦渴，舌绛，发斑，骨蒸劳嗽，虚烦不眠，津伤便秘，目涩昏花，咽喉肿痛，瘰疬痰核，痈疽疮毒。

（1）治伤寒发汗吐下后，毒气不散，表虚里实，热发于外，故身斑如锦文，甚则烦躁谵语，兼治喉闭肿痛　玄参、升麻、甘草（炙）各半两。上锉如麻豆大，每服抄五钱匕，以水一盏半，煎至七分，去滓服。

（2）治三焦积热　玄参、黄连、大黄各一两。为末，炼蜜丸梧子大。每服三四十丸，白汤下。小儿丸粟米大。

（3）治阳明温病，无上焦证，数日不大便，当下之，若其人阴素虚，不可行承气者　玄参一两，麦冬（连心）八钱。水八杯，煮取三杯，口干则与饮令尽。不便，再作服。

（4）治伤寒上焦虚，毒气热壅塞，咽喉连舌肿痛　玄参、射干、黄药各一两。上药捣筛为末，每服五钱，以水一大盏，煎至五分，去滓，不拘时温服。

（5）治急喉痹风，不拘大人小儿　玄参、鼠粘子（半生半炒）各一两。为末，新汲水服一盏。

（6）治瘰疬初起　玄参（蒸）、牡蛎（醋煅，研）、贝母（去心，蒸）各四两。共为末，炼蜜为丸。每服三钱，开水下，日二服。

（7）解诸热，消疮毒　玄参、生地黄各一两，大黄五钱（煨）。上为末，炼蜜丸，灯心草、淡竹叶汤下，或入砂糖少许亦可。

（8）治赤脉贯瞳　玄参为末，以米泔煮猪肝，日日蘸食之。

2. 食疗及保健

（1）泡茶　玄参平时可以用来泡茶喝，泡茶时需要准备玄参和麦冬以及桔梗各4.5克，然后再加入甘草1.5克，把所有的药材研成细末，用纱布包好，再用开水冲泡饮用。这种玄参茶能清除肺热，也缓解咳嗽。

（2）玄参煲猪肝　玄参15克，猪肝500克，料酒5克和味精5克，大骨汤2500克，姜、葱以及盐各适量，把玄参洗净以后切成片状，猪肝也切成片状，先把猪肝加调味料煮熟，然后再与玄参一起放入到大骨汤中煮制，煮好以后取出加调味料调匀，取出就能食用。玄参煲猪肝能养肝益阴，也能泻火解毒，对人类的急慢性结膜炎和更年期综合征有较好的治疗作用。

参考文献

[1] 邹宗成，向开栋，黄鹤，等. 玄参规范化生产标准操作规程[J]. 中国现代中药，2007，9（6）：30–34.

[2] 陈大霞，张雪，李隆云. 等. 栽培措施对玄参子芽产量和等级的影响[J]. 时珍国医国药，2018，29（9）：212–215.

[3] 邹宗成，向开栋. 底肥种类与栽培方式对玄参产量的影响[J]. 湖北农业科学，2004，2004（5）：75–77.

[4] 杨小舰. 玄参重要害虫发生及综合治理技术研究[D]. 武汉：华中农业大学，2010.

[5] 张雪，陈大霞，谭均，等. 玄参子芽分级标准研究[J]. 中国中药杂志，2015，40（6）：1079–1085.

[6] 张雪，陈大霞，李隆云，等. 西南中山地区玄参生长发育规律的研究[J]. 中国中药杂志，2014，39（20）：3915–3921.

太白贝母
tai bai bei mu

本品为百合科植物太白贝母*Fritillaria taipaiensis* P. Y. Li的干燥鳞茎。

一、植物特征

多年生草本，植株高30～40厘米。鳞茎由2枚鳞片组成，直径1～1.5厘米。叶通常对生，有时中部兼有3～4枚轮生或散生的，条形至条状披针形，长5～10厘米，宽3～7（～12）毫米，先端通常不卷曲，有时稍弯曲。花单朵，绿黄色，无方格斑，通常仅在花被片先端近两侧边缘有紫色斑带；每花有3枚叶状苞片，苞片先端有时稍弯曲，但决不卷曲；花被片长3～4厘米，外三片狭倒卵状矩圆形，宽9～12毫米，先端浑圆；内三片近匙形，上部宽12～17毫米，基部宽3～5毫米，先端骤凸而钝，蜜腺窝几不凸出或稍凸出；花药近基着，花丝通常具小乳突；花柱分裂部分长3～4毫米。蒴果长1.8～2.5厘米，棱上只有宽0.5～2毫米的狭翅。花期5～6月，果期6～7月。（图1～图6）

图1　一年生太白贝母

图2　二年生太白贝母

图3　三年生太白贝母

图4　四年生太白贝母

图5　太白贝母的鳞茎

图6　太白贝母果实

二、资源分布概况

太白贝母分布在横断山北部、秦岭和吕梁山地区，生长于海拔1600~3200米的山坡草丛或灌丛，或山沟中的石壁阶地草丛中。

太白贝母生于湖北、陕西、甘肃、四川等地海拔1600~3150米处的山坡，分布在秦巴山脉。重庆地区主要分布于三峡库区的城口县、巫山县、巫溪县、奉节县等地。

三、生长习性

1. 土壤

太白贝母生长在山地的灌木林边或草丛中。地势半阴山，宽广略成倾斜度的土地，含腐殖质丰富，质地疏松，排水性好，无树根、石头，湿润的土壤，生产太白贝母最好；阳山、地势干燥，光照强、质地板结的黏土，不可栽种太白贝母。

2. 海拔

野生太白贝母生长于海拔1600~3200米的山坡草丛或灌丛，或山沟中的石壁阶地草丛中。太白贝母的适宜海拔1650~2800米。

3. 温度

太白贝母具有低温停止生长，高温受抑制，一年两次生长，两次休眠的特征。闷热气候对生长发育不利，地上部分易枯萎和感染病害。太白贝母在气温5~25℃范围内生长正常，但种子胚芽20℃以上生长受抑制。

4. 水分

太白贝母种子细小，播种期及苗期需水较多，保持土壤湿润有利出苗。太白贝母幼苗保水能力低下，幼苗期气温较高时要进行遮荫。太白贝母对水分的需求随生长期不同而异，播种期和苗期对水分的需求量较大，缺水不易出苗，出苗后容易干死。生长3年以上的太白贝母抗旱能力增强，在野生太白贝母分布地区，平均年降水量为1200~1700毫米。

5. 光照

太白贝母第1~2年苗纤弱，不能强光照射，必须搭棚遮荫抗旱和防冰雹，生长3年后的贝母苗能够进行强光照射，抗逆能力增强。荫蔽管理方法：平时注意检修，在晴天荫蔽，阴天、久雨天揭开棚练苗，必须搭好和管好荫棚，以提高保苗率。

四、栽培技术

（一）种子生产技术

1. 种植材料

在6~7月太白贝母采挖鳞茎时，选直径在2厘米以上的鳞茎做种苗，随挖随栽，栽后每年只需田间管理，不必每年栽种。逐年可收获一定数量的种子，如种源不足，用直径2厘米以上鲜鳞茎分瓣繁殖比用种子快。

2. 整地

先清除地面杂草，捡去石头、树根，翻土，碎细耙平，划厢面4尺，沟宽1尺备用，厢沟里的土暂时不挖起，待栽好后再提沟土盖于厢面。太白贝母大棚种植整地见图7。

图7　太白贝母大棚种植整地

3. 施基肥

每亩用腐熟的人、畜粪，地皮堆肥20担，钙镁磷肥30千克，油饼50~100千克作基肥，撒在厢面，用锄头拌匀，翻入土内，整平，横挖成行距10~13厘米，深3厘米的沟备用。

4. 栽种

太白贝母用条栽，贝母芽尖向上，鳞盘向下，不能倒栽，株距6厘米，深度栽8厘米，栽入沟心，特别注意，栽深了影响出苗，太浅了生长不好，每亩用鲜鳞茎100千克左右。太白贝母栽种后，用锄头挖起厢沟里的土拌碎盖厢上，梳背形。太白贝母种子田栽种见图8。

图8　太白贝母种子田栽种　　　　　　图9　太白贝母种子田防冰雹措施

5. 田间管理

除草：在栽后第2年起，每年春季3月下旬在贝母出苗前清除杂草，4月上旬出苗后，人工及时除草，并用清水粪或尿素250克加水50千克，施提苗肥，4月中旬至5月下旬用人畜粪和化肥施提苗肥1～2次，施肥时注意不让肥料落在茎叶上，以免烧苗。太白贝母种子田防冰雹措施见图9。

6. 收种

6月下旬至7月上旬太白贝母的果实成熟，其标准是种子干浆或外壳呈褐色，就将果实采回来，采时特别注意，不要把果壳弄破了。果实收回后，一定及时贮藏处理，方法是用过筛后含水量低于10%的湿润腐殖质土，一层果实一层土，贮藏环境是放在冷凉潮湿、通风的房角或地洞内，经常检查干湿度，太干了及时加湿土调剂湿度，不能用水淋，淋了种子要坏。注意：当年种子只能当年用，种子不能晒干存放，因为一年的干种子发芽率特别低，二年的干种子不发芽。

（二）栽种技术

1. 播种

（1）播种时间　果实贮藏到9月下旬至10月下旬。冬播，即当地冬季尚未冻土前播种，注意不宜夏播，因为夏播是在暑天高温季节，苗床不易保持水分，影响发芽和生长，次年出苗率低。

（2）整地　苗床阴湿环境的土壤，整地方法和要求与种子培育田相同。苗床表土要求特别细、均匀。播种时，将贮藏的果实从腐殖质土中选出轻轻弄开种壳，抖出种子，用10～20倍过筛细土或冷却的火灰拌种子，待用。太白贝母大田整地见图10。

（3）播种　苗床播种方法为了便于除草施肥，采用撒播将种子均匀的播在苗床内（图11）。

（4）盖土　种子播下后，要用腐殖质土或拌有肥料的过筛细土均匀地撒在种子上，培土1厘米，最后用不带种子的稻草或山草覆盖厢面保温、保湿，防鸟、虫、兽害，防冰冻及杂草。

图10　太白贝母大田整地　　　　　图11　太白贝母大田播种

2. 田间管理

（1）搭棚　太白贝母第1～2年苗纤弱，非搭棚荫蔽抗旱和防冰雹不可，在播种后的第2年的2月份出苗前，必须先揭开播种时覆盖的草，立即用小竹枝或树条搭好高1米、荫蔽度为50%的活动荫蔽棚。荫蔽管理方法：平时注意检修，在晴天荫蔽，阴天、久雨天揭开棚练苗。只有搭好和管好荫棚，才能提高保苗率。

（2）除草　太白贝母苗1～2年时要重视除草工作，不除好草，就不能保苗，不能保证产量，除草时操作要细心，做到不伤苗，如翻出小贝母立即用手指栽下去。

3. 施肥培土

太白贝母每年施肥培土是保苗增产的关键，不可忽视，方法如下。

（1）施提苗肥　每年4月中旬出苗后用0.5%的尿素液施提苗肥一次（每亩用尿素7.5千克）。

（2）施追肥　每年于5月上旬用0.5%尿素施追肥一次（每亩用尿素10千克）。

（3）施肥结合培土　太白贝母夏季倒苗后除尽杂草，每亩用人畜干粪50担施在苗床上，然后用细土覆盖培土1厘米厚，结合修补荫棚，保护越夏，10～11月施冬肥一次，以利于冬天和次年春天出苗生长。

（4）安全围篱　太白贝母为珍贵药材，防止人畜危害极为重要，各地可因地制宜地修建围篱或采用其他措施，不可忽视。

（三）病虫害防治

1. 虫害

太白贝母在每年4～7月有金针虫、土蚕、金龟子幼虫等咬坏植株，被害植株地上部分萎蔫，用手轻提，苗与鳞茎脱离，挖出鳞茎有损伤或无损伤。

防治方法　在虫危害时用1∶30的叶子烟水灌入植株周围的土中，防治效果较好。

2. 病害

太白贝母在夏天多雨季节有立枯病、猝倒病。

防治方法　发病前后用波尔多液防治，5～6月有根腐病，要注意土壤排水，及时拔出病株，用5∶100石灰水灌植株四周，防治扩散。

3. 兽害

野鸡、野猪、野兔、山老鼠（地拱子）等危害太白贝母鳞茎和植株。

防治方法　修建围栏，山老鼠用挖沟、套捕或射杀。太白贝母田中及田周围的洞穴应清除、堵塞。

五、采收加工

1. 采收

太白贝母产品规格，以纯净、两鳞片抱合紧实、内外粉白色为标准，要获得优质产品，必须掌握好收挖鳞茎的季节和干燥方法。太白贝母鳞茎收挖时间，用种子繁殖的到4～5年收挖最好，质量好，采挖季节是贝母叶开始黄萎时或倒苗时，选晴天，起鳞茎，清除泥土，用水洗后，及时干燥。

2. 加工

当天挖回的鲜贝母，立即薄摊于竹席晒干，决不能在石板或三合土上暴晒，以一次能晒至半干，多次连续晒干为好。如果遇雨天，必须改用炕，但烘烤温度在40～50℃内进行，超过温度要糊化或变成油子，影响质量，晒炕过程中，贝母外皮未达粉白色前不宜翻动，翻早了要变黄色，影响光泽，干燥后装入麻袋摇动，要脱泥沙残根，色白即可。

六、药典标准

1. 药材性状

（1）松贝　呈类圆锥形或近球形，高0.3～0.8厘米，直径0.3～0.9厘米。表面类白色。外层鳞叶2瓣，大小悬殊，大瓣紧抱小瓣，未抱部分呈新月形，习称"怀中抱月"；顶部闭合，内有类圆柱形、顶端稍尖的心芽和小鳞叶1～2枚；先端钝圆或稍尖，底部平，微凹入，中心有1灰褐色的鳞茎盘，偶有残存须根。质硬而脆，断面白色，富粉性。气微，味微苦。

（2）青贝　呈类扁球形，高0.4～1.4厘米，直径0.4～1.6厘米。外层鳞叶2瓣，大小相近，相对抱合，顶部开裂，内有心芽和小鳞叶2～3枚及细圆柱形的残茎。

栽培品成类扁球形或者短圆柱形，高0.5～2厘米，直径1～2.5厘米。表面类白色或浅棕色，稍粗糙，有的具浅黄色斑点。外层鳞叶2瓣大小相近，顶部多开裂而较平。

2. 显微鉴别

本品粉末类白色。

松贝、青贝及栽培品淀粉粒甚多，广卵形、长圆形或不规则圆形，有的边缘不平整或略作分枝状，直径5～64微米，脐点短缝状、点状、人字状或马蹄状，层纹隐约可见。表皮细胞类长方形，垂周壁微波状弯曲，偶见不定式气孔，圆形或扁圆形。螺纹导管直径5～26微米。

3. 检查

（1）水分　不得过15.0%。

（2）总灰分　不得过5.0%。

4. 浸出物

照醇溶液浸出物测定法项下的热浸法测定，用稀乙醇作溶剂，不得少于9.0%。

七、仓储运输

太白贝母贮藏要在阴凉、干燥、通风的环境条件，相对湿度在60%以下。太白贝母容易生虫、吸潮，要常检查，发现生虫、潮湿立即烘干，密封。

八、药材规格等级

（1）松尖　太白贝母中较大者，呈类扁圆锥形，鳞叶大小悬殊，略似"怀中抱月"，未抱部分中部较宽，两端较尖；顶部闭合，高0.5～1.4厘米，直径0.4～0.8厘米，类白色，稍粗糙，有的具棕色斑点，气微，味苦。

（2）大尖　太白贝母中呈类长扁圆锥形大者，鳞叶大小悬殊，大瓣与小瓣抱合不紧，有明显间隙，先端钝圆或尖；小瓣中下部近等宽，先端渐尖；大瓣基部明显隘缩状，高1.1～2.1厘米，直径0.7～1.4厘米，黄白色。

（3）中尖　太白贝母中呈类扁圆锥形，鳞叶大小悬殊，大瓣与小瓣抱合较紧；顶部闭合，先端尖；大瓣基部明显隘缩状，高0.8～1.7厘米，直径0.6～1.2厘米，黄白色。

（4）小尖　太白贝母中呈类扁圆柱形或类扁圆锥形较小者，鳞叶大小悬殊，大瓣紧抱小瓣；顶部闭合，先端尖；鳞叶未抱部分中下部多近等宽，先端渐尖，高0.7～1.6厘米，直径0.5～1.1厘米，黄白色。

（5）花生大贝　太白贝母中呈类长圆柱形较大者，鳞叶大小相近，相对靠合；顶部开裂，先端钝圆，基部明显隘缩状，高0.7～1.8厘米，直径0.9～1.6厘米，淡黄色。

（6）花生小贝　太白贝母中呈类短圆柱形，鳞叶大小相近，相对靠合；顶部开裂，先端钝圆，基部明显隘缩状，高0.8～1.4厘米，直径0.6～1.1厘米，淡黄色。

九、药用价值

本品味苦，性微寒，归肺经，具有清热化痰止咳之功，可用于治疗痰热咳喘，咯痰黄稠之症；又兼甘味，故善润肺止咳，治疗肺有燥热之咳嗽痰少而黏之证，及阴虚燥咳劳嗽等虚证；还有散结开郁之功，治疗痰热互结所致的胸闷心烦之症，及瘰疬痰核等病。

（1）治肺热咳嗽多痰，咽喉中干　太白贝母（去心）75克，甘草（炙）1.5克，杏仁（汤浸去皮、尖、炒）75克。上三味，捣罗为末，炼蜜丸如弹子大。含化咽津。

（2）治伤风暴得咳嗽　太白贝母（安心）1克，款冬花、麻黄（去根节）、杏仁（汤浸，去皮、尖、双仁，炒研）各50克，甘草（炙锉）1.5克。上五味，粗捣筛，每服15克，水一盏，生姜三片，煎至七分，去滓温服，不拘时。

（3）治伤寒后暴嗽、喘急；欲成肺痿、劳嗽　太白贝母一两半（煨令微黄），桔梗一两（去芦头），甘草一两（炙微赤、锉），紫菀一两（洗去苗土），杏仁半两（汤浸，去皮、尖、双仁麸炒微黄）。上药捣罗为末，炼蜜丸如梧桐子大。每服不计时候，以粥饮下二十丸；如弹子大，绵裹一丸，含咽亦佳。

（4）治小儿咳嗽喘闷　太白贝母（去心，麸炒）半两，甘草（炙）一分。上二味捣罗为散，如二三岁儿，每一钱匕，水七分，煎至四分，去渣，入牛黄末少许，食后温分二服，更量儿大小加减。

（5）治百日咳　太白贝母五钱，葶苈子、黄郁金、桑白皮、白前、马兜铃各五分。共轧为极细末，备用。1.5～3岁，每次二分；4～7岁，每次五分；8～10岁，每次七分，均一日三次，温水调冲，小儿酌加白糖或蜜糖亦可。

（6）治久嗽咽嗌妨闷，咽痛咯血　太白贝母不以多少，为细末炼蜜和丸，如弹子大，每服一丸，食后含化，日可三服。

（7）治肺痈、肺痿　太白贝母一两，天竺黄、硼砂各一钱，文蛤五分（醋炒）。为末，以枇杷叶刷净蜜炙，熬膏作丸，芡实大，噙咽之。

（8）治吐血衄血，或发或止，皆心藏积热所致　太白贝母一两（炮令黄）。捣细罗为散，不计时候，以温浆调下二钱。

（9）治忧郁不伸，胸膈不宽　太白贝母去心，姜汁炒研，姜汁面糊丸，每次七十丸。

（10）化痰降气，止咳解郁，消食除胀　太白贝母（去心）一两，姜制厚朴半两。蜜丸梧子大，每白汤下五十丸。

（11）治瘰疬便毒　太白贝母、皂角子各半斤。为细末，用皂角半斤锉碎，搓揉浓水，滤过作膏子，和药末，丸如梧桐子大。每服五七十丸，早晨酒下。

（12）治喉痹肿胀　太白贝母、桔梗、甘草、山豆根、荆芥、薄荷，煎汤服。

参考文献

[1]　段宝忠，陈锡林，黄林芳，等. 太白贝母资源学研究概况[J]. 中国现代中药，2010，12（4）：12–14.
[2]　王丽，彭锐，李隆云. 川贝母新资源太白贝母的研究进展[J]. 安徽农业科学，2011，39（36）：22309–22310.

[3]　郑良敏，张忠喜，申明亮，等. 太白贝母栽培技术[J]. 中药材，1984（6）：6–8.

[4]　吴宗展，吴翠色. 不同施肥方式对太白贝母生长的影响[J]. 农业工程，2016，6（6）：153–154.

chuan dang shen

川党参

本品为桔梗科植物川党参*Codonopsis tangshen* Oliv.的干燥根。

一、植物特征

多年生缠绕草质藤本，有乳汁。根呈圆柱形，顶端具有多数瘤状茎痕，内有菊花心。幼茎有毛；叶互生，常为卵形，基部近心形，两面有短伏毛；花单生于叶腋或枝顶；花冠浅黄绿色，内面有紫色斑点，阔钟形；子房半下位，3室，每室胚珠多数；蒴果圆锥形，具宿存萼；种子小，卵形，褐色，有光泽。根入药。川党参一般3～4月发芽，5～6月为其旺盛生长期，在8月地上部分基本停止生长，花期5～7月，果期7～10月。栽培川党参一般育苗1年，移栽后生长2年，移栽期10月至次年3月，采挖期10月至当年土未封冻前。目前川党参仍为自然留种，生产上尚无优良品种。（图1、图2）川党参果实和种子见图3。

图1　川党参

图2　川党参花

图3 川党参果实和种子

二、资源分布概况

党参属全世界共有40余种，主要分布于亚洲中部和东部，我国党参属植物有39种12变种。川党参药用历史悠久，商品名称、规格繁多，品种分布复杂，其同属植物许多种类在某些地区也习用为党参。而且该属植物非常适合在我国大部分地区生长，即使为同一植物党参在全国许多地区几乎都有分布，其商品名称也不尽相同，主要分布在山西、四川、云南、贵州、湖北、甘肃、吉林等地。商品规格有潞党、台党、南坪党、风党、东党、板党、庙党、洛党等，全国各地均有销售，并出口国外。川党参主要分布于重庆东部、南部，湖北西部、陕西南部、贵州北部等地区。川党参因产地和加工方法不同，有着不同的商品名。巫山称"庙党""单支党"，巫溪称"大宁党"，奉节称"条党"，湖北恩施称"板桥党"，陕西安康称"八仙党"，贵州道真称"洛党"。

三、生长习性

（一）对环境条件的要求

1. 土壤

川党参是深根系植物，以土层深厚、肥沃、疏松、排水良好、富含腐殖质的砂质壤土栽培为宜。不宜选黏土、低洼地、盐碱土、红土、浅粟钙土及生长有不易清除的多年生宿根杂草的土地；碳酸盐山地、黄棕壤或棕壤，pH 5.5～7.0，土壤肥沃，环境无污染，是川党参最适宜生长的土壤。据川党参产区的经验，棕黑色土长的川党参无支根、产量高、品质优，其次是灰棕色壤土。川党参忌连作，一般应隔3～4年再种植，以豆科、禾本科植物为理想前作。

2. 海拔

生长于海拔900～2300米。海拔较低，昼夜温差小，不利于川党参中糖分的有效积累，从而影响质量。主产区海拔多在1400～1700米。

3. 温度

川党参喜冷凉气候，忌高温。夏季炎热，闷热气候对生长发育不利，地上部分易枯萎，感染病害。川党参具较强的抗寒能力，零下30℃的低温在土壤中能够安全越冬，适应性较强。种子萌发最低地温为5℃，20～25℃为最适温，超过30℃不利于出苗。在高寒山区，昼夜温差大，有利于川党参根中多糖类成分的积累。

4. 水分

川党参种子细小，播种期及苗期需水较多，保护土壤湿润有利出苗。定植后不能过于潮湿，否则易烂根。种子萌发土壤含水量以20%～30%为宜。川党参对水分的需求随生长期不同而异，播种期和苗期对水分的需求量较大，缺水不易出苗，出苗后也易于干死，定植后对水分要求不严格，但不宜过于潮湿。在川党参的主产区，平均年降水量为1400～1900毫米。

5. 光照

川党参幼苗期喜阴，成株喜阳光，苗期忌日晒，故育苗地多选背阴处，定植地要选阳光充足的地方。川党参种子萌发时是需光的，遮光的种子发芽率仅为2%，不遮光的发芽率达15%。用硼酸处理种子发芽率为75%，而对照仅为16.6%，这是因为弱酸可代替光效应。这也证明了种子萌发需光的特性。生产上川党参播种不能太深，覆土不能过厚，以满足种子萌发时对光的需求。

（二）川党参的生育期

川党参为多年生草质藤本植物，具白色乳汁。根粗壮，肉质，呈纺锤状或纺锤状圆柱形。川党参一般3～4月发芽，5～6月为其旺盛生长期，在8月地上部分基本停止生长，花期5~7月，果期7~10月。栽培川党参一般育苗1年，移栽后生长2年，移栽期10月至次年3月，采挖期10月至当年土未封冻前。目前川党参仍为自然留种，生产上尚无优良品种。

四、栽培技术

（一）川党参的育苗

1. 育苗地选择与整地

川党参育苗地应选择山坡底部或谷地半阴半阳坡，选择地势平坦，灌溉方便、土质肥沃、排水良好、无宿根杂草及地下害虫的砂质壤土，不宜选择前茬杂草多、病虫害和鼠害严重的地块。地势不可过高，以海拔1400~1700米为宜。整地时每亩施用充分腐熟、达到无害化卫生标准的农家肥（如厩肥、堆肥等）3000千克，加入过磷酸钙30~50千克充分混匀，整成1.3米宽的畦，一定要做到地绵墒足。山坡地一般不做畦，顺坡向整平，开数条排水沟即可。

2. 川党参种子处理

为了保证种子的顺利出苗和预防病虫危害，在播前一定要进行种子消毒，通常用25%或50%的多菌灵来拌种，用量为种子重量的0.2%~1%。

为使种子提早发芽，可用温水浸种处理。播种前，选饱满、色泽鲜亮、健康无病害的种子，千粒重不低于0.26克。将种子放入40~50℃温水中浸泡，边搅拌边撒种子，至水温降至手不觉烫为止。然后将种子取出装入布袋中，用清水冲洗数次，在室内地面上铺细沙10厘米厚，将袋子放在上面，保持温度10℃左右，每天用40℃温水冲洗1次，5天左右种子露白时即可播种。新鲜种子发芽率可达80%以上，隔年陈种发芽率极低，不宜用作育苗。

3. 川党参育苗时间与方法

春播于3月下旬至4月上、中旬，秋播于9月中旬至10月中旬土壤冻结前进行。用当年秋季所采的种子在白露前后秋播，发芽率可达85%左右，如翌春播种，则发芽率明显下降。秋播不宜太早，否则种子萌发出土，易被冻死而影响第二年生长；春播宜早，不宜迟，早播早齐苗，根系扎得深，抗旱能力强，生长良好。川党参种子小、质量轻，为使播种均匀，播种时不被风吹走，播前将处理好的种子与10倍体积的火土灰（或筛过的细土）混拌均匀，播种时力求种子分布均匀深浅一致，一般采取条播或撒播，也可垄播。以条播为好，在整好的畦面上按行距18～20厘米横向开浅沟，沟深3厘米，播幅宽10厘米，将种子均匀地撒入沟内，覆盖细土厚0.5～1厘米。盖土不可过深过厚，否则出苗率明显降低甚至不出苗。条播，每亩用种量1.5～2千克；撒播2～2.5千克。

4. 苗期管理

（1）促进川党参发芽的措施与幼苗管理　川党参播种盖土后轻轻镇压，使种子和土壤完全接触。为使种子萌发早、出苗齐、苗壮，播种后的苗床必须保持湿润，可用玉米秆、麦草或松杉树叶等覆盖保墒。当土温在15℃左右时，5～7天即可发芽，幼苗出土后选择阴雨天气或傍晚逐渐揭去盖草，不可一次揭完，以防烈日晒死幼苗。揭草后可追施1次腐熟稀薄人畜粪水催苗生长。育苗期间保持苗床无杂草，并结合除草进行间苗，去弱留强，每隔3～5厘米留苗1株，再追施人畜粪水1次。培育1年，即可移栽。

（2）川党参苗期病虫害防治及土壤管理　川党参苗期主要病害有苗期立枯病、霜霉病等，危害较为严重的是苗期立枯病，俗称死苗、霉根。幼苗出土至定植前均可受害，但以幼苗中后期发生较多，严重时可成片枯死。

防治方法　播种前进行种子消毒，用50～55℃温水浸种20分钟，选用50%多菌灵可湿性粉剂或65%代森锌可湿性粉剂拌种，按用种量的0.2%～0.3%；也可用50%多菌灵可湿性粉剂、65%代森锌可湿性粉剂每平方米7～8克拌土撒在畦垄上用耙子深搂。发病时喷雾处理：3.2%噁甲水剂在出苗后以每平方米10克兑水3千克或3%广枯灵水剂700～800倍液茎基部浇灌或喷雾效果很好。

5. 种苗起挖

春季播种育苗，当年秋季就可移栽（秋分至寒露）或翌年春解冻后移栽。在移栽或挖取时，应注意不可弄伤根部，凡须根多或挖伤折断者均不可用。移栽时最好做到随挖苗随移栽，移栽后易成活且生长健壮，以免幼苗干枯影响成活。如当时移栽不完，发现种苗变干，再埋入湿沙中1～2天，复原后再移栽，不可见干就洒水，以免水分过大损伤幼苗。

（二）川党参的移栽

1. 土壤选择与整地

川党参对定植地的要求不严格，山坡、梯田、生地、熟地均可，以土层深厚、肥沃、疏松、排水良好、无地下害虫、富含腐殖质的砂质壤土栽培为宜。

生荒地应先铲除杂草，晒干后烧成熏土，再均匀撒于地面。然后深翻30厘米，整平耙细，做成宽120厘米的高畦，畦沟宽30厘米，深15厘米。熟地应施足基肥，常用墙土、炕土、骡马粪、猪牛粪等，每

图4　川党参大田整地

亩施2500～5000千克。秋深耕25～30厘米，春浅耕15～20厘米，结合整地施入腐熟厩肥或堆肥2000～3000千克/亩。耙细、整平，做成畦或垄，垄距30厘米，也可做成畦田或宽50～60厘米的大垄。山坡地应选阳坡处，整地需做到坡面平整，按地形开排水沟。川党参大田整地见图4。

在川党参的种植过程中，阴坡水分较丰富，地下温度低，根部生长缓慢，地上生长快，光合作用积累的营养大部分消耗在地上部分的生长。阳坡相对水分不足，种苗根系向下生长，增强了种苗的抗旱性，但横向生长减弱。半阴半阳坡则避免了阴坡和阳坡两方不足，故在山区种植川党参时，以选择半阴半阳坡定植地为佳。

2. 种苗选择及移栽

川党参在播种育苗后一年开始移栽，壮到筷子大小时可以定植。高产优质川党参种植时，最好选择一年生，芦头直径不少于2.5毫米无侧根的种苗。对大种苗且有侧根的一律不用。若选用种苗过大，会增加种植成本。起苗时先将苗床土挖虚，然后将苗子拔出，力求根系完整，严禁损伤芦头和根体，抖掉泥土，否则易生长侧根，影响成品质量。起苗后，要经过筛选，以苗长条细为佳，去除病、残、伤、烂苗后，按大、中、小分开，每100株捆成一把（图5）。

移栽：种苗培育1年后进行，于秋季或春季幼苗萌芽前移栽，春季在地解冻后（2月下旬至3月中上旬），秋季于10月中下旬至土封冻前移栽。春栽宜早，秋栽宜迟；以秋栽为

好，出苗率较高。移栽最好选择在阴天或早晚进行。按行株距20～30厘米，坡地应顺坡横向开沟，将种苗按株距6～8厘米栽于沟内，芦头要深浅一致，覆土6厘米，使参苗芦头不露出地面为度。压紧、浇水，每亩需秧苗25～30千克，约4.4万～6.6万株。因川党参是深根性植物，在生长过程中，川党参根生长较深，相互之间生长影响不大，通过合理密植，有利于提高川党参的产量。川党参人工移栽见图6。

图5　川党参分级苗

移栽时最好做到随挖苗随移栽，移栽后易成活且生长健壮，减少幼苗干枯影响成活。如当天移栽不完，发现参秧变干，可埋入湿沙中1～2天即复原，不可见干就洒水，以免水分过大损伤幼苗。

将种苗顺沟斜放（约45°）最好，不仅产量高，而且一等品药材产量明显高于直放参苗种植（图7）。斜放种苗在生长过程中，能充分利用25厘米耕作层的热能，有利于主根生长，抑制侧根生长。同时，上层土壤温差较大，利于形成种苗根部营养积累。移栽时芦头入土要深浅一致，不要伤害根系，使根头抬起，根系自然舒展伸直。因川党参大多在半干旱且不保墒或灌溉条件较差的地区进行种植，春季干旱造成缺苗断垄现象是影响党参稳产、高产的主要因素之一。

图6　川党参人工移栽

图7　川党参参苗的摆放

3. 施肥

川党参为喜肥植物，根据川党参的需肥规律、土壤养分状况和肥料效应，通过土壤测试，确定相应的施肥量和施肥方法，按照有机与无机相结合，基肥与追肥相结合的原则，实行平衡施肥。

①以氮肥为主，磷钾肥配合施用。

②以基肥为主配合施用追肥。

③以农家肥为主，与化肥配合施用。在施用农家肥的基础上，施用少量化肥，能够取两种肥之长，缓急相济，不断提高土壤供肥能力。同时能提高化学肥料的利用率，克服单纯施用化肥的副作用，以提高中药材的质量。

在6～7月，当苗高15厘米时（苗高后由于藤茎缠绕无法施肥），于行间根部10厘米处开6厘米深沟，施人粪尿，每亩施农家肥1500～2250千克，施后培土。亦可施过磷酸钙15千克。不宜施用尿素、硝酸铵、硫酸铵、碳铵等极易分解的肥料。这类肥料施用后，若土壤中水分不足，容易形成参苗水分反渗透，造成参苗死亡。另外，不宜施用草木灰，草木灰能使参苗形成大量须根和侧根，严重影响川党参成品产量和质量。在秋季霜冻后，割掉枯茎，清除杂草，施以越冬肥，每亩施2000千克农家肥，可有效提高川党参的单位产量。

在川党参生产过程中，农家肥在保证3500千克以上水平后，对参苗生长影响不大，磷酸铵对川党参的产量和质量有很大影响，过磷酸钙施用量在10～20千克之间为宜。

4. 中耕除草、培土

中耕除草是保证川党参产量的主要措施之一。因此必须勤除杂草、松土，并防芦头露出地面，松土宜浅，以防损伤参根，封行后不再松土。一般定植后第一年除草2～3次，第一次在株高7～10厘米，第二次在株高20～25厘米；移栽2年以上者，在每年早春出苗后除草一次即可。在除草过程中，可结合进行追肥。除草应选择在晴天进行，这样可及时晒死杂草。

5. 灌排水

移栽后至出苗前及苗期要经常保持畦面湿润。在天气高温干燥、土壤干旱严重时，要及时浇水，以确保土壤良好的墒情。需水情况视参苗生长情况而定，苗高15厘米以上时应控制水分，要少浇水甚至不浇水，以免枝叶徒长。苗期适当干旱，有利于参根在土层中伸长生长。保持地表疏松，地表以下湿润。雨季来临时要注意排水，以防积水烂根。

6. 搭架

川党参的茎蔓可长达1～3米左右，人工栽培应搭架（图8）。当苗高25厘米时，可用竹竿或树枝等搭"人"字架或三脚架。以使茎蔓攀援、利于通风透光、增强光合作用、促进苗壮苗旺、减少病虫害发生。否则会因通风透光不良造成雨季烂秧、易染病害，影响参根的产量和质量，也不利于种子的成熟。有的地方留种田搭架，商品田不搭架。如不搭架，与其他高秆作物间作也可，使其缠绕他物生长。

图8 川党参人工搭架

7. 病虫害防治

川党参病害主要有锈病（图9）、根腐病，均为真菌病害。

锈病病原菌为担子菌亚门、柄锈菌属，金钱豹柄锈菌；根腐病病原属半知菌亚门，镰刀菌属真菌。蛴螬属鞘翅目金龟子科幼虫，种类较多；蝼蛄属直翅目蝼蛄科，发生面积广且为害重的是非洲蝼蛄和华北蝼蛄；地老虎属鳞翅目夜蛾科，包括小地老虎、大地老虎和黄地老虎三种，以小地老虎发生最为普遍（图10）。

图9 川党参的锈病

（1）川党参锈病防治 锈病是真菌病害，病原菌为担子菌亚门、柄锈菌属，金钱豹柄锈菌。病菌以冬孢子和夏孢子在病株上越冬。翌年春季，夏孢子通过气流传播，也可通过雨水传播。萌发后，从植株的表皮或气孔侵入。

症状：茎、叶、花托均可被危害。初期下部叶片出现黄斑，叶背略隆起（夏孢

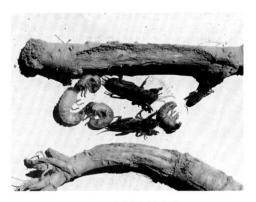

图10 川党参的虫害

子堆），后期表皮破裂散出锈黄色粉末（夏孢子）。扩大后，病斑中心色泽至淡褐色或褐色，外围有黄色晕圈。除叶被害外，花托、茎部都可危害，影响川党参的正常生长发育。发生期在5月下旬，6～7月严重。

防治方法 ①选择排水良好的上壤，高畦栽培，注意排水。②发现病株立即拔除烧毁，病穴用石灰消毒。③发病期可用50%多菌灵800倍液、40%霜疫灵300倍液、25%粉锈宁1000倍液或70%百菌清1000倍液喷雾，在发病初期每隔7～10天喷一次，连续喷施2～3次。④收获后清园，烧毁地上部病残株，忌连作；整地时进行土壤消毒。

（2）川党参根腐病防治 病原属半知菌亚门，镰刀菌属真菌。主要侵染根体或根尾，一般发病先从小根开始，逐渐向侧根和主根蔓延。该病初侵染来源为土壤或病残体中的病菌，该病菌的厚垣孢子抗逆性较强，在无寄主存在时，也可在土壤中存活多年。

症状：初期近地面须根、侧根呈黑褐色，轻度腐烂，严重时，整个根茎水渍状腐烂，植株死亡。发生时间在5月中下旬开始，6月上旬最重，7月下旬逐渐减轻。一般在排水不良、高温、多雨年份及地下害虫危害严重时发病较重。

防治方法 ①病株拔除烧毁，发病处撒石灰。②注意选地，及时排水。③发病初期可以在较轻的病株根部浇50%退菌特1500～2000倍液，1%石灰水，并要及时拔除中心病株，用10%石灰水处理株穴。④发病期用50%退菌特1000倍液或50%多菌灵500倍液浇灌病区，防效达90%以上。⑤收获后清园，消灭病残株，注意排水，忌连作，整地时进行土壤消毒。

（3）川党参蛴螬防治 蛴螬体肥大，体型弯曲呈C型，长一般为5～30毫米，多为白色，少数为黄白色。体壁较柔软多皱，体表疏生细毛。头大而圆，多为黄褐色，生有左右对称的刚毛，刚毛数量的多少常为分种的特征。

蛴螬多发生在土壤疏松、厩肥多、保水力强的参地，5～8月危害较为严重，幼虫主要在土壤内活动，咬川食党参根部。

防治方法 蛴螬种类多，在同一地区同一地块，常为几种蛴螬混合发生，世代重叠，发生和危害时期很不一致，因此只有在普遍掌握虫情的基础上，根据蛴螬和成虫种类、密度、川党参种植方式等，因地因时采取相应的综合防治措施，才能收到良好的防治效果。

①做好预测预报工作：调查和掌握成虫发生盛期，采取措施，及时防治。②毒饵诱杀：每亩地用25%对硫磷或辛硫磷胶囊剂150～200克拌谷子等饵料5千克，或50%对硫磷、50%辛硫磷乳油50～100克拌饵料3～4千克，撒于种沟中，亦可收到良好防治效果。③清除田间及地边杂草，可消灭金龟子成虫，合理轮作可压低虫口密度。

（4）川党参地老虎防治 地老虎是川党参苗期经常发生的地下害虫，包括小地老虎、大地老虎和黄地老虎三种，均属鳞翅目夜蛾科。一般以小地老虎发生最为普遍和严重，其幼虫俗称土蚕、地蚕、切根虫等。

发生条件：地老虎在多雨潮湿、沿河、沿湖和低洼内涝、雨水充足及常年灌溉地区，发生量大、危害重；团粒结构好，保水性强的壤土、黏壤土适合小地老虎发生。一般在3～4月开始，可为害到7～8月。为害部位：咬食根部，钻入根内。

防治方法 ①清洁田园：杂草是地老虎的产卵场所，又是迁到作物的桥梁，所以早春铲除地头、地边、田埂路旁的杂草，并带到田外及时处理或沤肥，能消灭一部分卵或幼虫。②精耕细作：春耕多耙可消灭土面上的卵粒。秋季进行土壤翻犁晒白，暴晒2～3天，可杀死大量幼虫和蛹，或进行秋耕冬灌，能破坏地老虎越冬场所，减少越冬基数。③诱杀成虫和幼虫：对成虫可利用地老虎对酸、甜等物质的嗜好及趋光性，用糖、醋、酒混合液或黑光灯进行诱杀；有条件时，利用黑光灯诱杀成虫，结合成虫诱杀过程，进行防治预测预报。④药剂防治：最好掌握在2龄盛期施药，以便在3龄杀灭地老虎。地老虎幼虫对拟除虫菊酯药剂最敏感，而对氨基甲酸酯类耐药性强。对药剂的选择应以拟除虫菊酯杀虫剂和有机磷杀虫剂为主。可用2.5%溴氰菊酯乳油2000倍液（安全间隔期2天）、20%氰戊菊酯乳油2000～3000倍液（安全间隔期5天）、50%辛硫磷乳油1000倍液、90%晶体敌百虫1000倍液在防治适期地面喷洒（安全间隔期均为7天）；也可用2.5%敌百虫粉每亩喷粉1.5～2千克。⑤人工捕捉：对于受害较重的地块，田间出现断苗时，可于清晨拨开断苗附近的表土，捕杀高龄幼虫。

（5）川党参蝼蛄防治 蝼蛄俗称拉拉蛄、土狗子。属直翅目蝼蛄科，发生面积广而为害重的是非洲蝼蛄和华北蝼蛄。

土壤湿度对蝼蛄的影响也很大。一般在10～20厘米深的土层中，土壤含水量在20%以上时，活动最盛，小于15%时，活动减弱。

发生条件：蝼蛄的发生和地势及土质也有密切关系。凡是湿润、疏松、含腐殖质或有机质多的土壤或砂壤土，适于蝼蛄活动，发生多，危害重。黏土不适于蝼蛄的活动，发生较少。低洼地、水浇地发生较多，菜地比大田发生多，距村庄近的地块比远的地块发生多。为害部位：咬食根部。

防治方法 ①毒饵诱杀：用90%敌百虫0.1千克、豆饼或玉米面5千克、水5千克，豆饼粉碎炒熟，敌百虫溶于水，和豆饼拌匀，即成毒饵。毒饵每亩用1.5千克，可撒在畦面或播种沟内，也可撒于地面上再耙入地里。在保护地内，可用上述毒饵，或用谷秕煮熟拌上敌百虫或乐果乳油，撒在蝼蛄活动的隧道处。②人工捕捉：早春根据蝼蛄造成的隧道虚土，查找虫窝，杀死害虫。夏季可查找卵室，消灭虫卵。③药剂防治：在蝼蛄危害严重的地里，每亩用5%辛硫磷颗粒剂1～1.5千克，均匀撒于地面，然后进行耙地，也可撒于播种沟内。受害严重时，可用80%敌敌畏乳油的30倍液灌洞，杀灭成虫。

五、采收加工

1. 采收

直播田3年采收，移栽田栽后生长2年采收，以川党参地上部枯萎至结冻前为采收期，但以白露节前后半个月内采收品质最佳。在秋后小心挖起根部，除去藤蔓。

2. 加工

川党参初加工工艺流程为：鲜参→摊晒→倒胚→闷晒→分级→揉搓理条→上帘晾晒→二次揉搓理条→晾晒→三次揉搓理条→晒干成型→扎把包装→成品。川党参晾晒干燥见图11。

图11　川党参晾晒干燥

（1）摊晒　新鲜川党参运回后，及时薄摊于地面（最好是水泥地面）晾晒，除去部分水分。

（2）倒胚　当川党参晒至根条发软，折弯不断时，趁热在地上揉搓3～5分钟，使根条更加柔软，同时脱除部分根毛、泥土，就地继续晾晒。

（3）闷晒　倒胚后，晒至根条温热（约30～40℃）然后上堆，覆盖塑料薄膜在日光下闷晒，增加根条柔软程度，以便揉搓理条。

（4）分级揉搓理条　参条晒至缠绕手指不断时，取出按大小分级，分类揉搓。先将川党参理成直径约5厘米的小把，然后在木板上左手紧握芦头部分，右手从头至尾顺势反复揉搓8～10遍，再将芦头部分搓8～10遍。搓时注意根条温度不可过高，用力不可过猛，否则会使皮肉搓离成"母猪皮"，降低品质。此外，揉搓中须经常抖去揉搓的根毛、泥土等杂质，并使根条顺直。

（5）上帘晾晒　初搓理条后的川党参，均匀铺放于竹帘上，置阳光下离地表50厘米以上腾空摊晒。铺放时注意用后一排的芦头部分盖严前一排的尾须部分，呈覆瓦状排列，以便头尾干燥均匀，防止尾部过早干枯，在以后的揉搓中弄断。若遇阴雨天无法晾晒，可置炕房内用炭火保持40～50℃烘干。

（6）二次揉搓理条　晾晒或烘干1～2天后，趁参体柔软时再次揉搓理条，除去碎屑尘土，使根条外观趋于饱满、柔软、端直。

（7）晾晒　二次揉搓理条后，继续如前匀摊于竹帘上晾晒，或置于炕中保持50～55℃烘干。

（8）三次揉搓理条　参条即将干燥时，进行最后一次揉搓理条。此次由于尾根已干易断，因此揉搓时应特别小心，不可用力过猛。在揉搓中对川党参进一步整形，使其外观符合出口川党参"狮子头、鸡皮皱、笔杆形"的标准。

（9）晒干成型　三次揉搓理条后，仍均匀铺于竹帘上在烈日下晒干，或置炕房中保持50～55℃烘干。

（10）扎把包装　川党参干制成型后，按不同级别，将头尾理顺，扎成1千克左右的把，然后头尾交错装入编织袋或竹篓中，置阴凉、通风、干燥处保存。

（11）成品质量　经初加工的成品川党参，除外观需符合要求外，还需干燥、无尘土、无霉变、无疤痕、无杂质。

六、药典标准

1. 药材性状

川党参长10～45厘米，直径0.5～2厘米。表面灰黄色至黄棕色，有明显不规则的纵沟。质较软而结实，断面裂隙较少，皮部黄白色。

2. 显微鉴别

木栓细胞数列至10数列，外侧有石细胞，单个或成群。栓内层窄。韧皮部宽广，外侧常现裂隙，散有淡黄色乳管群，并常与筛管群交互排列。形成层成环。木质部导管单个散在或数个相聚，呈放射状排列。薄壁细胞含菊糖。

3. 检查

（1）水分　不得过16.0%。
（2）总灰分　不得过5.0%。

4. 浸出物

照醇溶性浸出物测定法项下的热浸法测定，用45%乙醇做溶剂，不得少于55.0%。

七、仓储运输

1. 仓储

药材仓储要求符合《绿色食品 贮藏运输准则》（NY/T 1056—2006）的规定。仓库应具有防虫、防鼠、防鸟的功能；要定期清理、消毒和通风换气，保持洁净卫生；不应与非绿色食品混放；不应和有毒、有害、有异味、易污染物品同库存放；川党参贮藏要有阴凉、干燥、通风的环境条件，相对湿度在70%以下。将有伤口、虫口、病斑的剔除，按川党参的大小粗细，分级贮存。

2. 运输

运输车辆的卫生合格，温度在16～20℃，湿度不高于30%，具备防暑防晒、防雨、防潮、防火等设备，符合装卸要求；进行批量运输时应不与其他有毒、有害、易串味物质混装。

八、药材规格等级

（1）一等 干货。呈圆锥形，头上茎痕较少而小，条较长，上端有横纹或无，下端有纵皱纹。表面糙米色。断面白色或黄白色，有放射状纹理。有糖质、味甜。芦下直径1.2厘米以上。无油条、无杂质、无虫蛀、无霉变。

（2）二等 干货。呈圆锥形，头上茎痕较少而小，条较长，上端有横纹或无，下端有纵皱纹。表面糙米色。断面白色或黄白色，有放射状纹理。有糖质、味甜。芦下直径0.8厘米以上。无油条、无杂质、无虫蛀、无霉变。

（3）统货 干货。呈圆锥形，头上茎痕较少而小，条较长，上端有横纹或无，下端有纵皱纹。表面糙米色。断面白色或黄白色，有放射状纹理。有糖质、味甜。芦下直径0.5厘米以上。油条不超过10%，无参秧、无杂质、无虫蛀、无霉变。

九、药用食用价值

1. 临床常用

川党参为《中国药典》各版收载品种，亦是武陵山脉和秦巴山脉的道地药材和主产药材。其味甘、性平，归脾、胃经。可补脾气，益肺气，用于脾肺气虚证；生津，用于气阴两虚证；补血，用于气血两虚证。具有增强免疫能力、兴奋中枢、延缓衰老、抗缺氧、抗辐射、升高红细胞和血红蛋白、调节胃肠运动、促进消化、升高血糖、降低血压等作用；还可抑菌、抗炎、镇痛。为中医临床所常用，除供处方调配外，还是中成药如参茸丸、党参归脾丸、党参健脾丸、锁阳固精丸等的主要原料。

（1）清肺金，补元气，开声音，助筋力　川党参一斤（软甜者，切片），沙参半斤（切片），桂圆肉四两。水煎浓汁，滴水成珠，用磁器盛贮。每用一酒杯，空心滚水冲服，冲入煎药亦可。

（2）治泻痢与产育气虚脱肛　川党参（去芦，米炒）二钱，炙黄芪、白术（净炒）、肉蔻霜、茯苓各一钱五分，怀山药（炒）二钱，升麻（蜜炙）六分，炙甘草七分。加生姜二片煎。或加制附子五分。

（3）治服寒凉峻剂，以致损伤脾胃，口舌生疮　川党参（焙）、黄芪（炙）各二钱，茯苓一钱，甘草（生）五分，白芍七分。白水煎，温服。

2. 食疗及保健

川党参含有人体必需的氨基酸、微量元素、多糖等，特别是川党参多糖含量高，有较高的营养保健价值，尤其是在增强人体免疫功能、提高人体抗病能力方面更加显著，所以川党参常用来制成党参脯、党参膏、党参酒、党参饮料、党参茶、党参咀嚼片、党参精口服液等，以满足不同消费者的需求。

川党参在增强免疫力、延缓细胞衰老、预防早老性痴呆、抗辐射等方面有显著的药理活性，广泛应用于临床，并且川党参风味独特，已被人们作为保健食品应用于日常膳食中。鲜川党参口感细嫩、鲜美，可将鲜川党参直接供应市场，川党参产区的居民就有鲜食川党参的习惯，对防病治病、增强抵抗力很有好处。

参考文献

[1]　彭锐，孙年喜，马鹏，等. 川党参品质形成及影响因素研究[J]. 时珍国医国药，2010，21（4）：864–865.

[2]　何先元，马发君，钱乔芝. 川党参规范化生产标准操作规程（试行）[J]. 中国现代中药，2007，9（9）：39–43.

[3]　彭锐，孙年喜，王俊，等. 川党参生长发育规律初步研究[J]. 重庆中草药研究，2007（1）：1–4.

[4]　彭锐. 川党参质量及影响其质量的遗传和环境因素研究[D]. 成都：成都中医药大学，2008.

[5]　彭锐，马鹏，王俊. 农艺措施对川党参产量和品质的影响研究[J]. 重庆中草药研究，2009（1）：4–7.

陈皮

本品为芸香科植物橘 *Citrus reticulata* Blanco 及其栽培变种茶枝柑 *Citrus reticulata* 'Chachiensis'（广陈皮）、大红袍 *Citrus reticulata* 'Dahongpao'、温州蜜柑 *Citrus reticulata* 'Unshiu'、福橘 *Citrus reticulatai* 'Tangerina' 的干燥成熟果皮。药材分为"陈皮"和"广陈皮"。本文主要介绍川产陈皮红橘品种"大红袍"的植物特征、生物学特性及栽培技术。

一、植物特征

常绿小乔木或灌木，树势强健，树冠高大，根系发达，主根较深。一年发梢四次，叶片常绿单生复叶，叶片披针形或椭圆，叶片较小，先端渐尖，全缘或为波状钝锯齿，具半透明油点。花为单花，较小，花萼杯状，花瓣5，长椭圆形。雄蕊15～25，雌蕊1。果实扁圆形，中等大，果皮薄，色泽鲜红，有光泽，皮易剥，富含橘络，种子卵圆形，白色，15粒左右。花期3～4月，果期10～12月。大红袍及其果实见图1。

图1　大红袍及其果实

二、资源分布概况

陈皮来源品种较多，我国长江以南各地均有栽培。广陈皮来源品种主要为茶枝柑，主产于广东新会等地，是陈皮药材中质量上乘者；"大红袍"主产于四川、重庆，为川陈皮来源品种；福橘主产于福建，为建陈皮主要来源品种；温州蜜柑以湖南、江西、浙江等省主产，其他如湖北、广西、安徽、江苏、云南、贵州等地也有栽培。

三、生长习性

大红袍喜气候温和，雨量充沛，无霜期长的气候，不耐寒，气温低于–8℃时，发生冻害，气温、土温高于37℃时，果实和根系停止生长。土壤要求土层深厚、肥沃，中性至微酸性的砂壤土；树体耐阴，但光照不足容易落叶、落花、落果。

四、栽培技术

1. 种植材料

大红袍以嫁接繁殖为主，也可种子繁殖。

嫁接砧木可选择枳或本砧，砧木常用种子培育的初生苗。接穗选取大红袍成年树树冠外围中上部生长充实健壮、芽眼饱满、无病虫害的优良结果母枝作接穗。通过嫁接培育大红袍种苗。

2. 嫁接繁殖

（1）育苗地选择及整地　选择交通便利、靠近水源、平坦开阔，没有检疫性病虫害和没有空气污染的地方，土壤选择质地疏松、土层深厚，透水、透气性良好的壤土或砂质壤土最好。

整地前每亩施腐熟有机肥3500千克，翻耕，播前将地耙平，做成1～1.3米宽的畦。

（2）砧木选择　砧木用枳，选择品种纯正、生长健壮、无病虫害的母树，采集充分成熟的果实，取出种子，播种培育1～2年生的苗作砧木。

（3）接穗选择　选取成年树树冠外围中上部生长充实健壮、芽眼饱满、无病虫害的优良结果母枝作接穗。

（4）嫁接　通常在春季3～4月进行嫁接。

（5）田间管理

①嫁接后做好解膜剪砧、除萌的管理：采用切接法的在接芽愈合后，分批将接芽上部的薄膜划开，让芽眼露出；采用腹接法的在开春后于芽上方1厘米左右剪砧，然后除膜。

接芽萌发后及时抹除砧芽。

②肥水管理：干旱时灌水，保证水分供给；雨季做好排水工作。幼苗期施肥应勤施薄施，施肥以速效性氮肥为主，辅助增施磷、钾肥，每次发芽前一周施入。

③进行病虫害防治：苗木的病虫害都是以预防为主的，可每隔7天喷洒一次600倍的波尔多液，对病虫害起到很好的预防作用。

3. 移栽

（1）种苗选择　选择苗高50厘米以上的无病虫害、植株完整的苗木作种苗。

（2）选地、整地　大红袍易于生长，抗逆性强，丘陵、低山地带、江河湖泊沿岸或平原均可栽种。园地最好选择土壤土层深厚、肥沃，土壤pH值在5.5～7.0，果园地势坡度低于25°。清洁田园，深翻30厘米以上，将地整平。

（3）定植　一般在9～11月秋梢老熟后或2～3月春梢萌芽前栽植。采用株行距3米×4米的密度进行栽植，亩植55～60株。采用定点开穴定植，穴深、宽各80厘米，然后施农家肥50厘米深，回填土40厘米高栽植。栽植时将苗木的根系适度修剪后放入定植穴中央，舒展根系，扶正，边填土边轻轻向上提苗、踏实，使根系与土壤密接。栽后浇足定根水。

（4）田间管理

①补苗：在定植当年的秋季或次年的春季补苗。

②除草：幼龄树每年除草3～4次，主要做好5、6月份除草工作。

③排水灌溉：定植初期视情况进行浇水，成活后出现干旱，进行灌水。雨季防田内积水，做好清沟排水工作。

④施肥：以土壤施肥为主，配合叶面施肥。采用环状沟施、条沟施、穴施和土面撒肥等方法。

幼龄树施肥：勤施薄施，以氮肥为主，配合施用磷、钾肥。1～3年幼树在春、夏、秋梢抽生前追肥，每株每次施尿素0.1～0.3千克，磷钾肥施用0.1～0.3千克。冬季施肥以有机肥为主，每株施腐熟的厩肥5～10千克。随着树的生长，每年可适量增加施肥量，此期施肥以环状沟施（图2）为主。

结果树施肥：结果树一年施四次肥，即萌芽肥、保果肥、壮果肥、采果肥。施肥量可根据前一年产果量而定，一般产100千克果施纯氮0.8～1千克，磷为氮的1/3，钾为氮的0.8～1倍。萌芽肥在萌芽前2周左右施下，施肥量为全年

图2　环状沟施肥法

的20%左右，以速效氮肥为主，配合使用有机肥。每株施22-9-9的复合肥0.6～1.2千克，有机肥2～4千克。保果肥在4月中旬至5月中旬施入，施肥量为全年的20%左右，每株施16-6-20的复合肥0.6～1.2千克。壮果促秋梢肥在8月上旬至9月下旬，施肥量为全年的20%左右，每株施16-6-20的复合肥1.2～2千克，有机肥2～4千克。采果肥在采果前7～10天，以有机肥为主，施肥量为全年的40%左右，每株施16-6-20的复合肥0.6～1.2千克，有机肥10～20千克。采果肥可采用开部分环状沟（图3）或条沟法（图4）施入，其他几次追肥可采取"十"字放射浅沟（图5）或穴施（图6）。

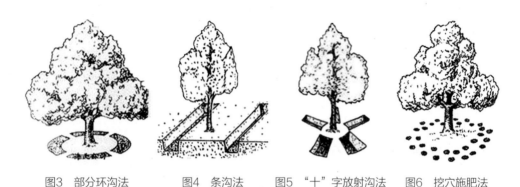

图3　部分环沟法　　　图4　条沟法　　　图5　"十"字放射沟法　　　图6　挖穴施肥法

⑤整形修剪：树形以自然开心形为主，主干定高20～40厘米，主枝3～4个在主干上分布错落有致，主杆分枝角度30°～50°，各主枝上留副主枝2～3个。一般在第三主枝形成后，即将类中央干剪除扭向一边作结果枝组。

幼龄树第一年自然生长，第二、第三年主要培养骨干枝，控制树形、树冠，以短截、拉形等措施为主。通常进行春剪，在选定主干、主枝、副主枝后，对过度伸长的枝条要进行适度短截，对过于直立枝条进行拉形。避免过多的疏剪和重短截。此期还可摘除花朵以积聚养分，增强树势。

结果树修剪以春剪和采后修剪为主。冬季修剪主要是剪掉一些枯枝、病枝、衰弱枝以及简单修剪交叉枝和重叠枝，对徒长枝进行短截或疏除。春剪主要是剪掉细弱枝、过密枝、枯枝、病虫枝，同时对于特别粗大或结果部位远离主枝和副主枝的侧枝，必须进行回缩修剪。

4. 病虫害防治

按照"预防为主、综合防治"的植保方针，以农业防治为基础，鼓励应用生物和物理防治，科学使用化学防治，实现对病虫害的有效控制。

（1）脚腐病　及时排水，改善园内透光通风条件，加强对天牛和其他树干害虫的防治；冬季采用涂白剂刷树，消除病原菌越冬场所；在夏、秋季治理患部，刮除病菌直至树干木质部，然后涂上1：1：100波尔多液防治。

（2）红蜘蛛和锈虱　开花前后（3～5月）和秋季（9～11月）是防治红蜘蛛的重点时期。春梢抽发期、幼果期和果实膨大期为锈壁虱防治主要时期。

防治方法　一要清洁田园，清除杂草，冬季应清理果园地上的落叶、落果和树上的残果，并集中烧毁，减少越冬虫源；二是加强肥水管理，增强树势；三是药剂防治，可喷洒15%哒螨灵1500～2000倍液、73%克螨特2000～2500倍液或1.8%阿维菌素3000倍液等药剂，任选一种，轮换使用。

（3）天牛类　5～8月，晴天中午人工捕杀星天牛和绿桔天牛成虫，傍晚捕杀褐天牛成虫；及时削除虫卵、初孵幼虫和剪除被害枝梢；用棉花或棉纱浸湿乐果等杀虫剂原药后堵塞虫孔，再将虫孔用泥土封闭，以毒杀幼虫；树干涂石硫合剂或者刷白剂。

（4）潜叶蛾　防治的重点时期为夏、秋梢抽发期（7月中上旬）。及时抹除零星抽发的夏、秋梢，结合肥水管理，促使植株抽发的新梢健壮整齐或于新梢抽发至1～2厘米时喷阿维菌素500～800倍液，7～10天喷一次，连续2～3次或喷90%敌敌畏500倍液；于冬季清理枯枝落叶，消灭越冬蛹。

（5）花蕾蛆　现蕾时选用甲敌粉、二嗪农颗粒等加细土混匀后撒施于树盘土面，每7天一次，连续2～3次；花蕾期用50%辛硫磷乳油1000倍稀液进行喷洒，摘除受害花蕾，集中深埋；冬季深翻园土，可消灭部分越冬害虫蛹。

（6）蚧壳虫　一般在5月中旬至6月上中旬和8～9月喷48%毒死蜱1000倍、1.8%阿维菌素1800倍、5%啶虫脒乳油2000倍或25%噻嗪酮可湿性粉剂1000倍等加以防治；做好冬季清园工作，剪除病虫枝、枯枝，并彻底烧毁。

（7）柑橘溃疡病

①严格实行检疫，对引进的苗木和接穗，用0.3%硫酸亚铁浸10分钟。

②加强栽培管理，冬季修剪和清园。做好抹芽控梢，以减少发病。合理施肥，以肥控梢。

③喷药保梢保果，选用77%氢氧化铜可湿性粉剂、30%氧氯化铜悬浮剂800～1000倍液、20%二氯异氰尿酸甲可湿性粉剂1000～1500倍液或20%喹菌酮可湿性粉剂1000～1500倍液进行喷洒。

（8）柑橘疮痂病

①苗木检疫或用50%苯菌灵可湿性粉剂800倍液、40%三唑酮多菌灵可湿性粉剂800倍液浸30分钟。

②加强栽培管理，冬季结合修剪，剪除病枝叶，收集地面枝叶一并烧毁。

③药剂喷雾防治，保护嫩梢叶及幼果。可选用30%氧氯化铜悬浮剂600倍液、40%三唑酮多菌灵可湿性粉剂800倍液或50%咪鲜胺锰络合物1000倍液喷雾。

（9）柑橘炭疽病

①加强栽培管理，深翻改土，避免偏施氮肥，增施有机肥和磷肥、钾肥，及时排水灌溉，做好防冻、防其他病虫工作。

②冬季清园，剪除病枯枝叶和僵果，清除地上落叶和病果，集中烧毁或深埋。

③药剂喷雾防治，在春、夏、秋梢嫩叶期，幼果期和果实膨大期喷药，选用25%咪鲜胺乳油、24%腈苯唑悬浮剂、43%代森锰锌悬浮剂1000倍液或25%溴氰腈乳油500～800倍液喷洒。

五、采收加工

1. 采收

于大红袍成熟后开始分批采收。选晴天露水干后或阴天采摘，采摘时要用圆头果剪将果实连同果柄一起剪下，再剪平果蒂，轻放于篓中，应避免刮伤。

2. 加工

将采摘的果实用手剥或小刀划成3～4瓣，将瓤取出，把果皮晒干（图7）或低温（45℃以下）烘干即可。

图7　陈皮晾晒

六、药典标准

1. 药材性状

陈皮常剥成数瓣，基部相连，有的呈不规则的片状，厚1～4毫米。外表面橙红色或红棕色，有细皱纹和凹下的点状油室；内表面浅黄白色，粗糙，附黄白色或黄棕色筋络状维管束。质稍硬而脆。气香，味辛、苦。（图8）

1cm

图8　陈皮药材

2. 显微鉴别

本品粉末黄白色至黄棕色。中果皮薄壁组织众多，细胞形状不规则，壁不均匀增厚，有的成连珠状。果皮表皮细胞表面观多角形、类方形或长方形，垂周壁稍厚，气孔类圆形，直径18~26微米，副卫细胞不清晰；侧面观外被角质层，靠外方的径向壁增厚。草酸钙方晶成片存在于中果皮薄壁细胞中，呈多面体形、菱形或双锥形，直径3~34微米，长5~53微米，有的一个细胞内含有由两个多面体构成的平行双晶或3~5个方晶。橙皮苷结晶大多存在于薄壁细胞中，黄色或无色，呈圆形或无定形团块，有的可见放射状条纹。螺纹导管、孔纹导管和网纹导管及管胞较小。

3. 检查

（1）水分　不得过13.0%。

（2）黄曲霉毒素　本品每1000克含黄曲霉毒素B_1不得过5微克，黄曲霉毒素G_2、黄曲霉毒素G_1、黄曲霉毒素B_2和黄曲霉毒素B_1总量不得过10微克。

七、仓储运输

1. 仓储

药材仓储要求符合《绿色食品　贮藏运输准则》（NY/T 1056—2006）的规定。仓库应凉爽干燥、密闭。仓库应具有防虫、防鼠、防鸟的功能；要定期清理、消毒和通风换气，保持洁净卫生；不应与非绿色食品混放；不应和有毒、有害、有异味、易污染物品同库存放；在保管期间如果水分超过16%、包装袋打开、没有及时封口、包装物破碎等，导致吸收空气中的水分，要及时摊晾。

2. 运输

陈皮运输前不易干燥过度，含水量在15%~16%之间，质柔软，以手握之有弹性。运输车辆要卫生合格，温度在16~20℃，湿度不高于30%，具备防暑防晒、防雨、防潮、防火等设备，符合装卸要求；进行批量运输时应不与其他有毒、有害、易串味物质混装。

八、药材规格等级

（1）一等 干货。呈不规格片状，片张较大。表面橙红色或红黄色，有无数凹入的油点（鬃眼）。对光照视清晰。内面白黄色。质稍硬而脆。易折断。气香、味辛、苦。无杂质、虫蛀、霉变、病斑。

（2）二等 干货。呈不规格片，片张较小，间有破块。表面黄褐色或黄红色。暗绿色。内面类或灰黄色，较松泡。质硬而脆。易折断。气香、味微苦。无杂质、虫蛀、霉变、病斑。

九、药用食用价值

1. 临床常用

（1）消胀止呕 对肺胃气滞而致的胸闷，上腹部胀满、恶心呕吐、胸腹胀痛等症。可用本品配合半夏、枳壳、紫苏梗、紫苏子等用。兼有胃热者，可加黄芩、川楝子；兼有胃寒者，可加乌药、良姜；兼有中焦湿盛者，可加茯苓、苍术等同用。如平胃散、藿香正气散等。此外还有橘皮竹茹汤等。

（2）祛痰止咳 对于中焦湿痰上犯或外感风寒导致肺气不利而发生咳嗽、痰多、胸闷，不思饮食、舌苔白腻、脉滑等症，常以陈皮配半夏、茯苓、紫苏子、杏仁、葶苈子、金沸草、前胡等同用。方如杏苏散、二陈汤、蛇胆陈皮末等。

（3）理气开胃 对中焦气滞、食欲不振等，可配麦芽、谷芽、神曲、山楂等用，常用方剂有保和丸、木香槟榔丸、健脾丸等。

2. 食疗及保健

陈皮为一种药食同源的天然保健品，做药膳有较高的养生价值。

（1）陈皮瘦肉粥 粳米100克，瘦猪肉50克，陈皮15克，海螵蛸10克。先将粳米淘净，放入锅内加适量清水，加入上述食材，煮至肉熟粥稠，再加入盐等调味。温食，每次1碗，每日数次。适用于脾胃气滞、腹胀嗳气、气虚食少者。

（2）陈皮煎鸡蛋 陈皮6克，鸡蛋2枚。先将陈皮放锅内烤脆研末，鸡蛋打碎，放碗内搅匀，加入陈皮末及少许姜末、葱花、盐，拌匀，然后将此鸡蛋液倒入热油锅内煎熟，佐餐食用。适用于胃脘作胀、胃部遇冷疼痛者。

（3）陈皮炖老鸭　青头老雄鸭1只，陈皮15克。先将老鸭去毛和内杂、斩切成小块，然后加入陈皮、生姜末、葱花、盐、料酒等调味品，炖至鸭肉酥烂。分数次佐餐食用。适用于虚劳气喘、咳嗽痰多、纳呆、腹胀者。

参考文献

[1] 李旻. 不同栽培品种陈皮药材品质等同性研究[D]. 成都：成都中医药大学，2017.

[2] 刘荣. 不同栽培品种橘的主要药效成分动态变化与遗传多样性分析研究[D]. 成都：成都中医药大学，2014.

[3] 林乐维，蒋林，潘华金. 广陈皮规范化种植SOP（试行）[J]. 现代中药研究与实践，2008，22（6）：6−10.

[4] 金林利. 浅谈柑橘生产的主要病虫害及防治措施[J]. 新农村：黑龙江，2017：73.

[5] 黄原高. 柑橘主要病虫害防治技术[J]. 现代农业科技，2013（11）：151.

[6] 葛德宏. 陈皮药膳养生疗疾[J]. 农村新技术，2018（4）：62.

xu　duan

续断

本品为川续断科植物川续断*Dipsacus asper* Wall. ex Henry的干燥根。

一、植物特征

多年生草本；主根1条至数条，圆柱形，黄褐色或棕褐色，稍肉质；茎中空，具6～8条棱，棱上疏生硬刺；基生叶稀疏丛生，叶片琴状羽裂，叶表面有刺毛，背面沿脉密布刺毛；叶柄长可达25厘米；茎生叶在茎之中下部为羽状深裂，中裂片披针形先端渐尖；基生叶和下部的茎生叶具长柄，向上叶柄渐短，上部叶披针形，不裂或基部3裂。头状花序球形；总苞片5～7枚，叶状，披针形或线形；小苞片倒卵形，先端稍平截，被短柔毛；花冠淡黄色或白色，基部狭缩成细管，顶端4裂，1裂片稍大，外面被短柔毛；雄蕊4，着生于花冠管上，明显超出花冠，花丝扁平，花药椭圆形，紫色；花柱通常短于雄蕊，柱头短棒状。果实为瘦果，长倒卵柱状，包藏于小总苞片内，仅顶端外露于小总苞外。花期7～9月，果期9～11月。（图1、图2）

图1　川续断 　　　　　　　　图2　川续断花

二、资源分布概况

续断主要分布于我国西南高原地区及三峡西北地区。集中分布于我国四川省、贵州省、云南省、湖北省、湖南省、广西壮族自治区、西藏自治区等地。武陵山区湖北五峰、巴东、长阳、咸丰等县为续断道地产区。

三、生长习性

续断的生态适应性较强，喜温暖湿润的气候，以山地气候最为适宜。续断耐寒，忌高温，一般生长在海拔900～2700米的山地草丛中。在干燥地区，夏季高温（35℃以上）、多雨或潮湿环境种植易影响产量和质量。种子萌发适宜温度为20～25℃，30℃以上高温对萌发有明显的抑制作用。

四、栽培技术

1. 繁殖材料

生产以有性繁殖为主。选择饱满、有光泽、无病虫害的成熟川续断种子（图3）作为繁殖材料。

图3　川续断种子

2. 选地与整地

（1）选地　选择土壤深厚、排水良好、土质疏松的砂质壤地，以中性偏酸性（pH值5.5~7.0）为宜，可用山坡荒地；若为熟土，耕地宜选择前茬作物为病虫害较少的禾本科等植物。

（2）整地　选择3月上旬至5月上旬的晴天进行整地。操作为割净杂草，每亩施入腐熟农家肥2000~3000千克，复合肥50千克作基肥，深翻土壤20~30厘米，整平耙细，根据地形做成宽1.2米，高20厘米的畦，畦间距30厘米，四周开挖排水沟。

3. 播种

续断播种可分春播和秋播。春播时间为2月下旬至4月上旬，秋播时间为9月下旬至10月下旬。由于续断种子过小，播种前可将干种子直接与200倍的润湿细土或草木灰混匀后播种。播种可分为条播和穴播。

（1）条播　在整好的畦面按行距20~35厘米，深3厘米挖沟，播后覆土镇压。

（2）穴播　按行距为35~40厘米、穴深7~10厘米、穴径17~20厘米挖穴，每穴播种7~8粒。播种后每亩施入人畜粪尿1200千克或20千克复合肥作底肥，均匀施入穴内，上覆1~1.5厘米的细土。

4. 起苗、移栽与定植

3月下旬至5月上旬，视苗情长势进行移栽工作。移栽前一天将苗床喷透水，次日挖松苗床土，拔取较大、带4片真叶以上的健壮苗，用湿润稻草捆成每把10株。注意随起随栽，起苗后当天必须完成移栽工作，不能放置过夜。

在整好的畦面上按行距30厘米拉绳定行，沿绳按株距30厘米打穴，穴深10～15厘米，每亩约6000穴，随后按每亩均匀施入2000千克腐熟农家肥或20千克复合肥作底肥，覆浅土，将苗放入穴中心，四周覆土压紧，每穴播1～2株苗定植。定植当天浇透水。

5. 田间管理

（1）间苗与补苗　每天查看直播地苗情，在苗长出2～3片真叶后，结合拔草进行间苗和补苗，保持每穴有2～3株健壮苗。续断种植基地见图4。

（2）中耕除草　一般进行3～4次除草工作，第一次中耕除草在间苗期进行，之后的3个月内每个月各进行一次除草，宜浅锄，勿伤根及茎叶。

图4　续断种植基地

（3）追肥　直播续断的第一次追肥在5月封行前，育苗移栽续断在移栽苗返青恢复生长时（7～8月）进行，追肥需结合中耕除草进行操作，每亩施复合肥20千克，穴施。翌年2月进行第二次追肥，操作同第一次。

（4）抽薹去蕾　续断在秋播实生植物第三年，春播翌年抽薹时期，用锋利的镰刀自地表向上20～30厘米处割去上部。若之后发现形成侧枝并出现花蕾时，需及时摘除。

（5）种子收集　10月上旬至11月下旬续断倒苗前，用剪刀等锋利的器具轻轻割去干枯的花序部分，在簸箕上来回抖动以便收集散落的续断种子，种子低温贮藏。

6. 病虫害防治

（1）根腐病

①轮作：在疫区实行2～3年以上轮作，选用禾本科作物或葱、蒜类作物轮作为宜。

②培育无病壮苗：选育无病的健壮苗可减轻根腐病在大田的危害。

③加强田间管理：随时清除病株残体及田间杂草；增施有机肥作基肥，可提高寄主抗性和耐性，抵制根腐病菌的侵染。

④农药防治：发病期，选用50%多菌灵500倍液等药剂灌根。

（2）叶褐（黑）病　加强田间管理，提高植株抗病能力。发病期选用70%代森锰锌可湿粉剂500倍液，或75%百菌液可湿性粉剂500～600倍液，或58%甲霜灵·锰锌可湿粉剂

500倍液，或64%杀毒矾可湿粉剂500倍液等药剂，喷施。

（3）根结线虫病

①轮作：在条件允许地区可实行水旱地轮作1次，基本可以控制根结线虫病的危害。其余病区实行3年或3年以上轮作，一般选用禾本科等植物可减少虫源。

②加强田间管理：及时清除田间残体及杂草；深耕土壤；翻晒土壤；增施有机肥作基肥提高寄主抗性和耐性。

③农药防治：在播种、种植时，选用克线磷10%颗粒剂，穴施和撒施，施在根部附近的土壤中；或选用米乐尔颗粒剂，在播种前撒施并充分与土壤混合，每亩用量4～6千克。在田间初发病时，选用克线磷10%颗粒剂，沟施、穴施和撒施，每亩用量2～3千克；或50%辛硫磷乳油800倍液；或1.8%阿维菌素乳油300～400倍液，喷灌土壤，每亩用量1.5～3.0千克。

（4）地老虎

①毒饵诱杀虫害：配制方法有三种。其一，麦麸毒饵：麦麸20～25千克，压碎、过筛成粉状，炒香后均匀拌入0.5千克的40%辛硫磷乳油，农药可用清水稀释后喷入搅拌，以麦麸粉湿润为好，然后按每亩用量4～5千克撒在幼苗周围。其二，青草毒饵：青草切碎，每50千克加入农药0.3～0.5千克，拌匀后呈小堆状撒在幼苗周围，每亩用毒草20千克。其三，油渣毒饵：油渣炒香后，用90%敌百虫拌匀，撒在幼苗周围。

②利用黑光灯诱杀成虫。

③农药防治：在地老虎1～3龄幼虫期，采用48%地蛆灵乳油1500倍液、48%乐斯本乳油、2.5%劲彪乳油200倍液、10%高效灭百可乳油1500倍液、21%增效氰·马乳油3000倍液、2.5%溴氰菊酯乳油1500倍液、20%氰戊菊酯乳油1500倍液、20%菊·马乳油1500倍液、10%溴·马乳油2000倍液等，地表喷施。

五、采收加工

1. 采收

（1）采收期　春播在第二年收获，秋播在第三年收获，采收时间为秋季续断倒苗后，过早或过迟均影响药材品质。

（2）采挖　从续断植株地上倒苗枯萎部分判断地下根的位置，用五齿钉耙等农用工具沿厢横切面往下深挖，深度40～60厘米，小心翻挖出续断根，剥除泥土，收集后装入清洁竹筐内或透气编织袋中。续断鲜药材见图5。

（3）清洗及处理　清水浸泡片刻后搓洗，淘去泥土并沥干水，去除芦头、尾梢及须根，挑选分级。

2. 加工

将分级后的续断根条置于60℃的烘箱中烘烤至半干时，集中堆放，用麻袋或干燥稻草覆盖，使之发汗变软至内心变为墨绿色时取出再烘干。加工时不宜日晒，否则变硬，色白，质量变硬。

图5　续断鲜药材

图6　续断药材

六、药典标准

1. 药材性状

圆柱形，略扁，微弯曲，长5～15厘米，直径0.5～2厘米。表面灰褐色或黄褐色，有稍扭曲或明显扭曲的纵皱及沟纹，可见横列的皮孔样斑痕和少数须根痕。质软，久置后变硬，易折断，断面不平坦，皮部墨绿色或棕色，外缘褐色或淡褐色，木部黄褐色，导管束呈放射状排列。气微香，味苦、微甜而后涩。（图6）

2. 显微鉴别

（1）横切面　木栓细胞数列。栓内层较窄。韧皮部筛管群稀疏散在。形成层环明显或不甚明显。木质部射线宽广，导管近形成层处分布较密，向内渐稀少，常单个散在或2～4个相聚。髓部小，细根多无髓。薄壁细胞含草酸钙簇晶。

（2）粉末特征　粉末呈黄棕色。草酸钙簇晶甚多，直径15～50微米，散在或存在于皱缩的薄壁细胞中，有时数个排列成紧密的条状。纺锤形薄壁细胞壁稍厚，有斜向交错的细纹理。具缘纹孔导管和网纹导管直径约至72（90）微米，木栓细胞淡棕色，表面观类长方形、类方形、多角形或长多角形，壁薄。

3. 检查

（1）水分　不得超过10.0%。

（2）总灰分　不得过12.0%。

4. 浸出物

不得少于45.0%。

七、仓储运输

1. 仓储

药材仓储要求符合《绿色食品　贮藏运输准则》（NY/T 1056—2006）的规定。库房应无污染、避光、通风、阴凉、干燥，堆放续断药材的地面应铺垫有高10厘米左右的木架，并具备温度计、防火防盗及防鼠、虫、禽畜等设施。药材不应和有毒、有害、有异味、易污染物品同库存放，同时，随时做好记录及定期、不定期检查等仓储管理工作。

2. 运输

运输车辆卫生合格，透气性好，温度在16～20℃，湿度不高于30%，具备防暑、防晒、防雨、防潮、防火等设备，符合装卸要求；进行批量运输时应不与其他有毒、有害、易串味物质混装。

八、药材规格等级

（1）大选　干货。呈圆柱形，略扁，有的微弯曲，长8～15厘米。中部直径1.2～2.0厘米；断面皮部墨绿色。表面灰褐色或黄褐色，有稍扭曲或明显扭曲的纵皱及沟纹，可见横列的皮孔样斑痕和少数须根痕。质软，久置后变硬，易折断，断面不平坦，皮部外缘褐色或淡褐色，木部黄褐色，导管束呈放射状排列。气微香，味苦、微甜而后涩。

（2）小选　干货。呈圆柱形，略扁，有的微弯曲，长8～15厘米。药材中部直径≥0.8厘米，＜1.2厘米；断面皮部浅绿色或棕色。表面灰褐色或黄褐色，有稍扭曲或明显扭曲的纵皱及沟纹，可见横列的皮孔样斑痕和少数须根痕。质软，久置后变硬，易折断，断面不平坦，皮部外缘褐色或淡褐色，木部黄褐色，导管束呈放射状排列。气微香，味苦、微甜而后涩。

（3）统货 干货。呈圆柱形，略扁，有的微弯曲，长5～15厘米，中部直径0.5～2.0厘米。表面灰褐色或黄褐色，有稍扭曲或明显扭曲的纵皱及沟纹，可见横列的皮孔样斑痕和少数须根痕。质软，久置后变硬，易折断，断面不平坦，皮部墨绿色、浅绿色或棕色，外缘褐色或淡褐色，木部黄褐色，导管束呈放射状排列。气微香，味苦、微甜而后涩。

九、药用价值

（1）肝肾不足，筋骨不健 本品甘以补虚，温以助阳，有补益肝肾，强壮筋骨之功，常用于肝肾亏虚，腰膝酸软，下肢痿软。治疗肝肾不足，与萆薢、杜仲、牛膝等同用。此外，本品亦可配伍用于肾阳虚所致的阳痿不举、遗精滑精、遗尿尿频等，且伴有腰膝酸软、下肢痿软者为宜，多作辅助药使用。

（2）跌打损伤，瘀肿疼痛，筋伤骨折 本品辛行、苦泄、温通，能活血通络，续筋疗伤，为伤科常用药。治跌打损伤，瘀血肿痛，筋骨折伤，常用桃仁、红花、穿山甲、苏木等配伍使用；治疗脚膝折损愈合后失补，筋缩疼痛，与木瓜、当归、黄芪等同用。

（3）胎动不安，崩漏下血，滑胎 本品补益肝肾，调理冲任，有固经安胎之功，可用于肝肾不足，崩漏下血，胎动不安等证。

参考文献

[1] 魏升华，王新村，冉懋雄，等. 地道特色药材续断[M]. 贵阳：贵州科技出版社，2014.

[2] 彭成. 中华道地药材（下册）[M]. 北京：中国中医药出版社，2011.

[3] 艾强，周涛，江维克，等. 续断种质资源的研究进展[J]. 贵州农业科学，2012，40（8）：25-28.

[4] 曾令祥，杨琳，陈娅娅，等. 续断主要病害的识别与防治[J]. 农技服务，2012，29（8）：942-945.

[5] 吴明开，何尧，宋德勇，等. 川续断规范化种植标准操作规程（试行）[J]. 湖北农业科学，2011，50（12）：2493-2498.

天麻

本品为兰科植物天麻*Gastrodia elata* Bl.的干燥地下块茎。别名有赤箭、独摇芝、离母、合离草、神草、鬼督邮、木浦、明天麻、定风草、白龙皮等。

一、植物特征

为多年生腐生草本植物，植株高30.0～100.0厘米，有时可达2.0米；根状茎肥厚，块茎状，椭圆形至近哑铃形，肉质，长8.0～12.0厘米，直径3～5（～7）厘米，有时更大，具较密的节，节上被许多三角状宽卵形的鞘。茎直立，橙黄色，黄色，灰棕色或蓝绿色，无绿叶，下部被数枚膜质鞘。总状花序长5～30（～50）厘米，通常具30～50朵花；花苞片长圆状披针形，长1.0～1.5厘米，膜质；花梗和子房长7.0～12.0毫米，略短于花苞片；花扭转，橙黄，淡黄，蓝绿色或黄白色，近直立；萼片和花瓣合生成的花被筒长约1.0厘米，直径5.0～7.0毫米，近斜卵状圆筒形，顶端具5枚裂片，但前方亦即两枚侧萼片合生处的裂口深达5.0毫米，筒的基部向前方

图1　天麻

凸出；外轮裂片（萼片离生部分）卵状三角形，先端钝；内轮裂片（花瓣离生部分）近长圆形，较小；唇瓣长圆状卵圆形，长6.0～7.0毫米，宽3.0～4.0毫米，3裂，基部贴生于蕊柱足末端，与花被筒内壁上有一对肉质胼胝体，上部离生，上面具乳突，边缘有不规则短流苏；蕊柱长5～7毫米，有短的蕊柱足。蒴果倒卵状椭圆形，长1.4～1.8厘米，宽8.0～9.0毫米。花果期5～7月。天麻主要分为乌天麻和红天麻。（图1）

二、资源分布概况

天麻属植物全世界约有20种，我国有13种。我国野生天麻多分布在北纬22°～46°，东经91°～132°范围内的山区、潮湿林地。全国13个省、区，近400个县均有分布，包括云南、贵州、陕西、四川、湖北、湖南、西藏、甘肃、安徽、江西、青海、浙江、福建、台湾、广西、河北、河南、山东、辽宁、吉林、黑龙江等省（区）。

武陵山区湖北巴东、夷陵区、利川等县，重庆云阳、酉阳等有大面积的种植。

三、生长习性

天麻属多年生草本植物，从种子播种到开花结实，一般需要跨3～4个年头，共24～36个月的生长周期，包括种子萌发，原球茎生长发育，第一次无性繁殖至米麻、白麻形成，第二次无性繁殖至箭麻形成，箭麻抽薹开花结实等5个阶段，其中前4个阶段称为天麻的营养生长期，后1个阶段称为天麻的生殖生长期。其整个生育期中，除约70天在地表外，常年以块茎潜居于土中，从侵入体内的蜜环菌菌丝获得生长发育所需营养物质。每年5～11月为天麻的生长期，12月至次年4月为休眠期。春季，当地温达到10℃以上时，天麻开始繁殖子麻，6月地温上升至15℃，子麻进入生长时期，7月中旬地温上升到20℃左右时，块茎迅速生长，9月上中旬，地温逐渐下降，生长随之变缓慢，至10月

图2　天麻果实

下旬以后，当地温下降至10℃以下，生长趋于停止，块茎进入休眠期。天麻果实见图2。

1. 生长发育规律

天麻从种子萌发至当代种子成熟所经历的过程，称为天麻的生活周期。

（1）种子萌发　6月中上旬，天麻种子与紫萁小菇等共生萌发菌拌种后，共生萌发菌以菌丝形态从胚柄细胞侵入原胚细胞和种胚，天麻分生细胞开始大量分裂，种胚体积迅速增大，直径显著增加。20天左右种子成为两头尖、中间粗的枣核形，种胚逐渐突破种皮而发芽，播种后25～30天就能观察到长约0.8毫米、直径约0.49毫米的发芽原球茎。

（2）地下块茎形成　发芽后的原球茎，靠萌发菌提供的营养，当年可形成营养繁殖茎，开始第一次无性繁殖并形成原生小球茎。原生小球茎与蜜环菌建立营养共生关系后，7月中、下旬开始明显看到乳突状苞被片突起，到11月份就能形成长约2厘米的小米麻。与此同时，营养繁殖茎可长出多个互生侧芽，顶端膨大形成小白麻。立冬后米麻和小白麻开始进入休眠期，第一年的生长期结束。

（3）地下块茎的生长　第二年4月气温逐渐回升，由种子形成的小白麻和米麻结束休眠，开始萌发生长，进行有性繁殖后的第二次无性繁殖。天麻顶端生长锥分化形成子麻，其余节位上的侧芽则萌生出短缩的枝状茎，这些分枝称为一级分枝。在一级分枝上，再进行二级分枝、三级分枝。5月，天麻开始进入旺盛的生长时期，在保持营养充足的条件下，部分小白麻迅速膨胀壮大，成为商品麻，其余块茎通过分枝分节，为翌年提供种源。到11月份，天麻进入休眠期，此时为天麻的收获期。综上所述，天麻商品麻的形成经过了以下几个发展阶段。

①原球茎：天麻种子萌发后形成卵圆形的未分化组织，呈球状尖圆形，平均长0.4～0.7毫米，直径0.3～0.5毫米，由原球柄和原球体两部分组成。

②米麻：原球茎进行细胞分裂和组织分化，形成顶芽，顶芽及分枝顶端的分生组织不断生长膨大，形成长度在2厘米以下，重量小于2.5克的小块茎。

③白麻：天麻种子播种后的翌年春天，随着温度不断升高，米麻的顶芽和侧芽开始萌发，迅速进行细胞分裂和组织分化，膨大形成白麻。白麻通常有5～11个明显的环状节，节上有薄膜质鳞片，鳞片腋内有潜伏芽；顶端具有雪白的尖圆形生长锥，但不具混合芽，不会抽薹出土；基部可见与营养繁殖茎分离时留下的脐形脱落痕迹。

④箭麻：箭麻又称商品麻，由白麻顶芽萌发生长，先端膨大而形成。长椭圆形，肉质肥厚，个体较大，一般长8～20厘米，重100～500克。外皮黄白色，有马尿腥味，环节明显，一般有14～25个节，有时多达30个节，节处有薄膜质鳞片，鳞片腋内有突出的潜伏芽，块茎尾部可见脐形脱落痕迹。箭麻具有三大特征：具有顶生花茎芽，形状如"鹦哥嘴"；尾部有脱落痕迹，称为"脐点"；周身的芽眼称为"环节纹"。

（4）花茎的形成与生长　从播种后到第三年开春，当气温升高时，头年冬季发育形成的花原基开始萌动伸长，发育形成花茎。一般情况下，5月下旬平均气温达到15℃左右时，天麻地上茎开始出土，6月份平均气温达20℃左右时，茎秆迅速生长，每天可伸长5～6厘米。7月中旬花茎的伸长趋于停止，下旬大部分已倒苗。

（5）授粉及果实成熟　天麻花为两性花，在自然条件下，靠昆虫传粉，自花或异花授粉均可结实。天麻授粉成功后，经15～20天果实就可完全成熟。按种子的成熟程度不同，分为3个阶段的种子。

①嫩果种子：果实表面有光泽，纵沟凹陷不明显，手捏果实较软，剥开果皮部分种子呈粉末状散落，有的种子呈团状，不易抖出。种子白色。发芽率可达70%左右，但芽势不整齐。

②将裂果种子：果实表面暗棕色，失去光泽，有明显凹陷的纵沟，但果实未开裂，手捏果实质软，剥开果皮种子易散落。种子呈浅黄色。发芽率可达65%左右。此时是收获的最佳时期。

③裂果种子：果实纵沟已开裂，稍有摇动种子就会飞散。种子呈蜜黄色。发芽率为10%左右。

2. 生长环境

（1）地势　我国西南地区纬度低，气温高，天麻多适宜生长在海拔1500～2800米的高山地区。

（2）地形　地形的坡度不宜过大，以10°～15°的缓坡较为适宜。山的阴坡与阳坡气温存在一定的差异，在栽培天麻时应根据当地的气候条件选择山向。在1500米以上的高山地区栽培天麻，应选择温度高的阳坡栽种；1000～1500米的中山区，选择无荫蔽的阳坡或稀疏林间栽种天麻较好；1000米以下的低山地区，夏季高温少雨，宜选择温度较低、湿度较大的阴坡栽培天麻。

（3）气候

①温度：天麻适宜在夏季凉爽，冬季又不十分寒冷的环境下生长。天麻种子最适合在25～28℃条件下发芽，超过30℃种子发芽将受到抑制；地下块茎在地温14℃左右开始生长，20～25℃最为适宜；蜜环菌的最适生长温度为20～25℃，地温超过30℃，天麻和蜜环菌生长都将受到抑制。当深秋温度降至10℃左右时，天麻停止生长进入休眠期。另外，用做种麻的白麻，须经过冬季2～5℃的低温处理，才能萌发生长。

②湿度：天麻适合在凉爽潮湿的环境中生长。水是天麻生长的必要条件，天麻在不同的季节需水量是不同的。春季块茎萌动期、天麻块茎生长旺盛期均需要大量的水分供应；暑期土壤干旱会导致幼芽死亡。天麻在不同的生长发育阶段的需水量也不同，天麻种子萌发需充足的水分；开花期缺水会使花粉干枯；结果期间，空气湿度不宜超过90%。满足天麻对水分的需求，除要求适宜的大气湿度外，还要求土壤的含水量适宜（40%～60%）。土壤湿度过高，特别是在天麻生长后期，易引起天麻腐烂、中空。

③光照：天麻整个无性繁殖过程都是在地下生长，阳光对其影响不大。因而天麻可以

在无光条件下栽培。天麻有性繁殖过程需要一定的光照，但不能过于强烈，强光会危害花茎，导致植株基部变黑枯死。

④风：大风对正在抽薹生长的花茎危害较大，会使花茎折断。所以在花茎出土后要加竹竿或木棍，将花茎固定，以免折断倒伏。

（4）土壤　天麻适宜在富含腐殖质，疏松肥沃，排水透气良好，pH值5.5～6的砂质壤土中生长。

（5）植被　天麻适宜生长在山区杂木林或阔叶混交林中。伴生植物种类较多，有竹类、青冈、桦木、野樱桃等植物。

四、栽培技术

1. 萌发菌的分离培养

与其他兰科植物一样，天麻种子细小，只有种胚，没有胚乳，在自然条件下萌发困难。有专家经过多年研究，从天麻的原球茎中分离出天麻种子萌发菌。萌发菌在种子萌发阶段侵染种子，供给种子萌发的营养，与其建立了一种共生关系，萌发菌是种子萌发的外源营养源。

（1）萌发菌分离纯化方法

①从原球茎分离纯化的方法：选取健壮的原球茎，先清除泥土，无菌水冲洗数次，用75%酒精浸泡1分钟后，再用0.1%的升汞溶液浸泡3～5分钟，用无菌水冲洗2～3次后剪成小块，在链霉素液中蘸一下，再用无菌水冲洗2～3次，最后用灭菌滤纸吸干表面附着水后，接入PDA平面培养基或试管斜面培养基中，在25℃恒温条件下培养5～10天。待培养基上有白色健壮的菌丝长出，挑取菌落边缘的菌丝接入新培养基中，如此反复几次，即可得到纯化的菌株。

②从播种坑里的萌发菌菌叶分离纯化的方法：选取天麻长势良好的播种坑，取其中萌发菌长势良好的萌发菌菌叶，先清除泥土，无菌水冲洗数次，用75%酒精浸泡1分钟后，再用0.1%的升汞溶液浸泡3～5分钟，用无菌水冲洗2～3次，用灭菌滤纸吸干表面附着水后，用接种针挑取少量的菌丝，接入PDA平面培养基或试管斜面培养基中，在25℃恒温条件下培养3～10天。待培养基上有白色健壮的菌丝长出，挑取菌落边缘的菌丝接入新培养基，如此反复几次，即可得到纯化的菌株。

（2）母种扩大培养　母种扩大培养，即在无菌条件下，将能使天麻种子萌发良好并经分离纯化的原始母种，转接于已经灭菌的培养基上进行扩繁。用于母种扩大培养的培养基可以与原始母种培养基相同，一般是PDA或是加富PDA。也可以用以阔叶树的木屑、麦粒或玉米粒、麸皮等为主料，添加一定营养成分的改良培养基。操作方法：用接种针（或灭过菌的竹签）将试管内的萌发菌丝，连同培养基一起，切成0.3～0.5厘米的小块，转入新的培养基上。在22～25℃下避光培养，当菌丝基本长满培养基表面时，即可用于原种生产。

（3）原种生产

①培养基制作：a.棉籽壳麸皮培养基。棉籽壳87.5%、麸皮10%、蔗糖1%、石膏粉1%、磷酸氢二钾0.3%、硫酸镁0.2%。b.锯木屑麸皮培养基。青冈、板栗等阔叶树的木屑77.5%、麸皮15%、玉米粉5%、蔗糖1%、石膏粉1%、磷酸氢二钾0.3%、硫酸镁0.2%。

②拌料、装瓶、灭菌：按照上述原料比例将蔗糖、磷酸氢二钾、硫酸镁溶于少量的水，然后与其他原料搅拌均匀，并使料水重量比为1：（1.2～1.3）。建堆发酵24小时左右，再次将培养料搅拌均匀后，装入塑料菌种袋或瓶中，以袋或瓶容量的4/5为宜，盖瓶盖或封闭袋口后高压灭菌1.5～2小时，或常压灭菌8～10小时。

③接种、培养：培养料灭菌后，移入冷却室或接种室冷却至室温，在无菌条件下，接入母种，25℃恒温避光条件下培养，菌丝长满整个培养基后，所得菌种即为原种。

（4）栽培种生产　目前，天麻生产上使用的萌发菌栽培种大多采用阔叶树的落叶制作，具体方法：将树叶用清水浸泡湿透后，捞出沥出明水，按树叶干重计算，均匀拌入15%～20%的麸皮、蔗糖1%、石膏粉1%，加水使培养料含水量在55%左右，将培养料装入塑料菌种袋或瓶中，以袋或瓶容量的4/5为宜，盖瓶盖或袋封口后高压灭菌1.5～2小时，或常压灭菌8～10小时。培养料灭菌后，移入冷却室或接种室冷却至室温，在无菌条件下，接入原种，25℃恒温避光条件下培养，菌丝长满整个培养基后，所得菌种即为萌发菌栽培种。

2. 蜜环菌的分离培养

蜜环菌是天麻无性繁殖阶段生长繁殖的营养物质基础。因此，培养优质蜜环菌和菌材，是人工栽培天麻获得成功的关键。

（1）菌源的采集　可采集野生蜜环菌幼嫩菌索、发育正常尚未开伞的子实体或带有红色菌索的白麻块茎作为蜜环菌菌种分离的材料。

（2）蜜环菌一级菌种的分离培养方法

①组织分离法：用清水洗净蜜环菌子实体等分离材料上的泥土，无菌水冲洗2～3次，

用0.1%升汞溶液浸泡0.5～1分钟，无菌水冲洗2～3次洗掉残留消毒液，然后用无菌刀切取所需要的组织置于金霉素液中浸润片刻，取出用无菌滤纸吸干表面水分，置于PDA平面培养基上，在25℃恒温条件下培养7天以后开始长出菌索。

②孢子分离方法：将开伞的子实体横向截去菌柄的下半部，用75%酒精对菌盖表面及菌柄部分进行消毒，消毒后菌褶朝下插在孢子收集装置的支架上。将支架放在无菌培养皿中，然后用灭菌后的大烧杯罩住以收集孢子。待孢子落入培养皿内，用无菌水逐级稀释后，再用无菌吸管吸取，接种在PDA平板培养基上，在25℃恒温条件下培养3～5日即可长出菌索。

（3）菌种纯化　当菌丝在平板培养基上刚产生菌索分枝时，选择长势旺盛的幼嫩菌索，截取2毫米长段，移入试管斜面培养基中央，在25℃恒温条件下培养，待菌索长满培养基后即为纯化的母种。

（4）母菌的驯化和二级原种培养　用培养基培养的蜜环菌母种必须进行适应性培养。可将纯化后的母种接种在灭菌的木屑培养基上［78%阔叶树锯木屑、20%麦麸或米糠、1%蔗糖、1%石膏粉。先将蔗糖溶于水，然后和锯木屑、麦麸、石膏粉等拌和，料水比为1：（1.2～1.5）］，装在瓶子里（装料量占菌种瓶容积的1/3或1/2），于25℃恒温条件下培养，待菌索长满培养基后即为二级菌种。

（5）三级栽培菌种的培养　三级栽培菌种的培养料和培养基的制作方法与二级原种相同，装瓶高压灭菌后，将二级菌种转接于栽培种培养基，在25℃恒温条件下培养，待菌索长满全瓶即为三级菌种，可用来培养菌棒材。

（6）菌种的保藏　母种保藏：菌种在1～4℃冰箱内可保存3个月至1年。保存菌种时应将菌种用油纸包好放在塑料自封袋里，以防棉塞受潮或培养基结冰。低温保存的菌种，在使用前要放于室温下活化培养一次，否则菌种不易成活；原种和栽培种保藏：原种和栽培种应根据生产季节按计划生产，不宜长期保藏。有冷库可保藏在冷库，无冷库可在冷凉、干燥、清洁的室内保藏。长期保藏菌种会老化，影响接菌效果。

（7）菌种复壮　取蜜环菌的子实体，按孢子分离的方法重新分离培养纯净菌种。

3. 菌材的培养

（1）备材　选择青冈树、栓皮树、板栗树、桦树等适宜培养蜜环菌的阔叶树种培养菌材。选用直径3～10厘米的树干或树枝。将砍伐的树材锯成长45厘米左右的段，不宜劈成木块，这样易损伤树皮，破坏蜜环菌的营养源，而且劈成块后，木质断面易失水，感染杂菌。将木段每隔3～6厘米砍一个鱼鳞口，根据木段直径砍2～4排。

（2）培养时间　以能有效利用木材营养，并能及时提供栽种天麻所需菌材等因素决定培养菌材的时间。过早，木材上没有发好蜜环菌，会造成天麻生长前期缺乏营养而减产。过迟，不仅造成木材的营养浪费，而且还可能导致天麻生长后期菌棒营养不足而影响产量。由于培养菌棒的木材较培养菌枝的木材粗，蜜环菌长满的时间相对较长，通常需要2～3个月的时间，同时由于秋末、冬季和初春季节气温较低，蜜环菌生长缓慢，甚至不生长，为保证在天麻播种时培养好菌棒且不造成木材营养的浪费，秋末温度较高的低海拔温带地区菌棒的培养时间最好安排在8、9月进行，秋末温度较低的高海拔寒冷地区时间最好安排在8月以前进行，以确保蜜环菌有2～3个月的适宜生长时间。

（3）培养场地　场地应清洁，无污染；砂质土壤，透水，透气，能保湿，pH值5～6，最好是生荒地，无人畜践踏；在高山地区应选择背风向阳的地方，而低山地区则应选择能蔽荫、靠近水源处。

（4）培养方法　常用的培养方法有两种，一种是将木材集中在一定地点培养。在种植天麻时，将菌棒取出并运输到种植场地；二是在种植场地，将木材分散在各个坑中培养，种植天麻时，扒开覆土直接将天麻麻种放在木材上培养即可。前者可称为活动菌床法，后者可称为固定菌床法。

①活动菌床法：活动菌床法培养菌棒的方式主要有坑培、半坑培和堆培法，在室内也可采用箱培和砖池培养。所谓的坑培就是，将木材分层置于坑内培养，坑培法适合于土壤透气性良好，气温较高和气候干燥的地区。半坑培法就是在准备培养菌棒的地方挖一浅坑，将木材一半放坑内培养，一半在坑上培养，半坑培法比较适宜温湿度比较适中的地区。堆培法不需要挖坑，将木材直接在地面上培养，堆培法适宜于温度较低的地方。箱培法或池培法就是在箱子中或在砖砌成的池子中培育。

具体做法：根据木材的数量，在准备培养菌棒的地方，挖一定大小的坑，底部挖松3～5厘米并耙平，铺一层湿树叶；在树叶上平行摆放一层木材（若为长枝段，相邻两根木材鱼鳞口相对摆放，间距1～2厘米；若为短枝段，则由多节组成一列，斜口相对，间距1～2厘米，每列间距也为1～2厘米）；在木材两头和鱼鳞口处放三级菌种或菌枝；用土将木材间空隙填实以免杂菌感染，盖土至超过木材约2厘米，按同样的方法重复摆放数层，一般不超过8层，最后一层盖上8～10厘米的土，浇透水1次。最后盖树叶或其他保温保湿材料。

②固定菌床法：固定菌床法培养的菌棒不需取出，在进行天麻栽培时直接将种麻摆放在木材上即可。固定菌床法培养菌棒的坑就是栽培天麻的栽培穴，所以，坑的大小、深度、木材摆放方法，都要符合天麻对栽培穴的要求。

根据天麻栽培穴大小、深度与天麻产量的关系，固定菌床法培养菌棒的坑不宜过大，但也不能过小，因为太小会增加操作上的难度，生产上一般以40厘米×60厘米为宜，深度则视土壤性质而异，砂壤土以25厘米为宜，黏土以20厘米为宜。

具体做法：在准备种植天麻的地块，挖若干个长60厘米，宽40厘米，深20~25厘米（砂壤土25厘米，黏土20厘米）的坑，底部挖松1~3厘米，耙平使其与地面平行，铺一层湿树叶，在树叶上平行摆放一层木材，若土壤为砂壤土且坑底有坡度，木材横放；若土壤为黏土且坑底有坡度，木材竖放；坑底没有坡度的，无论何种土壤，木材横放、竖放都可以。在木材两头和鱼鳞口处放三级菌种或菌枝，用土将木材间空隙填实以免感染杂菌，盖土8~10厘米。最后，盖树叶或其他保温保湿材料。

（5）菌材培养管理

①调节湿度保持窖内填充物及木段的含水量为50%左右。根据窖内湿度变化情况进行浇水和排水。

②调节温度保持窖内温度18~20℃。在春、秋低温季节，可覆盖枯枝落叶或草进行保温。

（6）菌材质量检查　从外观上看不见有杂菌污染；菌索生长旺盛，幼嫩健壮，褐红色，坚韧弹性好；拉断菌索后，从断面可见致密粉白色的菌丝体。有的菌材表面上虽然长有很多菌索，但多数老化，甚至部分是死亡的，这种菌材不能用。有的菌材表面无菌索或菌索较少，在菌材上砍去小块树皮后，在皮下见有乳白色的菌丝块或菌丝束，证明已经接上菌，为符合要求的菌材。

4. 种子生产

（1）种质的选择　天麻栽培生产中主要用红天麻和乌天麻。栽培选种应根据当地的气候条件选择，一般来说，红天麻生长快，适宜性强，产量高，适宜在海拔500~1500米的地区栽培；乌天麻生长较慢，耐干旱能力低，产量较低，但药用价值高，适宜在海拔1500米以上山区栽培，是高山地区栽培的优质品种。

（2）种麻的采挖及选择　作种的箭麻一般在冬季11月份休眠期或春季2月下旬至3月初天麻生长尚未萌动前采挖，采挖和运输时应防止刺伤及碰伤。选择个体发育完好，无损伤，健壮，无病虫害，顶芽饱满，重量在100克以上的箭麻作为培育种子的种麻。

（3）种麻的贮藏　箭麻采挖后，应及时定植，不宜放置太久，以免失水，影响抽薹开花。但在较寒冷的地区（冬季地下5厘米处地温＜0℃），则需将箭麻置于一定温度和湿度的室内妥善贮藏，至次年春季解冻后栽种。室内贮藏可采取湿砂堆埋的方式，气温保持在

0～3℃，砂子含水量保持在60%左右，并使室内通风良好。

（4）定植　选择避风、地势平坦、土质疏松、不积水的地方搭建育种棚，棚大小根据生产量而定。箭麻定植通常在2月底至3月上旬进行。将选好的箭麻定植在畦上，顶芽朝上，向着人行道。按行距15厘米，株距10厘米栽培天麻，然后覆土5～8厘米。

（5）定植后管理

①控光：天麻的花薹最怕阳光直射。照射后会使受光面的茎秆变黑，下雨后倒伏，且强烈直射光会使花穗（朵）严重失水，影响授粉结实。温室育种，在箭麻出土前应在温室顶部覆盖1～2层遮阳网遮荫，保持抽薹箭麻仅接触到少量散射光。授粉结束后，花茎逐渐成熟，果实逐渐膨大，可适当增加透光度至40%～50%。

②浇水：定植后，根据土壤墒情3～5天浇水1次，保持土壤湿润。

③温湿度控制：空气温度保持在18～22℃，湿度控制在30%～80%。

④插防倒杆：在顶芽芽旁插竹竿一根，顶芽抽茎向上伸长后将花茎捆在杆上，防止倒伏。

⑤适时打尖：天麻花穗顶端的花朵，授粉后结果小，种子量少，为了减少养分消耗，使其余的果实饱满，提高产量，在现蕾初期，应将顶部的3～5朵花蕾摘除。

（6）人工授粉　人工授粉应在开花前1天或开花后3天内完成，最好选在晴天上午10时前或下午4时以后授粉。授粉时左手轻轻捏住花朵基部，右手用镊子慢慢取掉唇瓣或压下，使雌蕊柱头露出。从另一株花朵内取出冠状雄蕊，弃去药帽，将花粉块黏放在雌蕊的柱头上即可。

（7）种子采收　天麻花成功授粉后，果实在16～25天陆续成熟，应适时分批采收。待天麻蒴果颜色由深红变浅红，手感由硬变软，果实内种子呈乳白色已散开，不再成团时即可采收。将采收的将裂果实放入牛皮纸袋内，以免果实裂开后种子随风飘散。天麻种子采收后，一般应立即播种，不宜贮存。

5. 种苗繁育

（1）播种时间　种子采收当年6～8月，选择晴天播种。

（2）拌种　将萌发菌菌种撕碎，放入盆中或塑料袋（图3）内，每平方米用萌发菌菌种2～3袋，在无风处将天麻蒴果捏开，抖出种子，均匀撒播在萌发菌叶上，

图3　天麻萌发菌包

反复搅拌混匀。每平方米用蒴果18～20个。拌好种后，放入塑料袋内，放置在避光房内，室温放置3～5天，促进天麻种子接上萌发菌。

（3）播种方法

①固定菌床播种法：利用预先培养好蜜环菌的菌床或菌材拌播，播种时挖开菌床，取出菌棒，耙平穴底，先铺一薄层壳斗科植物的湿树叶，然后将拌好种子的菌叶分为两份，一份撒在底层，按原样摆好下层菌棒，棒间留3～4厘米距离，覆土至棒平，铺湿树叶，然后将另一份拌种菌叶撒播在上层，放蜜环菌棒后覆5～6厘米厚的湿土，穴顶盖一层树叶保湿。

②四下窝播种法：操作与固定菌床播种法基本相同，但不预先准备菌材和菌床，而是将天麻种子、萌

图4　天麻蜜环菌包

发菌、蜜环菌菌枝、新鲜木段一齐播下。播种时新挖播种穴，铺一层湿树叶后，撒上拌有种子和萌发菌的树叶，再摆新棒3～5根，两棒相距3厘米左右，鱼鳞口在两侧，在木棒的鱼鳞口处和棒头旁放5～6根预先培养好的菌枝材，然后盖土厚约1厘米，即可。用同法播上层。穴顶覆土5～6厘米厚，并盖一层湿树叶或带有树叶的树枝。播种后需浇水保湿。天麻蜜环菌包见图4。

（4）管理　播种初期要注意防雨，遇大雨时应及时检查清理积水；天旱时应及时浇水，保持菌床内水分含量在65%左右；天麻种子萌发的最适宜温度为25～28℃，夏季温度高于30℃时应在菌床表面覆盖树叶或杂草等措施降温；人畜经常到达的种植区域，应建防护栏，防止人畜践踏。

（5）采挖　第二年11月下旬至第三年3月采收。采挖时先除去表层覆盖物，小心取出种苗，严防机械损伤。

（6）分级　选择色泽新鲜，无畸形，无损伤，无病虫害，无冻伤的健壮天麻块茎做种苗。以种苗长度、直径、单个重和净度为指标，将天麻种苗分为三个等级。

（7）包装　同一级别的种苗用清洁、无污染的泡沫箱或纸箱包装，包装容器应具良好保湿性和承重能力。包装容器应外附标签，标明品种名称、批号、等级、数量、出圃日期、包装日期等。

（8）运输　装车后应及时启运，装卸过程应轻拿轻放，运输应有控温条件，温度保持在5～10℃。

（9）贮藏　种苗宜随挖随栽，如需短期贮存，应保存在通风、阴凉、干燥、地面为泥土的仓库或室内，用细砂土与种苗交互隔层掩盖贮藏，砂温控制在5~10℃，水分控制在15%~20%，贮存期间，每隔10天检查1次，及时拣去病种麻。

6. 栽培技术

（1）选地与整地

①选地：在海拔较高，湿度较大，温度较低的高山地区，宜选择无荫蔽的向阳坡地栽种天麻；中低山区宜选择半阴坡。种植天麻的土地，以富含腐殖质、疏松、排水及保湿性好的砂质生荒地为好。

②整地：天麻栽培对整地要求不严格，砍掉地上杂物，便可挖穴种麻。

（2）播种

①种苗选择：选用有性繁殖的1~2代白头麻作种。种苗应无机械损伤，外观色泽正常，无病虫害，符合种苗质量要求。

②播种时间：11月下旬至翌年3月下旬。选择晴天播种，雨天和下雪冰冻天气不适宜种植。

③种植方法

a. 固定菌床栽培法：天麻栽培时，挖开预先培养好的菌床，取出上层菌材，下层不动。在下层菌材之间用小锄头或小铲挖出一个小洞，放入种麻，种麻间距离15厘米，填土3~5厘米。然后将先取出的菌材放回原来的位置，填好空隙，栽种第二层，然后盖土10~15厘米。也可以用固定菌材加新材法：栽时扒开培育好的菌床，取出一半的菌材，用新菌材补充取出的老菌材，栽一坑（畦）；再在老坑（畦）旁边开挖一个新坑（畦），用取出的一半老菌材，加入一半新材，另栽一坑（畦）。有些产区只栽种一层天麻，菌材的培养也只有一层。栽种时只需把表土扒开，露出菌材，用小锄头或小铲开挖一个孔，定植好种麻，并在种麻边补充2~4个新鲜小树段（粗3~5厘米，长5~6厘米）做新菌材，然后填土10~15厘米，再盖一层草和树叶。这种方法可以补充蜜环菌养分，解决栽种后期营养不足的问题。天麻栽培见图5。

图5　天麻栽培

b．活动菌材栽培法：选择质量符合要求的7～8月培养的菌材，将菌材运到栽培现场坑边或畦边。以每坑放菌材10根为例，挖坑深30厘米，穴底顺坡向做10°～15°的斜面。先栽下层，在坑底撒一薄层树叶，将已培养好的菌材顺坡向摆放5根。菌材间的距离为3～4厘米。菌材排完后，用培养土填充物填于菌材间，埋没菌材一半时，整平间隙填土，将种麻靠放于菌材两侧的空隙中，每个种麻相距15厘米左右，菌材的两端也各放1个种麻，种麻要紧靠菌材。然后填土高出菌材3厘米，再撒树叶树枝排放菌材，填下种麻栽第二层，最后覆土10～15厘米，再盖一层草或树叶。畦栽同样原理。

7．田间管理

（1）防旱　久旱、土壤湿度不够时应及时浇水，天麻栽培后在栽种穴顶盖一层树叶，具有很好的保墒效果。

（2）防涝　暴雨后要注意对栽培穴进行排水。对天麻影响最大的是秋涝，秋末冬初气温和地温都逐渐降低，如遇连阴秋涝，光照不足，形成低温，天麻生长缓慢，提前进入休眠期，但蜜环菌6～8℃的低温条件下仍可生长，蜜环菌便可侵染新生麻，并引起新生麻腐烂，且箭麻受害严重。

（3）防冻　天麻越冬期间在土壤中一般可以忍耐-3℃的低温，低于-5℃时天麻将受到冻害。因此入冬低温时，应在窖上覆盖厚土、树叶或薄膜，进行防冻保护。

（4）覆盖　天麻栽种后，应割草或用落叶进行覆盖，以减少水分蒸发，保持土壤湿润，冬季还可防冻，并可抑制杂草生长，防止雨水冲刷造成土壤板结。

（5）控温　北方产区，春季解冻后，当气温高于穴（畦）温时，要及时把盖土去掉一层，以提高穴（畦）温。也可在早春撤去防寒物后，用塑料薄膜覆盖以提高地温。当夏季到来，穴（畦）温升至25℃以上时，必须及时采取降温措施，如搭荫棚、加厚盖土、加厚培养料、加盖树叶和草等，使穴（畦）温降低到25℃以下。北方晚秋要增温降湿，如减少荫蔽，增加光照，覆盖地膜等，以延长天麻生长期。

（6）防止践踏　在天麻种植区域，人畜容易到达的地方，应建防护栏，防止人畜、野猪践踏和山鼠、蚂蚁、病虫等的危害。

8．病虫害防治

天麻主要病害有霉菌病、腐烂病；虫害有蛴螬、蝼蛄等。

（1）腐烂病　选择完整，无破伤，色鲜的白麻或米麻作种源；控制温度和湿度，避免窖内长期积水或干旱；栽种天麻的培养料最好进行堆积、消毒、晾晒，杀死虫卵及细菌；

选地势较高，不积水，土壤疏松，透气性良好的地方栽培。

（2）日灼病　露天培养天麻种子时，育种圃应选择树荫下或遮阳的地方；在天麻花茎出土前搭建好遮荫大棚，并在茎秆旁插竹竿将天麻茎秆绑在竹竿上。

（3）杂菌侵染　天麻栽培中的杂菌主要有两类，一类为霉菌，包括木霉、根霉、黄霉、青霉、绿霉、毛霉等，主要影响蜜环菌菌材的培养，危害天麻与蜜环菌共生关系的建立，导致天麻栽培的失败。

防治方法　①注意培养场地及周围环境选择。选择环境中杂菌污染少的生荒地，准备填充土时要严格选择无杂菌感染的新土。②加强菌材的选择。培养菌材时应仔细检查，采用未腐朽、无杂菌的新鲜木材做菌棒，一旦发现有杂菌侵染，应废弃不用。③种植天麻的穴不宜过大，过深。菌床大小必须合适，各培养穴内培养菌材的根数不宜过多，以避免损失。④适度加大蜜环菌的用量。使蜜环菌短时间内旺盛生长，成为优势生长菌，抑止其他杂菌生长。⑤控制温湿度变化。保持穴内适宜的湿度，湿度过大应减少覆盖物，使之通风，周围挖排水沟，做好排水。干旱时应及时浇水。

（4）蝼蛄　种植前清除杂草，布设黑灯光诱杀；鱼藤精拌细糠，比例为1：1000，或用90%的敌百虫0.15千克兑水成30倍液，加5千克半熟麦麸或豆饼，拌成毒饵诱杀。

（5）蛴螬　在成虫发生期，用90%敌百虫晶体800倍液或50%辛硫磷乳油800倍液喷雾，或每平方米用90%敌百虫晶体0.3千克或50%辛硫磷乳油0.03千克，加水少量稀释后，拌细土5千克制成毒土撒施；设置黑光灯诱杀成虫；可在整地、栽草、收获天麻时，将挖出来的蛴螬逐个消灭；在播种或栽种前，用50%辛硫磷乳油500倍液喷于窖内底部和四壁，再将药液拌于填充土壤中。

（6）蚜虫　天麻现蕾开花期，用20%的速灭杀丁8000～10000倍液喷雾，或用50%抗蚜威可湿性粉剂1000～2000倍液喷雾。

（7）鼠害　可用毒饵诱杀或物理方法捕捉，对死鼠应及时收集深埋。

五、采收加工

1. 采收

（1）采收时间　天麻应在休眠期或恢复生长前采收。冬季采收的为"冬麻"，春季采收的为"春麻"，以"冬麻"质量为佳。高海拔地区，天麻生长周期短，应在11月上旬前收获；低海拔地区，天麻生长周期较长，宜在11月下旬至12月前收获，也可在翌年3月下旬前收获。

（2）采收方法　采收前，先将地上的杂草或覆盖物清除，再挖去覆盖天麻的土层，接近天麻生长层时，慢慢刨开土层，揭开菌材，将天麻从窖内小心逐个取出，严防碰伤，分别将箭麻、米麻、白麻小心放入盛装天麻的竹篓等盛装容器中。不能用装过肥料、盐、碱、酸等的容器装天麻。天麻鲜品见图6。

1cm

图6　天麻鲜品

2. 加工

（1）分级　天麻的大小直接影响蒸制时间和干燥速率，加工前应先根据天麻大小和重量进行分级，一般分为3个等级。

①一等：单个重量200克以上，形态粗壮，不弯曲，椭圆形或长椭圆形，无虫伤、碰伤，黄白色，箭芽完整。

②二等：单个重量100～200克，长椭圆形，部分麻体弯曲，无虫伤、碰伤，黄白色，箭芽完整。

③三等：单个重量100克以下或有部分虫伤、碰伤，黄白色或有少部分褐色，允许箭芽不完整。

（2）清洗　将分级好的天麻用清水快速洗净，不去鳞皮，不刮外皮，保持顶芽完整。洗净的天麻应及时加工以保持新鲜的色泽和质量。

（3）蒸制　将不同等级的天麻分别放在蒸笼中蒸制，待水蒸气温度高于100℃以后计时，一等麻蒸20～40分钟，二等麻蒸15～20分钟，三等麻蒸10～15分钟。蒸至无白心为度，未透或过透均不适宜。

（4）晾冷　蒸制好的天麻摊开晾冷，晾干麻体表面的水分。

（5）干燥

①晾干水汽的天麻及时运往烘房，均匀平摊于竹帘或木架上。

②将烘房温度加热至40～50℃，烘烤3～4小时；再将烘房温度升至55～60℃，烘烤12～18小时，待麻体表面微皱。

③将高温烘制后的天麻集中堆于回潮房，在室温条件下密封回潮12小时，待麻体表面平整。

④回潮后的天麻再在45～50℃低温条件下继续烘烤24～48小时，烘至天麻块茎五六成干。

⑤再按前法回潮至麻体柔软后进行人工定型。

⑥重复低温烘干和回潮定型步骤，直至烘干。

六、药典标准

1. 药材性状

呈椭圆形或长条形，略扁，皱缩而稍弯曲，长3～15厘米，宽1.5～6厘米，厚0.5～2厘米。表面黄白色至黄棕色，有纵皱纹及由潜伏芽排列而成的横环纹多轮，有时可见棕褐色菌索。顶端有红棕色至深棕色鹦嘴状的芽或残留茎基；另端有圆脐形瘢痕。质坚硬，不易折断，断面较平坦，黄白色至淡棕色，角质样。气微，味甘。（图7）

天麻饮片见图8。

图7　天麻药材

图8　天麻饮片

2. 显微鉴别

（1）横切面　表皮有残留，下皮由2～3列切向延长的栓化细胞组成。皮层为10数列多角形细胞，有的含草酸钙针晶束。较老块茎皮层与下皮相接处有2～3列椭圆形厚壁细胞，木化，纹孔明显。中柱占绝大部分，有小型周韧维管束散在；薄壁细胞亦含草酸钙针晶束。

（2）粉末特征　粉末黄白色至黄棕色。厚壁细胞椭圆形或类多角形，直径70～180微米，壁厚3～8微米，木化，纹孔明显。草酸钙针晶成束或散在，长25～75（93）微米。用醋酸甘油水装片观察含糊化多糖类物的薄壁细胞无色，有的细胞可见长卵形、长椭圆形或类圆形颗粒，遇碘液显棕色或淡棕紫色。螺纹导管、网纹导管及环纹导管直径8～30微米。

3. 检查

（1）水分　不得过15%。

（2）总灰分　不得过4.5%。

（3）二氧化硫残留量　不得过400毫克/千克。

4. 浸出物

用稀乙醇作溶剂，不得少于15.0%。

七、仓储运输

1. 包装

天麻烘干后应及时进行包装，包装前应先检查并清除劣质品及异物，采用内附白纸的塑料箱、盒作为包装容器，包装箱、盒应清洁，干燥，无污染，符合《中药材生产质量管理规范》的要求。每批包装药材均要建立包装记录。

2. 仓储

贮藏库应通风、干燥、避光，必要时安装空调及除湿设备，并具有防鼠、虫的措施。控制库房温度在15℃，相对湿度在80%以下，预防虫蛀和霉变。

3. 运输

天麻运输时，不应与其他有毒、有害、易串味物质混装。运输工具应清洁，无污染，具有较好的通气性，以保持干燥，遇阴天应严密防潮。

八、药材规格等级

商品天麻按采收时间不同分为春麻和冬麻两种规格，两者再按个头大小和重量分为四个等级。

（1）一等　干货。呈长椭圆形。扁缩弯曲，去净粗栓皮，表面黄白色，有横环纹，顶端有残留茎基或红黄色的枯芽。末端有圆盘状的凹脐形疤痕。质坚实，半透明。断面角质，牙白色。味甘、微辛。每千克26支以内，无空心、枯炕、杂质、虫蛀、霉变。

（2）二等　干货。呈长椭圆形。扁缩弯曲，去净栓皮，表面黄白色，有横环纹，顶端有残留茎基或红黄色的枯芽。末端有圆盘状的凹脐形疤痕。质坚实，半透明。断面角质，牙白色。味甘、微辛。每千克46支以内，无空心、枯炕、杂质、虫蛀、霉变。

（3）三等　干货。呈长椭圆形。扁缩弯曲，去净栓皮，表面黄白色，有横环纹，顶端有残留茎基或红黄色的枯芽。末端有圆盘状的凹脐形疤痕。质坚实，半透明。断面角质，牙白色或棕黄色稍有空心。味甘、微辛。每千克90支以内，大小均匀。无枯炕、杂质、虫蛀、霉变。

（4）四等　干货。每千克90支以上。凡不合一、二、三等的碎块、空心及未去栓皮者均属此等。无芦茎、杂质、虫蛀、霉变。

九、药用食用价值

1. 临床常用

（1）肝风内动，惊痫抽搐　天麻功善息风止痉，药效平和。可用于各种病因之肝风内动，惊痫抽搐，不论寒热虚实，皆可配伍应用。如用人参3克、全蝎1克、羚羊角0.5克、天麻6克、炙甘草1.5克、钩藤9克配伍组成的钩藤饮，可用于治疗小儿急惊风；用天麻、川贝母、姜半夏、茯神各30克，胆南星、石菖蒲、全蝎、僵蚕、真琥珀各15克，陈皮、远志各21克，丹参、麦冬各60克，辰砂9克配伍组成的定痫丸，可用于治疗风痰闭阻之癫痫发作；用生天南星、防风、白芷、天麻、羌活、生白附子等量配伍组成的玉真散，可用于治疗破伤风痉挛抽搐、角弓反张。

（2）肝阳上亢，头风痛　天麻既平肝阳，又止头痛，为治眩晕、头痛之要药。无论属虚实，随配伍不同均可应用。如用天麻9克、钩藤12克、生决明18克、山栀和黄芩各9克、川牛膝12克、杜仲9克、益母草9克、桑寄生9克、首乌藤9克、朱茯神9克配伍组成的天麻钩藤饮，可用于治疗肝阳上亢之眩晕、头痛；用半夏4.5克、天麻3克、茯苓3克、橘红3克、白术9克、甘草1.5克配伍组成的半夏白术天麻汤，可用于治疗风痰上扰之眩晕、头痛。

（3）中风不遂，风湿痹痛　天麻能祛外风，通经络，止痛。适用于中风偏瘫、手足不遂、肢体麻木等症。用秦艽7.5克、天麻5克、羌活5克、陈皮5克、当归5克、川芎5克、炙甘草5克、生姜3片、桑枝（酒炒）15克配伍组成的秦艽天麻汤，可用于治疗风湿痹痛；用防风25克、天麻25克、川芎25克、羌活25克、白芷25克、草乌25克、白附子25克、荆芥25克、当归25克、甘草（炙）25克、白滑石100克配伍组成的天麻防风丸，可用于治疗风湿麻痹，肢体游走疼痛。

2. 食疗及保健

（1）天麻粉蒸鸭蛋　天麻粉3克，鸭蛋1个。将鸭蛋打入碗中，加入适量米酒，放入天麻粉隔水炖，蛋熟即可食用。每日2次。可用于肝阳上亢所致的头晕、头痛，痰浊中阻所致的耳鸣、胸闷恶心、少食、多寐的治疗。

（2）天麻鸭　天麻片30克，老母鸭1只，将母鸭宰杀后，去内脏，洗净。将天麻放入鸭肚内，淋上少许黄酒，用白线在鸭身上绕几圈，扎牢。隔水蒸3～4小时，至鸭肉酥烂。每日2次，每次一碗，饭前吃，天麻分数次与鸭肉同时吃。2～3天吃完，不宜过量。可用于肾水不足、肝阳上亢引起的头晕眩、耳鸣、口苦等症的治疗。

（3）天麻炖猪脑　天麻片10克，猪脑1个（洗净）。加清水适量，放入盅内隔水炖熟。每日或隔日1次。可用于治疗老年人晕眩眼花、头风头痛及肝虚型高血压、动脉硬化的治疗，对神经衰弱和中风也有一定的治疗作用。

（4）天麻鱼头　天麻10克，川芎、茯苓各3克，鲜鲤鱼500克（1条），鲤鱼剖腹去内脏洗净，分成4块；川芎、茯苓加入适量水蒸1小时，取出汁待用。再将天麻片夹入鱼片中，放入黄酒、姜葱，兑上药汁，上笼蒸30分钟，鱼蒸好后拣去葱、姜块，把鱼连天麻一起扣入碗中，原汤倒入锅内，置火上，加入调料，烧沸后浇在鱼上即成。可用于肝风所致的眩晕、神经性偏正头痛、神经衰弱头痛、头昏、肢体麻木、失眠等症的治疗。

（5）天麻桂圆饮　天麻片10克、桂圆30克，煎水，每日2～3次。可用于治疗气血不足引起的失眠、头晕目眩及风湿引起的肢体麻木酸痛等。

（6）天麻茶　天麻片3～5克，绿茶1克。沸水冲泡，饭后热饮。对头昏目眩、耳鸣口苦、惊恐、四肢麻木、手足不遂、肢搐等重症，有较好的防治作用，对兼患高血压者尤宜。

参考文献

[1] 谢宗万. 中药材品种论述（上册）[M]. 上海：上海科学技术出版社，1990.

[2] 徐锦堂. 中国天麻栽培学[M]. 北京：北京医科大学、中国协和医科大学联合出版社，1993.

[3] 黄柱，陈能刚. 林间天麻栽培技术[J]. 现代农业科技，2007（14）：38.

[4] 施金谷，杨先义，余刚国，等. 大方县天麻栽培田间管理技术[J]. 南方农业，2016，10（24）：53-54.

[5] 王丽，马聪吉，吕德芳，等. 云南昭通天麻仿野生栽培技术的规范化管理[J]. 中国现代中药，2017，19（3）：408-414.

[6] 张家琼. 昭通市昭阳区天麻仿野生种植技术[J]. 现代农业科技，2016（20）：68-69.

[7] 刘大会. 天麻高效栽培[M]. 北京：机械工业出版社，2017.

玉竹 yu zhu

本品为百合科植物玉竹*Polygonatum odoratum*（Mill.）Druce的干燥根茎。又名葳蕤、女萎、玉参、尾参、铃铛菜等，属药食两用的植物。

一、植物特征

多年生草本，高20～60厘米；根状茎地下横生，圆柱形，直径5～14毫米，肉质，多节，节间长，节上密生多数须根，表皮黄白色，断面粉黄色；茎具纵棱，单一稍斜向上生长，绿色，光滑无毛；叶互生，椭圆形或狭椭圆形，长5～12厘米，宽3～16厘米，全缘，上面绿色，下面带灰白色，下面脉上平滑至乳头状粗糙；花序腋生，总花梗（单花时为花梗）长1～1.5厘米，无苞片或有条状披针形苞片；花黄白色，白色或顶端黄色，花梗俯垂，绿色，长1.0～1.5厘米，6枚雄蕊着生于花被筒中部，花丝近光滑至有乳状突起；浆果球形，幼时呈黄绿色，熟时蓝黑色，熟后自行脱落，直径7～10毫米，具7～9颗种子。花期4～6月，果期7～9月。（图1）

图1　玉竹

二、资源分布概况

玉竹主要分布于我国的东北、华北、内蒙古、西北等地，朝鲜、日本及俄罗斯亦有分布。我国主产于湖南省的邵东、耒阳、隆回、新邵、祁东、邵阳、涟源、新化、双峰、桂阳、宜章、永兴；广东省的连县、乐昌；江苏省的宜兴、南通、海门；浙江省的东阳、盘安、仙居、新昌等县（市）。其中以湖南省邵东县及周边地区的产量大、质量好，药材习称"湘玉竹"。

三、生长习性

玉竹野生状态下，生长环境主要为落叶林和落叶阔叶林与常绿阔叶混交林，遮荫度约20%～70%，喜生于富含腐殖质的中性微偏酸或偏碱性壤土及肥沃的砂壤土中，环境通风透光。人工栽培玉竹的最适生态环境为海拔300～800米，以土层深厚、肥沃、疏松、排水良好的砂质微酸性或中性壤土为好。

玉竹地上部分生长可分为萌动期、出土展叶期、开花期、果期和枯萎期。气温平均在10～13℃时出苗展叶，18～22℃现蕾开花，19～25℃地下根茎增粗，入秋后气温下降到20℃以下时果实成熟。湖南栽种的玉竹一般2月下旬到3月上旬出苗，4月中下旬开花，6月初花谢挂果，8～9月果实成熟，9月底倒苗，地上部分生育期为210天左右。玉竹栽种后的第一年，植株长势弱，对环境适应能力差，经不起7～8月的强光，往往生长期缩短，在立秋前后枯萎倒苗；若7～8月阴雨天多，则其生长期可延长到9月下旬。

玉竹是高肥高产作物，要求氮、磷、钾等肥料合理配合施用，不能单施氮肥，要以有机肥为主，配合施用复合肥。

四、栽培技术

1. 种植材料

可用种子繁殖和根状茎繁殖。为确保丰产和缩短生长周期，一般多采用根状茎繁殖。选种时从粗壮的植株中选择根茎个头大，顶芽饱满，无病虫害，无机械损伤，色泽新鲜黄白，须根多，重量10克以上，有2～3个节的肥大带嫩芽的根状茎做种茎。种茎必须选当年生，芽端整齐，略向内凹的粗壮分枝，瘦弱细小和芽端尖锐向外突出的分枝及老分枝很难发芽，不宜留种，也不宜用主茎、老茎留种，以免成本太高和影响产品质量。种茎采挖出土后当天切下栽种，也可摊放在室内阴凉处3～5天后栽种，若需贮藏更长时间，最好用湿沙保存。

一般每亩用种茎量为260～300千克。栽培1年的产量为种茎的4倍左右，栽培2年产量为种茎的8倍以上。

邵东栽培的玉竹品种有猪屎尾、同尾、姜尾、竹节尾和米尾5种，其中猪屎尾产量最高，一般2年每亩产鲜竹4000千克，最高产5000千克。其他4个品种产量较低。在广东连县栽培的玉竹有大竹、中竹、油竹。

2. 选地与整地

（1）选地　选择海拔300～800米，背风向阳，土层深厚，肥沃疏松，排水保水能力强，pH在5.5～6.5的微酸性砂壤土，忌选黏土、黑土、瘠薄、易积水的地块。玉竹不宜连作，前作以禾本科和豆科作物为佳，不宜为百合、葱、芋头、辣椒等作物。轮作年限要超过3～4年，种植老区要超过7～8年。另外，种植地周围无污染源。玉竹种植基地见图2。

（2）整地　将种植地杂草除尽，让烈日暴晒，或将杂草集中烧毁，加上周边部分土，做成煨土，备作基肥。整地时结合施基肥，也可以将其他发酵处理好的有机肥做基肥。

（3）分厢　畦宽一般150～170厘米，畦距30厘米左右，沟深30厘米，畦长视地形与方便作业而定。坡地做梯，梯宽150～180厘米，梯高30～50厘米。

图2　玉竹种植基地

3. 栽种

（1）播种时间与种茎处理　8～12月播种，在11月下旬前栽完。播种前种茎最好先用70%托布津加代森锰锌各25克配800倍水，浸泡3～5分钟消毒，以减少病害。栽种时间越早越好，栽种过迟产量明显降低。种得早，有利于形成新的根系，促进养分、水分吸收，加上种茎中储藏的养分，可使顶芽茁壮成长。

（2）施肥　基肥用量为每公顷钙镁磷肥2250千克、腐熟有机肥30000千克，肥料均匀撒于地面上，将土深翻30厘米，整地时注意清除地中石块、树根和草根，整细耙平。

（3）播种　两年采收种植密度33厘米×10厘米左右，土壤肥力高、施肥多或栽种时间长的密度稍稀，否则略密，一般亩栽2～2.5万蔸。播种深度为6～7厘米为宜。种植时采用斜排，将芽头部分切下长约3～7厘米一段，在沟底按株距7～17厘米纵向排列，芽头朝一个方向，斜向上放好，先覆盖有机肥或土杂肥，再用开另一行沟的土覆盖。

（4）覆土铺草　覆土6厘米左右，每公顷用干枯的杂草或树叶800～1000千克覆盖，厚度5～6厘米，以保温保湿和控制杂草生长。

4. 田间管理

（1）防踩　玉竹一般在3月出苗，苗茎脆弱易断且为独生苗，一旦踩断当年不可再生，所以要严防人、畜、家禽入地踩踏。

（2）追肥　追肥一般一年两次，以有机肥为主，辅以少量尿素、复合肥、磷肥等。春季萌芽前进行第一次追肥，每公顷用腐熟人畜粪尿22 500～37 500千克和尿素75～105千克，以促进茎叶生长。当苗长到7～10厘米高时，再用150千克45%硫酸钾复合肥或75～112.5千克尿素追一次提苗肥。

（3）除草　出苗前，发现杂草应及时拔除，为了防止损害幼苗或松动根系，6月后就不再拔草。除草一般用手拔除，以防用锄伤及根状茎，导致腐烂，雨后或土壤过湿时不宜拔草。

（4）追肥培土　冬季倒苗后扯除杂草覆在畦面上，然后再在上面施一层土杂肥或腐熟的猪牛粪，每公顷用量45 000千克，也可用45%硫酸钾复合肥100千克加发酵充分的菜枯150千克撒于土表后，取清沟的新土覆盖厢面，再加盖稻草及枯树叶6～8厘米。玉竹生长两年后，根状茎分枝多，纵横交错，易裸露于地表而变绿，为不影响商品外观和防止冻害，必须及时培土覆盖。

第二年春季出苗后，追施一次腐熟的人畜粪肥，每亩用人畜粪尿1000～1500千克兑水泼浇。发现杂草要选择晴天土壤干后及时扯除。

（5）排水　玉竹最忌积水，在多雨季节到来之前，要疏通畦沟以利排水，倒苗后培土时要同时清沟沥水，防止渍水沤根死苗。

5. 病虫害防治

（1）病害及防治

①褐斑病：又名叶斑病，为真菌病害。受害时叶面产生褐色病斑，病斑圆形或不规则形，常受叶脉所限而呈条状。病斑中心部颜色较淡，中央灰色，后期呈霉状。一般在南方5月初开始发病，7～8月严重，直至收获均可感染。氮肥过多、植株生长过密以及田间湿度过大，均有利于此病的发生。玉竹的褐斑病见图3。

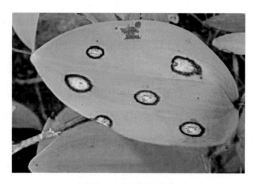

图3　玉竹的褐斑病

②根腐病：又称褐腐病。这是玉竹人工栽培区的主要病害，主要危害玉竹地下根状茎，引起根茎腐烂，严重影响产量。其症状初期不明显，染病后在地下根状茎表面产生不规则的水渍状淡黄褐色病斑，随着气温升高，病斑逐步扩大，颜色加深呈褐色，切开后病部为褐色，腐烂变软，地上植株逐渐黄化，叶片脱落，直至枯死。带菌土壤、种茎等是主要传染源，借助雨水、流水、种茎、田间操作传播。该病可在土壤中长期存活，一旦发生很难根除，高温高湿的环境有利于发病，连作、地势低洼、田间积水、排水不良、土壤黏重等亦有利于发病。

③灰霉病：主要为害叶和花。叶部病斑近椭圆形，天气干燥时呈褐紫色，边缘清晰，有模糊的轮纹；潮湿时病斑扩大，呈水渍状，背面长出灰褐色的霉状物。灰霉病整个雨季发病均重，尤以玉竹谢花后的4月下旬至5月下旬流行。发病先从花开始，病花将病菌直接带到叶上；加之花中营养更为丰富，以及落花积蓄雨水，落花周围湿度更大，易发病。因而，

落花处病斑特别大，而且病斑发展特别快，一朵花可造成一片叶枯死。花期防治灰霉病尤为重要。

④紫轮病：主要为害叶片。病斑生于叶两面，圆形至椭圆形，直径2～5毫米，初期为红色，后中央呈灰色至灰褐色，上生黑色小点，为病原菌的分生孢子器。发生流行规律似褐斑病。

⑤锈病：主要为害叶片。叶片上病斑圆形，黄色，直径1～10毫米，病斑有时呈不规则状；叶背面有黄色环状小粒，即病原菌锈子腔。锈病5月下旬开始发生，6月中旬至7月上旬流行。

⑥曲霉病：主要为害地下根茎。根茎上病斑近圆形，褐色，后发展为不规则形。病部发软、腐烂，长出黑色霉点状的子实体，但腐烂扩展较慢，地上部茎叶不死亡。采收后，用刀挖去病部或切去腐烂茎段，仍可入药。

⑦白绢病：主要为害地下根茎及地上茎基部。茎基部受害，初生水渍状暗褐色病斑，其上密生白色绢丝状霉，多呈辐射状，后期病部产生褐色像油菜籽大小菌核，病部腐烂后整株枯死。6月上旬开始发病，6月中旬至7月中旬流行。

防治方法 a. 茎叶病害防治：灰霉病的防治应重点抓住开花至谢花期的防治；其他茎叶病害主要抓住5、6月份的雨季防治。防治灰霉病、褐斑病、紫轮病，选用以下药剂任1种兑水喷雾，交替用药：30%苯醚甲·丙环EC（爱苗）3000倍液、25%戊唑醇EW（富力库）3000倍液、70%丙森锌WP（安泰生）500倍液、50%百菌清WP 500倍液、50%异菌脲WP（扑海因）600倍液（主治灰霉病）。

b. 根腐病、曲霉病、白绢病等土传病害防治：主要抓住播种期及第二年冬季培土期施药，辅以玉竹生长季节施药。

种茎药剂消毒：带菌的种茎是引起发病的重要因素。为最大限度减少种茎带菌，将种茎用药液消毒处理，效果颇佳。其方法是选用多黏类芽孢杆菌（康地蕾得）FG 300倍液或2.5%咯菌腈FS（适乐时）1000倍液、70%甲基硫菌灵WP（甲基托布津）1000倍液，将玉竹种茎置于药液中浸3～5分钟，药液多少以浸没种茎为度。浸种时间视气温而定。温度高浸种时间短，反之，则浸种时间长。浸后摊开晾干即可播种。

播种沟施药：下列杀菌剂任选1种稍稀释后，喷于黄土（沙）上（50千克／亩），拌匀制成毒土（沙），将毒土（沙）撒于播种沟内，其上再播种。若播种沟内施钙镁磷肥的，须先覆土盖没磷肥后再施毒土（沙），以免药液接触带碱性的磷肥而加速分解失效。若播种时错过了沟施的机会，也可在播种后在靠近种茎的行间开浅沟，撒施毒土，随即盖土。主要药剂有54.5%噁霉·福WP（边健菌）每亩1千克，或50%敌磺钠SP（敌克松）1.5千克、

20%井冈霉素SP 300克、30%噁霉灵AS 350克、50%甲基硫菌灵WP 1.2千克、50%福美双WP 2千克。

生长季节施药：生长季节一般在5月份。生长季节施药，既可采用沟施的方法，在靠近植株的行间开沟，将毒土撒施于沟内，随即盖土。也可选用下列杀菌剂，按比例兑水稀释后淋蔸。一般每亩淋药液1000千克。淋蔸要选择雨后3～4天的晴天或阴天进行。土表板结的在淋蔸前要锄松表层土后再淋蔸，以免渍水影响玉竹生长。主要药剂有多黏类芽孢杆菌FG 600倍液、20%井冈霉素SP 3000倍液、2.5%咯菌腈FS 1000倍液、15%噁霉灵AS 1500倍液、54.5%噁霉·福WP 800倍液、50%福美双WP 800倍液、50%甲基硫菌灵WP 800倍液、50%敌磺钠SP 600倍液、23%咯氨铜AS 250～300倍液。

冬春培土时施药：结合玉竹生长的第二年冬季或第三年春季培土时施药，方法同播种时沟施药。注意，甲基硫菌灵、甲基托布津、敌磺钠为欧盟2076／2002号法规中涉及的禁用农药。因此，售往欧盟的外贸玉竹生产基地勿施上述3种农药。

（2）虫害及防治　主要有棕色金龟子、黑色金龟子、红脚绿金龟子，主要危害根部。

防治方法　施用充分腐熟的有机肥做基肥或追肥；用米或麦麸炒后制成毒饵，于晴天的傍晚撒在畦面上诱杀，严重时用90%敌百虫1000倍液浇注根部。此外，还有蛴螬、野蛞蝓、白蚁也对玉竹有一定危害。

6. 套种轮作

（1）套种林地栽培　玉竹可套种在新栽的黄柏、厚朴林下。耕地栽培玉竹在第一个生长周年内，利用玉竹当年冬季不出苗的时间段，在玉竹行间间种萝卜、大蒜等浅根蔬菜。纯种玉竹地第一年可在畦面的南边套种一行迟熟玉米（播种要延迟20～30天），收玉米后可不砍秆，还可利用玉米秆再种一季秋豆角，第二年则只能种一行豆角。

（2）轮作　玉竹不能连作，必须实行轮作。根据生产要求一般可采用以下两种5年8熟轮作方式：①玉竹／萝卜→萝卜→大豆→大蒜→辣椒→萝卜→玉米，②玉米／豆角→萝卜→早稻→晚稻→早稻→晚稻→大豆。

五、采收加工

1. 采收

一般在栽种后第三年的8～10月，地上部分正常枯萎谢苗后进行采挖。选晴天土壤比较干燥时收获。采挖时，先割去地上茎秆，然后用齿耙反向顺行挖掘，抖净泥土，取出玉竹，防止折断。

2. 加工

（1）直接晒揉结合加工法　将挖出的根状茎，按长、短、粗、细分选，分别摊晒在水泥场地，夜晚待玉竹凉透后加覆盖物覆盖，切勿将未凉透的玉竹堆放或装袋，以免发热变质。晒2~3天至柔软、不易折断后，放入箩筐内撞去须根和泥沙，再取出放在石板或木板上搓揉。搓揉时要先慢后快，由轻至重至粗皮去净，内无硬心，色泽金黄，呈半透明，手感有糖汁黏附时为止。搓揉好的玉竹再晒干至含水量为12%~15%，即得商品玉竹。要防止搓揉过度，否则色深红，甚至变黑，影响商品质量。

（2）蒸揉结合加工方法　先将鲜玉竹晒软后，蒸10分钟，用高温促其发汗，使糖汁渗出，再用不透气塑料袋装好，约30分钟后用手揉或整包用脚踩踏，直到色黄半透明为止，取出摊晒至含水量为12%~15%。

（3）玉竹片加工方法　将晒干后的玉竹，用干净水洗净后，用木制大长刨（长70厘米，宽13厘米），将3~5根玉竹压在长刨上，人工反复推刨成薄片后，再人工整理摆在竹席上晒干即成。如果天气不好，则要人工烘干。人工刨片，一天可刨片10~15千克。此外，邵阳市场也有刨片机卖，每日刨100千克。

六、药典标准

1. 药材性状

本品呈长圆柱形，略扁，少有分枝，长4~18厘米，直径0.3~1.6厘米。表面黄白色或淡黄棕色，半透明，具纵皱纹和微隆起的环节，有白色圆点状的须根痕和圆盘状茎痕。质硬而脆或稍软，易折断，断面角质样或显颗粒性。气微，味甘，嚼之发黏。玉竹饮片见图4。

图4　玉竹饮片

2. 显微鉴别

本品横切面表皮细胞扁圆形或扁长方形，外壁稍厚，角质化。薄壁组织中散有多数黏液细胞，直径80～140微米，内含草酸钙针晶束。维管束外韧型，稀有周木型，散列。

3. 检查

（1）水分　不得过16.0%。

（2）总灰分　不得过3.0%。

4. 浸出物

用70%乙醇作溶剂，不得少于50.0%。

七、仓储运输

1. 仓储

储于通风干燥处，温度在30℃以下，相对湿度为40%～75%。储藏期间，适时通风翻垛，除湿降温；高温高湿季节，将之与氯化钙、生石灰、木炭等吸潮剂同置密封堆垛或容器内。高温潮湿季节要防止霉变，整个储藏中要注意防虫、防鼠。

2. 运输

运输工具必须清洁卫生，干燥，无异味，不应与有毒、有异味、有污染的物品混装混运。运输途中应防雨、防潮。

八、药材规格等级

（1）一等　条长10厘米以上，粗壮，色黄白，每1000克不超过60支。

（2）二等　条长7厘米以上，粗壮，色黄白，每1000克不超过100支。

（3）三等　条长3.5厘米以上，每1000克不超过200支。

九、药用食用价值

1. 临床常用

玉竹具有养阴、润燥、清热、生津、止咳等功效。用作滋补药品，主治热病伤阴、虚热燥咳、心脏病、糖尿病、结核病等。

2. 食疗及保健

（1）泡水　将玉竹晒干以后泡水服用一段时间，对于改善心悸效果良好。

（2）炖汤　玉竹炖汤是最普遍的食用方法，不管是炖乌鸡还是炖其他食材，都有很好的滋补作用。

参考文献

[1] 伍贤进，王依清，李胜华，等. 南方玉竹规范化栽培技术规程[J]. 安徽农业科学，2014（6）：1669–1670.

[2] 李一平. 玉竹标准化生产加工技术[M]. 北京：中国农业大学出版社，2014.

[3] 杨寒飞. 玉竹优质芽苗生产关键技术研究[D]. 湖南农业大学，2010.

[4] 吴社高，吴明志. 玉竹病害种类及药剂防治技术[J]. 中国植保导刊，2005（2）：27–28.

mu gua

木瓜

本品为蔷薇科植物贴梗海棠*Chaenomeles speciosa*（Sweet）Nakai的干燥近成熟果实。又叫铁脚梨（河北）、宣木瓜（安徽）、川木瓜（四川）和酸木瓜（云南）。

一、植物特征

贴梗海棠为落叶灌木，高2米左右，枝条直立开展，有刺；小枝圆柱形，微屈曲，无毛，紫褐色或黑褐色，有疏生浅褐色皮孔；冬芽三角卵形，先端急尖，近于无毛或在鳞片边缘具短柔毛，紫褐色。叶片卵形至椭圆形，长3～9厘米，宽1.5～5厘米，先端尖，基部楔形至宽楔形，边缘具有尖锐锯齿，齿尖开展，无毛或在萌蘖上沿下面叶脉有短柔毛；叶柄长约1厘米；托叶大，叶状，肾形或卵形，长5～10毫米，宽12～20毫米，边缘有尖锐重锯齿，无毛。花先叶开放，3～5朵簇生于二年生老枝上；花梗短粗，长约3毫米或近于无柄；花直径3～5厘米；萼筒钟状，外面无毛；萼片直立，半圆形，长3～4毫米，宽4～5毫米，长约萼筒之半，先端圆钝，全缘或有波状齿及黄褐色毛；花瓣倒卵形或近圆形，基部延伸成短爪，长10～15毫米，宽8～13毫米，猩红色、淡红色或白色；雄蕊45～50，长约花瓣之半；花柱5，基部合生，无毛或稍有毛；柱头头状，有不明显分裂，约与雄蕊等长；果实球形或卵球形，直径4～6厘米，黄色或带黄绿色，有稀疏不明显斑点，味芳香；萼片脱落，果梗短或近于无梗。花期3～5月，果期9～10月。（图1、图2）

图1　贴梗海棠

图2　贴梗海棠果

二、资源分布概况

木瓜产于我国山东、江苏、陕西、甘肃、江西、四川、重庆、广东、广西、云南和贵州等省（区）。安徽的宣城、湖北的长阳和浙江的淳安是皱皮木瓜的三大著名产地。大别山区、河南、湖北、安徽的多县均有栽培，以湖北长阳"资丘皱皮木瓜"名气最盛。

三、生长习性

贴梗海棠对土质要求不严，微酸性土或中性土均可，但以疏松肥沃，排水良好的腐叶土或田园土为佳。喜湿润环境。最佳生长温度是15~28℃。喜阳光，也能耐半阴。盛夏高温时，要适当遮荫，防止日灼叶焦。繁殖时间春、夏、秋均可，春季最佳。

四、栽培技术

1. 选地与整地

木瓜的适应性特别强，且性喜阳光，能耐干旱、瘠薄和高温，坡地、山冈、沟谷、梯田以及屋前院后均适合种植。尤其在pH值为6.5~7.5的砂壤土中，因土层深厚，质地疏松且有机质含量丰富，排水良好，因而树木生长旺盛，产量高。在坎边栽培为最优，采收果实方便。由于前期的树冠比较小，而行株距空间比较大，可间作人参、田七、西洋参、竹节参、头顶一棵珠、江边一碗水、七叶一枝花等其他药材或矮秆农作物，实现土地利用率的提高。

2. 播种

（1）播种时间　一般在10月下旬开始秋播。

（2）播种方法　选取成熟的鲜木瓜种子，把外皮稍晾干后播种，翌年春季出苗。也可以把春季作为播种时间，采收种子后以湿沙储藏到第二年的2~3月再进行播种。播种之前应将事先选好的地深翻3厘米，将杂物、杂草抖净后，开沟作宽1.5米（含0.3米宽的沟）的厢，要依地形而定厢长，一般应有7~10米的田块厢长，再开出横沟，以便排水和田间管理。畦整好后，在其内开深3厘米的沟，按行距2厘米、株距1厘米进行播种。播完种后，覆土、耧平并压实。一般用种量为6千克/公顷。播种后待地温10℃左右之时出苗，松土、除草、浇水等工作应在出苗后进行。

3. 育苗移栽

（1）移栽时间　春、秋两季均可移栽，但以春季2~3月移栽为好。

（2）移栽方法　选土壤肥沃，排水良好，向阳地块，冬冻前进行深耕，开春后，亩施农家肥3000千克作底肥，翻耕细耙。按2米×2米挖穴，每穴施入腐熟有机肥5~10千克或复合肥250克，然后回填。选70厘米左右优质壮苗栽植，苗栽入定植穴内，舒展根系，栽后覆土踩紧，浇定根水，如遇天旱，要经常浇水保持田间湿润。

4. 扦插繁殖

可在春季萌芽前或秋季落叶后，采摘发育较好的1～2年生的枝条，将其剪为15～18厘米长的插条。按行距20厘米在整好的苗床上开深20厘米的沟，以12厘米株距于沟内斜插，地上露2～3节，再填土压实，然后浇水和盖草，确保土壤湿润，约30～40天发根，等到枝条生长出新叶和新根，即可除去盖草。加强苗期松土、除草、浇水等管理，生长1年后移植大田。

5. 压条繁殖

一般春、秋两季为最佳繁殖时间。在老树周围挖穴，再把生长接近地面的枝条弯曲下来，压入其中，在土里埋下中间部分，只在穴外留住枝梢。为了促进其生根发芽，用刀在靠近老树的枝条基部把皮割开一个缺口，等其生根后就切断枝条，带着根进行移栽。移栽的时候，要选好地块再挖树穴，要让栽树的深浅基本与苗木原生根痕保持一致。以便根系能够在穴内舒展，栽好后浇足定根水。

6. 田间管理

（1）中耕除草　木瓜园里最忌讳发生草荒，一旦有杂草滋生，必须及时除掉。木瓜树周围松土要在4～5月份进行，并进行第1次锄草；第2次锄草在7～8月，应在杂草易生时对成龄树进行锄草松土。每年使用化学除草剂不能超过2次，在生长季节可在树盘覆盖秸秆和杂草。

（2）分期施肥　木瓜以施磷、钾肥为多，与松土锄草结合进行，春季按10千克/株施堆肥，秋季施肥按15千克/株施水粪土或草木灰，在树周围70厘米处挖10厘米深的沟，将肥施下后立即盖土，为了防冻，冬季应培土壅根。施肥的基本原则是大树多施，小树少施，一般每年施肥2～3次。

（3）修剪整枝　木瓜树成龄后，要保证丰收必须要修剪。枯枝、密枝和枯老枝应在冬季枝叶枯萎时和春季发芽前进行修剪，让树成为内空外圆的冠状形，在修剪后进行1次施肥。木瓜丰产树型见图3。

（4）水分管理　木瓜有很强的抗旱能力，对水分要求不高，通常可在花芽萌动前后和果实膨大期各进行1次透水灌溉。而遇到雨量充沛的季节，必须及时疏沟排水，防止根部腐烂，要在入冬前结合施基肥灌1次防冻水。

7. 病虫害防治

（1）病害 木瓜病害种类约有10余种，其中以炭疽病、灰霉病、锈病、叶枯病、干腐病、褐斑病等危害较为严重。

图3　木瓜丰产树型

①炭疽病：除冬季修剪病枝、清除僵果病叶并集中烧毁的传统农业防治措施外，还可在冬季喷施3～5度石硫合剂，4月底喷70%甲基托布津1000倍液（每隔10天喷1次），5月底6月初喷75%百菌清500倍液2次以上。

②灰霉病：传统防治十分重视该病的冬季预防以达到清除病源的目的，即在冬季利用修剪，清除病枝及病叶；早播、地膜覆盖以增温，促苗早出和早木质化；施足底肥及少用追肥等方法以提高苗木的抗病力。育苗时，土壤消毒尤为重要，苗木出土后，用1：1波尔多液每周喷洒1次，连用2～3周；或70%甲基托布津1500倍液每10天喷1次，施2～3次，发病期间用65%代森锌可湿性粉剂或50%苯莱特防治。

③叶锈病：传统农业防治采用清除木瓜林附近2～3千米范围内的圆柏等松柏树以切断病源、保持林内和树冠通风透光、雨季注意排水，化学防治则应在一年当中的病原担孢子入侵期（即每年的3月底雨后天晴时）及时用15%粉锈宁喷1～2次。

④叶枯病：防治时用1：1：100倍波尔多液，40%多菌灵胶悬剂500倍液或80%退菌特可湿性粉剂1000倍液，每隔15～20天交替喷施。

⑤干腐病：应加强林检，及时刮除病斑后涂药消毒保护。病害严重时，可考虑在生长季节重刮皮以铲除病菌防止重复侵染。对于健康植株，可在植株发芽前喷1次80%五氯酚钠300倍液或3～5度的石硫合剂等保护树干。

⑥叶斑病：传统防治采用冬季集中烧毁落叶以减少病源；发病初期喷施1：1波尔多液，每7天喷1次，连续3次即可。同时加强肥水管理，尤其注意雨季排水防涝、修剪枝条等以改善通风透光条件。

⑦褐斑病：可于发病初期于叶面喷洒800倍70%多菌灵可湿性粉剂或800倍70%甲基托布津可湿性粉剂。

⑧另外，常年均有发生的立枯病可在生长期喷洒1：1：100波尔多液预防；冬季清洁围地，减少越冬病菌；1～3月防花腐病可选用65%代森锌500倍液或70%代森锰锌500倍

液；用50%多菌灵、40%卡苯达1000倍液或70%托布津500倍液加20%速灭杀丁3000倍液，间隔7～10天，用药2～3次，可防治果腐病、斑点落叶病。

（2）虫害　木瓜的害虫约有50余种，其中食心虫、蚜虫、天牛、金龟子、刺蛾等危害严重。

①食心虫：做好生长期虫害测报工作；通过剪去受害梢、灯光诱蛾等物理方法降低虫口基数。化学防治则在越冬幼虫化蛹后、成虫羽化出土前用50%辛硫磷乳油100倍液喷洒树冠下。在5月上旬的一代幼虫孵化初期、7月上旬3代幼虫蛀果期喷施敌杀死2000倍液、灭扫利2000倍液，每7天喷1次，连续3次以上。

②蚜虫：传统防治采用蚍虫啉喷雾，效果很好。

③天牛：可用20%除虫菊酯500倍液、80%敌敌畏乳油200倍液喷杀或用药灌蛀孔。

④金龟子：可在发生期实施人工捕捉或悬挂糖醋液诱杀；也可喷施40%乐果2000倍液或撒毒土。

⑤刺蛾：用速灭杀丁3000倍液即可除治，或3龄前喷施菊酯类农药也可获得良好的效果。

五、采收加工

1. 采收

每年7～8月，当木瓜果皮呈青黄色，稍带紫色，已有八成熟时即可采摘。将采收后的果实运回加工。

木瓜采收时，应注意掌握时间。过早，水分大，果肉薄而质地坚，味淡，折干率低；过迟，果肉松泡，品质差，且易遭虫害而自行坠落。采收时应选晴天，注意避免果实受伤或坠地。留种的木瓜可适当晚收。

2. 加工

（1）纵剖　将运回的果实，趁鲜将其纵剖2～4块，肉面向上，薄摊于竹帘上晒2～3日，翻过再晒，晒至外皮起皱。也可将鲜果放入沸水中煮5～10分钟，或上笼蒸10～20分钟，取出晒1～2天，直至外果皮呈现皱纹时，再纵剖2～4块，然后将果皮向下，心朝上摊放在晒席上晒制。晒2～3天后翻晒至果肉全干，外皮呈紫红色发皱为止，遇阴雨天可用文火烘干。大量加工时，采用蒸汽软化加工法，品质较好。具体方法是：先将木瓜洗净润潮，按大小分级，大的在上，小的在下，放入木甑内蒸1.5小时（以上汽时间计算），使其软化。取出稍凉后，趁热切片，晒干或烘干，即为"皱皮木瓜"（图4）。此法加工，有效成分损失少，同时可杀灭霉菌、虫卵等，便于贮藏，且折干率较高。

（2）切薄片　将上述木瓜药材用清水洗净，浸1小时，再置蒸笼内蒸2～3小时，趁热切约2毫米厚片，晒干或烘干，置于容器内贮藏。

图4　皱皮木瓜片

六、药典标准

1. 药材性状

木瓜为长圆形，多纵剖成两半，长4～9厘米，宽2～5厘米，厚1～2.5厘米。外表面紫红色或红棕色，有不规则的深皱纹；剖面边缘向内卷曲，果肉红棕色，中心部分凹陷，棕黄色；种子扁长三角形，多脱落。质坚硬。气微清香，味酸。

2. 显微鉴别

粉末黄棕色至棕红色。石细胞较多，成群或散在，无色、淡黄色或橙黄色，圆形、长圆形或类多角形，直径20～82微米，层纹明显，孔沟细，胞腔含棕色或橙红色物。外果皮细胞多角形或类多角形，直径10～35微米，胞腔内含棕色或红棕色物。中果皮薄壁细胞，淡黄色或浅棕色，类圆形，皱缩，偶含细小草酸钙方晶。

3. 检查

（1）水分　不得过15.0%。

（2）总灰分　不得过5.0%。

4. 浸出物

用乙醇作溶剂，不得少于15.0%。

七、仓储运输

1. 仓储

置干燥处贮藏。木瓜含糖分，易受潮、霉变、虫蛀，应保持干燥，注意防虫、防霉。

2. 运输

选择大小一致、成熟度相似的木瓜，采用瓦楞纸箱包装，以纸纤维或木纤维等为填充物，且每一包装中不宜超过两层；大批运输时，采用具有衬垫的木箱或坚实的竹筐包装。

八、药材规格等级

（1）皱皮木瓜　统货：干货。纵剖成半圆形。表面紫红或棕红色，皱缩。切面远缘向内卷曲，中心凹陷，紫褐色或淡棕色，种子或脱落。质坚硬，肉厚。味酸而涩。无光皮、焦枯、杂质、虫蛀、霉变。

（2）光皮木瓜（木梨）　不包括在内。

九、药用食用价值

1. 临床常用

木瓜性温味酸，可平肝和胃，舒筋络，活筋骨，降血压。

（1）健脾消食　木瓜中的木瓜蛋白酶可将脂肪分解为脂肪酸；现代医学发现，木瓜中含有一种酵素，能消化蛋白质，有利于人体对食物进行消化和吸收，故有健脾消食之功。

（2）抗疫杀虫　番木瓜碱和木瓜蛋白酶具有抗结核杆菌及寄生虫如绦虫、蛔虫、鞭虫、阿米巴原虫等作用，故可用于杀虫抗结核。

（3）通乳抗癌　木瓜中的凝乳酶有通乳作用，番木瓜碱具有抗淋巴细胞白血病之功，故可用于通乳及治疗淋巴细胞白血病。

（4）抗肿瘤　番木瓜碱具有抗肿瘤的功效，并能阻止人体致癌物质亚硝胺的合成，对淋巴细胞白血病细胞具有强烈抗性。

（5）补充营养，提高抗病能力　木瓜中含有大量水分、碳水化合物、蛋白质、脂肪、多种维生素及多种人体必需的氨基酸，可有效补充人体的养分，增强机体的抗病能力。

（6）抗痉挛　木瓜果肉中含有的番木瓜碱具有缓解痉挛疼痛的作用，对腓肠肌痉挛有明显的治疗作用。

2. 食疗及保健

木瓜果实富含17种以上氨基酸及钙、铁、木瓜蛋白酶、番木瓜碱等成分，能清除人体内过氧化物毒素，净化血液，对肝功能障碍及高血脂、高血压具有防治效果。木瓜里的酵素可促进肉食分解，减少胃肠的工作量，帮助消化，防治便秘，并可预防消化系统癌变。还能调节青少年和孕妇妊娠期荷尔蒙的代谢，润肤养颜。

（1）木瓜牛奶　木瓜150克去皮、切块。放入果汁机中，加入200毫升鲜奶，糖、冰淇淋适量，用中速搅拌几分钟即可。

（2）木瓜牛奶椰子汁　木瓜1/2个去皮对剖，去籽，切块，将木瓜、鲜奶250毫升、蜂蜜1大匙、椰子汁50毫升、碎冰块1/2杯放入果汁机搅拌约30秒，即可。

（3）木瓜炖牛排　用盐、玉米粉和鸡蛋，将200克牛排先腌味4小时，再将牛排切成条状。将木瓜1个切成条状，先用小火过油。用蒜末、辣椒将油锅爆香后，将牛排下锅，再加入蚝油、高汤和少许米酒。用太白粉勾芡，再加入木瓜拌炒一下即可。

（4）木瓜橘子汁　先将木瓜削皮去籽，洗净后切碎，捣烂取汁备用。再将橘子和柠檬切开，挤出汁液与木瓜汁混合，搅匀即成。

（5）木瓜炖雪蛤　先将5克雪蛤干放在水中浸泡，加两片生姜去味，约10个小时即发胀，变成透明的絮状物。拣去其中的黑色筋膜，用清水漂净。将木瓜一个洗净，按照3∶7的比例拦腰切开，去核，制成木瓜盅，然后放入雪蛤和20克冰糖，大火烧开蒸锅中的水，放入木瓜盅，调成小火隔水炖30分钟即可。

参考文献

[1] 郑艳，潘继红，姚勇. 地道药材宣木瓜病虫害与传统防治技术研究进展[J]. 中国中医药科技，2007（4）：301−303.

[2] 杨苗苗，翟文俊. 光皮木瓜病虫害及其防治研究进展[J]. 陕西农业科学，2015，61（5）：82−84，112.

[3] 汪莘. 宣木瓜优质丰产栽培技术[J]. 现代农业科技，2012（4）：160，162.

[4] 刘杨. 木瓜高产栽培技术[J]. 现代园艺，2011（3）：15.

[5] 刘贵利，徐同印. 皱皮木瓜的栽培技术[J]. 时珍国医国药，2003（5）：319−320.

白芍

本品为毛茛科植物芍药*Paeonia lactiflora* Pall.的干燥根。

一、植物特征

白芍为多年生草本，高50～80厘米，根肥大，常呈圆柱形，外皮棕红。茎直立，光滑无毛。叶互生，下部叶为二回三出复叶，小叶片长卵圆形、披针形或椭圆形，先端渐尖，基部楔形，叶缘具骨质小齿；叶柄较长；上部叶为三出复叶。花单生于花枝的顶端，

图1　芍药

花大；萼片4；花瓣9～13，白色、粉红色或红色；雄蕊多数；心皮3～5枚，分离。蓇葖果，卵形。花期5～7月，果期6～8月。（图1）

二、资源分布概况

历史上白芍的道地产区为安徽亳州（亳芍）、浙江杭州（杭芍）、四川中江一带（川芍）。在我国大部分地区均可种植，但主要栽培于安徽、浙江、四川以及山东。

三、生长习性

白芍对气候适应性较强，适宜温和气温，喜阳光充足，背阴地或荫蔽度大则生长不良，产量不高；耐寒，在寒冷地区，冬季培土能安全越冬；一般10月下旬地冻前，在离地面8厘米处剪去枝叶，并于根际培土，即可保护过冬；也能耐高温，在短期42℃高温下能

安全越夏；抗干旱，怕潮湿，平时不需灌溉，怕积水，水淹6小时以上时全株死亡；白芍分布较广，生产基地选择范围较宽。

四、栽培技术

1. 种植材料

白芍主要采用芽头繁殖。芍药在收获时，先将芍药根部从芽头着生处全部割下，加工成药材，所遗留的即为芽头（即芍头）。选其形状粗大，芽头饱满，发育充实，不空心，无病虫害的健壮芽头，按其大小和芽的多少，顺其自然生长状况，用刀切开成块状，每块有粗壮的芽苞3～4个，作种苗用。在芍芽下仅留2厘米长的根，如根留的多，则主根不壮，多分叉，长出的根多而细，质量不好；过短，养分不足，生长不良。种芽最好能随收、随切芽、随栽。

2. 选地与整地

（1）选地　芍药以根入药，入土深，应选择土质疏松、土层深厚、地势高燥或倾斜的坡地，排水良好，土质肥沃的砂质壤土、夹砂黄土及淤积壤土为好。盐碱地不宜栽种。忌连作，可与紫菀、红花、菊花、豆类等作物轮作；隔3～5年才能再种植。坡地种植，应选阳坡，坡向以东南向为宜，基地四周不应有树木及其他荫蔽物遮荫，以免影响产量。为防止金龟甲危害，最好不要选择前茬是大白菜等十字花科植物的地块。白芍对土壤的酸碱度要求不严。pH 6.5～8的土壤最为适宜。

（2）整地与施基肥　芍药生长年限长，土地不能每年翻耕，栽植前整地非常重要，要求精耕细作。9月前茬收获后，选晴天翻地，深翻土壤30厘米以上，使其充分风化熟化，再经多次翻耕，打碎土块，清除石块、草根，特别要除净香附子和茅草根。整地前，每亩施入腐熟厩肥或堆肥2000～2500千克，再加50千克复合肥，翻入土内作基肥。

（3）作平畦或高畦　作畦可根据土壤质地、排水好坏、当地气候条件和耕作习惯的不同而定，砂质较重透水性好、排水方便的地，或少雨的地区，可分成几大块，采用平畦（种后做成垄状），以提高土地利用率；土质较黏，透水性不甚好、排水较差的地或多雨地区，宜采用高畦，畦面宽约1.5米，畦高17～20厘米，畦沟宽30～40厘米。不论平畦、高畦，其四周均要开好排水沟，特别是土质较黏的平原地区，更要注意此项工作，严格做到内三沟配套贯通，即畦沟、腰沟和田头沟。畦沟：上宽40厘米，下宽30厘米，深30厘米；腰沟：沿畦向每隔40～50厘米，方向与畦垂直；田头沟：即田块四周各开排水沟一条，上宽50厘米，下宽40厘米，深40厘米，并严格做到与外三沟沟系相通。三沟配套，可降低畦面湿度，有利于排水，减少根腐病的发生。

3. 播种

芍药栽植时间以9～10月栽种为好，有利于早发根和生长；最迟不过11月上旬，下种过迟，贮藏的芍根和芍头已发出新根，栽时易折断。另外气温下降对发根不利，影响第2年生长。芍头按大小分级，分别栽种。开浅平穴，每穴种芍头一个，较小的放两个，并排放于穴内；相距4厘米，切面朝下，覆土8～10厘米，做成

图2 白芍种植基地

馒头状或垄状；每亩种植3000株左右。一般行距45厘米，株距35～40厘米。间作时，行距60～70厘米，株距40厘米。起垄防冻，在芍头栽种后，为了防止芍头冻伤，为发根创造良好生长环境，栽种后要及时培土起垄：即把芍头两边背垄的土翻到芍头上，垄土高10～15厘米，既可防冻，又可保湿。白芍种植基地见图2。

如遇天气干旱，要及时浇水，土稍干后培土，以免土壤失水过多，造成芍头死亡。

4. 田间管理

（1）中耕除草 芍药最忌草荒，特别是第1～2年，苗小，由于行株距宽，易生杂草，故应勤除。但此时芍根纤细，扎根不深，特别是芽头栽种，不宜深锄，切忌在株旁松土以免搬动或损伤幼根，影响生长。每年中耕除草3～4次。第1次于春季齐苗后，宜浅松土，勤除草；第2次于夏季杂草大量滋生时，要除尽杂草，避免草荒，较前次稍深，但勿伤幼根；第3次于秋季倒苗后，除净杂草，清洁田间，将枯枝残叶集中运出田间外烧毁。从第3、4年后中耕除草次数可减少至2次，第1次在春季，第2次在初夏，植株封行后杂草较难生长，可不必中耕。

（2）晾根 在栽后的第2年开始，每年春季3月下旬至4月上旬，把根部的土壤扒开，

使根部露出一半，晾晒一周左右，使须根晒至萎蔫，并剔除须根，俗称"晾根"。主要目的是使须根晒至萎蔫，养分集中于主根，生长粗壮，有利增产。晾根一周后，要及时覆土压实，以免影响墒情。

（3）追肥　白芍喜肥，除施足底肥外，栽后1～4年要进行田间追肥。第1年因栽种时施入底肥，只在7月份追肥一次，每亩追施三元素复合肥（氮、磷、钾各占15%）25千克。第2～3年，每年追肥两次，第1次追肥在5月份，每亩追施饼肥30千克、尿素12千克；第2次在8月份，每亩追施三元素复合肥（氮、磷、钾各占15%）45千克。第4年只在5月份追肥一次，每亩追施三元素复合肥（氮、磷、钾各占15%）50千克。施肥方法是穴施，施于芍头周围、深埋。

（4）摘花蕾　栽后第2年开始，每年春季现蕾时及时将花蕾摘除。一般于4月中旬花蕾已长大，选晴天将其花蕾全部摘除，集中处理。对于要留种的植株，可适当留下大的花蕾，其余的花蕾也应摘除。

（5）排水灌溉　芍药性喜干燥，抗旱性强，只要在严重干旱时灌透，入夏时在株旁壅土培土或行间盖草，或间种一些作物，即可越夏。但芍药怕湿，更怕积水，故在多雨季节要及时疏通排水沟，排除田间积水，降低土壤湿度，减少根腐病的发生。

（6）培土　10月下旬土壤封冻前，在离地面6～9厘米处，把白芍地上部分枯萎的枝叶剪去，并在根际进行培土，厚约10～15厘米，以保护芍芽安全越冬。

5. 病虫害防治

（1）红斑病　一是清洁田园，秋、冬季在不伤及土中芽头的前提下，将地上部分枝叶齐地面剪（割）去，将病株残体彻底清理干净，集中销毁。二是加强栽培管理，主要是合理密植，增施有机肥，配施磷、钾肥，忌偏施氮肥，促进植株健壮生长，增强抗病力。三是药剂防治，在白芍展叶之后至开花之前，可用70%甲基托布津可湿性粉剂800～1000倍液+10%苯醚甲环唑水分散粒剂800～1000倍液喷洒防治，间隔10～15天一次，连续2～3次。

（2）锈病　白芍收获时，将残枝病叶收拾烧毁，减少越冬菌源。发病初期可用25%三唑酮可湿性粉剂1000倍液喷施防治。

（3）灰霉病　一是农业防治，白芍种植地要实行轮作，选择无病种芽进行种植，雨后及时排水，增强田间的通风透光度。二是药剂防治，发病初期用50%异菌脲可湿性粉剂1000倍液喷施防治。

（4）根腐病　一是农业防治，加强田间管理，注意开沟排水，降低田间湿度。二是药剂防治，播种前用50%多菌灵可湿性粉剂800～1000倍液浸种消毒10～15分钟后再下种；田块发现白芍根腐病时。可用30%噁霉灵水剂1000倍液灌根防治，每株浇灌药液100～120毫升。

（5）虫害　白芍的虫害主要是蛴螬，7月份是防治蛴螬幼虫的关键时期，主要是药剂防治：一是毒饵诱杀，每亩用80%敌百虫可溶粉剂0.5千克兑水1千克稀释后与炒熟的麦麸25千克拌匀，于黄昏时撒入田间进行防治，雨后撒施效果更好；二是毒肥触杀，每亩用40%辛硫磷乳油0.5升兑水2千克喷拌于腐熟农家肥30千克中，闷24小时后再撒施于白芍根际周围，对害虫进行触杀。

五、采收加工

1. 采收

（1）采收期　栽种后3～4年即可采收。采收一般8月间选晴天进行。过早会影响产量和质量；最迟不能超过9月底，过迟新根发生，养分转化，也影响产量和质量，且不易干燥。

（2）采收方法　采收时应选择晴天，先割去茎、叶，用三齿耙深插入地下33～50厘米，把根挖起，抖掉泥土，运至室内，将芍根从芍头着生处切下，然后将粗根上的侧根剪去，修平凸面，切去头尾，按大、中、小分成三档。在室内堆2～3天，每天翻堆两次，促使芍根水分蒸发，质地变得柔软，便于加工。

2. 加工

将白芍根分成大、中、小三级，分别放入沸水中大火煮沸5～15分钟，并不时上下翻动，待芍药根表皮发白、有气时，迅速捞出放入冷水中浸泡20分钟，然后手工用竹签、刀片等刮去褐色的表皮，放在日光下晒制。

六、药典标准

1. 药材性状

本品呈圆柱形，平直或稍弯曲，两端平截，长5～18厘米，直径1～2.5厘米。表面粉白色或类白色，光洁或有纵皱纹及细根痕，偶有残存的棕褐色外皮。质坚实，不易折断，断面较平坦，类白色或微带棕红色，形成层环明显，放射状。气微，味微苦、酸。（图3）

白芍饮片见图4。

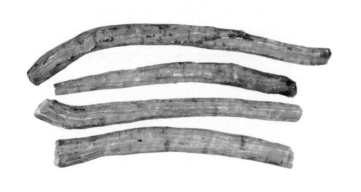

图3　白芍药材　　　　　　　　　　　　图4　白芍饮片

2. 显微鉴别

本品粉末黄白色。糊化淀粉团块甚多。草酸钙簇晶直径11～35微米，存在于薄壁细胞中，常排列成行，或一个细胞中含数个簇晶。具缘纹孔及网纹导管直径20～65微米。纤维长梭形，直径15～40微米，壁厚，微木化，具大的圆形纹孔。

3. 检查

（1）水分　不得过14.0%。

（2）总灰分　不得过4.0%。

（3）重金属及有害元素　照铅、镉、砷、汞、铜测定法测定。铅不得过5毫克/千克；镉不得过1毫克/千克；砷不得过2毫克/千克；汞不得过0.2毫克/千克；铜不得过20毫克/千克。

（4）二氧化硫残留量　不得过400毫克/千克。

4. 浸出物

不得少于22.0%。

七、仓储运输

1. 仓储

仓库应清洁无异味，远离有毒、有异味、有污染的物品。仓库应通风、干燥、避光、配有除湿装置，并具有防鼠、虫、禽畜的措施。白芍应存放在木地架上，与墙壁保持足够的距离，防止虫蛀、霉变、腐烂、泛油等现象发生，并定期检查，发现问题，及时处理。

2. 运输

工具必须清洁卫生、干燥、无异味，不应与有毒、有异味、有污染的物品混装混运。运输途中应防雨、防潮、防暴晒。

八、药材规格等级

（1）一等　干货。呈圆柱形。直或稍弯，去净栓皮，两端整齐。表面类白色或浅红棕色，质坚体重。断面类白色或白色。味微苦酸。长8厘米以上，中部直径1.7厘米以上。无芦头、花麻点、破皮、裂口、夹生、杂质、虫蛀、霉变。

（2）二等　干货。呈圆柱形。直或稍弯，去净栓皮，两端整齐。表面类白色或浅红棕色，质坚实体重。断面类白色或白色。味微苦酸。长6厘米以上，中部直径1.3厘米以上，间有花麻点。无芦头、花麻点、破皮、裂口、夹生、杂质、虫蛀、霉变。

（3）三等　干货。呈圆柱形。直或稍弯，去净栓皮，两端整齐。表面类白色或浅红棕色，质坚实体重。断面类白色或白色。味微苦酸。长4厘米以上，中部直径0.8厘米以上，间有花麻点。无芦头、花麻点、破皮、裂口、夹生、杂质、虫蛀、霉变。

（4）四等　干货。呈圆柱形。直或稍弯，去净栓皮，两端整齐。表面类白色或浅红棕色，质坚实体重。断面类白色或白色。味微苦酸。长短粗细不等，兼有夹生、间有花麻点、头尾碎节或拣去净栓皮。无枯芍、芦头、花麻点、杂质、虫蛀、霉变。

九、药用食用价值

1. 临床常用

白芍入肝经和脾经，主要功效是养血和宫、缓急止痛、平肝，对女性的月经不调、经期腹痛、崩漏都有很好地预防与治疗作用，另外白芍还能用于自汗、盗汗以及腹部产痛、头痛、头晕等多种常见病的治疗，疗效显著。

2. 食疗及保健

（1）泡茶　白芍5克、乌梅2个、木瓜3克、绿茶3克，一起放到茶杯中，用沸水冲泡，然后饮用茶汤，可以反复冲泡多次，能调理脾胃，预防胃炎与腹泻。

（2）泡酒　白芍和黄芪各12克、当归24克、白术8克、冰糖20克，把药材一起研碎，装入纱布袋中，再用600克白酒泡制，密封前放入冰糖，20天后即可饮用。

（3）煮粥　白芍15克、橘皮10克、粳米100克、大枣5个、白扁豆20克，把白扁豆研碎，与白芍、橘皮一起装入纱布袋中，把粳米和大枣洗净入锅，加清水，放入药袋一起煮制成粥。白芍粥能健脾解郁，预防腹泻。

参考文献

[1]　黄明远，伍照万，张兴国. 采收期与栽培年限对中江产白芍质量的影响[J]. 中药材，2000，23（8）：435-436.

[2]　查良平，杨俊，彭华胜，等. 四大产地白芍的种质调查[J]. 中药材，2011，33（7）：1037-1040.

[3]　王秋玲，魏胜利，王文全. 野生和栽培芍药植株形态特征与光合生理特性的比较研究[J]. 中国中药杂志，2012，37（1）：32-36.

zhi　qiao

枳壳

本品为芸香科植物酸橙 *Citrus aurantium* L.及其栽培变种（黄皮酸橙、代代花、朱栾、塘橙）的干燥未成熟果实。

一、植物特征

酸橙为常绿小乔木，枝三棱形，有刺。叶互生，叶色常绿，质厚，翼叶倒卵形，基部狭尖。总状花序有花少数，有时兼有腋生单花，有单性花倾向；花蕾椭圆形或近圆球形；花萼杯状，5裂或4浅裂；花瓣5，长椭圆形，质厚；雄蕊20或更多，花丝基部合生，花药细长，雌蕊1，比雄蕊略短，子房球形，花柱圆柱形，柱头头状。果圆球形或扁圆形，果

图1　酸橙

图2　酸橙花

皮稍厚至甚厚，难剥离，橙黄至朱红色，油胞大小不均匀，凹凸不平，果心实或半充实，瓢囊10～13瓣，果肉味酸。种子多且大，常有肋状棱，子叶乳白色，单或多胚。花期4～5月，果期6～12月，果熟期11～12月。（图1、图2）

二、资源分布概况

枳壳在我国长江流域及南方各省市的柑橘栽培区资源最丰富，主要栽培于江西、湖南、四川、重庆、浙江等省市。江西产枳壳称为"江枳壳"，为道地药材；产于湖南的称"湘枳壳"，产量较大；产于四川、重庆的称"川枳壳"，为主流品种。还有"苏枳壳"，主产浙江杭州和江苏苏州，曾经行销上海市和华东地区各省，现市场趋于消失。

枳壳主产地代表产区有：江西清江县、新干县，湖南沅江市、安仁县、怀化地区，重庆江津、铜梁等地。

三、生长习性

酸橙喜温暖湿润、雨量充沛、阳光充足的气候条件，一般在年平均温度15℃以上生长良好。生长适宜温度为20～25℃，在-5℃以上能安全生长，在-5℃～-10℃之间，如持续时间短，不发生冻害；若气温骤然下降，冰冻持续时间长，则容易遭受冻害。酸橙对高温有忍耐力，在水分充足的条件下，气温高达40℃不会落叶，但生长受到抑制。酸橙对土壤的适应性较广，红、黄壤均能栽培，以中性砂壤土最为理想，过于黏重的土壤不宜栽培。

四、栽培技术

1. 种植材料

枳壳主要采用种子直生苗和嫁接苗。

种子直生苗用酸橙的种子播种，2年后可以移栽。直生苗生长寿命长，抗性好，抗寒能力强，产量高。枳壳育苗基地见图3。

嫁接苗一般采用芽接或枝接。砧木可选择枳或本砧。接穗

图3　枳壳育苗基地

采用已开花结果的酸橙优良品种的营养枝，剪取树冠外围中上部向阳处的一年生健壮枝梢。枝接以2～3月为好。芽接以7～9月为好。

2. 枳壳育苗（嫁接繁殖）

（1）育苗地选择及整地　选水源便利、土层深厚、质地疏松肥沃、排水良好的壤土或砂壤土，尽量选择未培育过柑橘类苗木的土地为佳。整地前施足基肥，每亩用腐熟有机肥4000千克，深翻25～30厘米。播前耙平，做成1米宽的畦。

（2）砧木选择　砧木用枳，选择品种纯正、生长健壮、无病虫害的母树，采集充分成熟的果实，取出种子，播种培育1～2年生的苗作砧木，砧木苗地径在0.4厘米以上。

（3）接穗选择　接穗选用母树树冠外围中上部的一年生粗壮春梢，随采随接，或用湿沙贮藏。

（4）嫁接　嫁接时间以春季3～4月或秋季8～9月为宜。嫁接方法春季以单芽切接为主，秋季以单芽腹接为主。

（5）田间管理

①及时解膜、剪砧、除砧芽：嫁接成活后，新梢10厘米左右解膜；发新梢后，分2次剪除砧苗；嫁接2周后，每10～15天除一次砧木上的萌芽。

②肥水管理：干旱时灌水，保证水分供给；雨季做好排水工作。施肥应勤施、薄施，夏秋间每月追肥1次，以氮肥为主，辅助增施磷、钾肥。

③病虫害防治：以"预防为主、综合防治"的植保方针，以农业防治为基础，鼓励应用生物和物理防治，科学使用化学防治，实现对病虫害的有效控制。

3. 移栽

（1）种苗选择　选择苗高50厘米以上，地径0.8厘米以上的无病虫害、植株完整的苗木作种苗。

（2）选地、整地　选择阳光充足、土层深20厘米以上、排水良好的砂质壤土或冲积土为好。丘陵山地坡度不超过20°。清洁田园，深翻20厘米以上，将地整平。

（3）定植　于10月中旬至11月上旬或2月下旬至3月上旬定植。定植密度为行株距4米×3米。采用定点开穴定植，穴深60～70厘米，穴径70～80厘米，将25～40千克腐熟的堆肥或厩肥施入穴中，与土混合均匀。每穴定植苗1株。移栽时在穴中间挖种植穴，将0.3～0.6千克磷肥与土混匀后施入，将苗木放入穴中，保持根系舒展，扶正，填土至一半时将苗轻轻上提，然后压实，再填土压实，使根茎高出土面5厘米，及时浇足定根水。

（4）田间管理

①补苗：在定植当年的秋季或次年的春季补苗。

②中耕除草：中耕宜内浅外深，深10～15厘米。幼龄树每年除草3～4次，以后视具体情况而定。也可覆盖黑色地膜抑制杂草生长。

③排水灌溉：定植初期视情况进行浇水，成活后出现干旱，进行灌水。雨季防田内积水，做好清沟排水工作。

④施肥：幼龄树施肥在春、夏、秋季新梢抽生前追肥，以氮肥为主，每株施尿素0.2千克左右。冬季施肥以有机肥为主，每株施腐熟的厩肥10～20千克。随着树的生长，每年可适量增加施肥量，此期施肥以环状沟施为主。

结果树施肥：第一次施肥，在2～3月间，以氮肥为主，磷肥为辅，每株施尿素0.2千克左右，磷肥0.3千克左右。施肥方法在树冠滴水线开10～15厘米深"十"字放射浅沟施入。第二次施肥，在5月下旬至6月上旬，氮、磷、钾配施，每株施0.3千克左右复合肥，施肥方法同第一次施肥，位置交叉移动。第三次施肥，在11月上旬至12月上旬，以充分腐熟的厩肥、堆肥等有机肥为主，施肥量每株20～30千克，再配合施磷肥0.5～1千克。施肥方法采取树冠下挖深30～40厘米部分环状沟或开条沟施入。每次施肥后用土填平。

⑤整形修剪：幼龄树的修剪在冬季至春季萌芽前进行。定植1年后定主干，在树高40～50厘米处短截，选留分布均匀、粗壮的3～4个枝条作为主枝，下一年在各主枝30～40厘米处选留3～4个方向错开的副主枝，以后再在副主枝上40～50厘米处选留5～6个枝梢，整成自然半圆型。结果树修剪一般宜在冬季或早春进行，因树修剪，进行删密留疏，合理整形，同时疏除枯枝、病虫枝、重叠枝、徒长枝等。生长期主要在立夏至立秋间进行抹芽、摘心、剪除徒长枝等辅助修剪。

⑥拉枝矮化整形：为了便于管理、采摘，提高产量，栽植2年后，将留好的主枝向不同方向拉平；留好副主枝后，打掉主枝顶芽，可以促进副主枝的生长、增粗。以后通过修剪，可以形成内疏外密，主枝、副主枝、副枝条理分明，枳壳挂果枝多的伞形高产树形（图4）。

图4 枳壳挂果枝多的伞形高产树形

4. 病虫害防治

按照"预防为主、综合防治"的植保方针，以农业防治为基础，鼓励应用生物和物理防治，科学使用化学防治，实现对病虫害的有效控制。

（1）柑橘溃疡病 冬季或早春发芽前，剪除病枝，就地烧毁；春芽萌动前开始，每隔10～15天喷1：2：200倍波尔多液1次，共喷5～6次。

（2）疮痂病 冬季和早春结合修剪，剪除病枝病叶，春梢发病后也及时剪除病梢，并集中后烧毁。春芽萌发和落花时，各喷洒0.8：1：100倍波尔多液1次，或喷50%退菌特500倍液。

（3）树脂病 也称为烂脚病。加强酸橙园管理，疏通排水沟，增施追肥，增强树体本身抗病能力；冬季采用涂白剂刷树，消除病原菌越冬场所；及时挖掉病株或锯掉枯死病枝烧毁；在夏、秋季治理患部，刮除病菌直至树干木质部，然后涂上1：1：100倍波尔多液防治。

（4）星天牛 掌握成虫活动规律，羽化期及时捕杀成虫；树干涂石硫合剂或刷白剂，避免成虫产卵。幼虫期采用铁丝钩杀蛀入树干的幼虫或用80%敌敌畏等高效低毒杀虫剂以及白僵菌液（每毫升含活孢子1亿）注入虫孔，用泥封口，毒杀幼虫。

（5）潜叶蛾 冬季清理枯枝落叶，消灭越冬蛹；夏、秋梢抽发时，喷70%吡虫啉600～800倍液，10天1次，连喷2～3次。

（6）锈壁虱 清洁田园，清除杂草，冬季应清理果园地上的落叶、落果和树上的残果，并集中烧毁，减少越冬虫源；加强肥水管理，增强树势。药剂防治：可喷洒15%哒螨灵1500～2000倍液、73%克螨特2000～2500倍液或1.8%阿维菌素3000倍液等药剂，任选一种，轮换使用。

五、采收加工

1. 采收

枳壳一般在7月大暑前后果实未成熟时采摘，品质好，折干率和产量都较高。采收不宜过早，过早则果小，影响产量；过迟则瓤大皮薄，质量差。枳壳鲜果见图5。

采收选择晴天或阴天，人工逐株采摘，采后轻放于篓中，应避免刮伤。

2. 加工

将采摘的果实自中部横切成两半（图6），晒干或烘干。晒时摊在草席上，先晒瓤肉一面，晒干至不沾灰土时再翻晒果皮面，直至全干。如烘干，温度不能超过65℃。如用火烤，火力不能过大，以防烤焦。

图5 枳壳鲜果

图6 枳壳横切面

六、药典标准

1. 药材性状

本品呈半球形，直径3～5厘米。外果皮棕褐色至褐色，有颗粒状突起，突起的顶端有凹点状油室；有明显的花柱残迹或果梗痕。切面中果皮黄白色，光滑而稍隆起，厚0.4～1.3厘米，边缘散有1～2列油室，瓤囊7～12瓣，少数至15瓣，汁囊干缩呈棕色至棕褐色，内藏种子。质坚硬，不易折断。气清香，味苦、微酸。（图7）

图7 枳壳药材

2. 显微鉴别

本品粉末黄白色或棕黄色。中果皮细胞类圆形或形状不规则，壁大多呈不均匀增厚。果皮表皮细胞表面观多角形、类方形或长方形，气孔环式，直径16～34微米，副卫细胞5～9个；侧面观外被角质层。汁囊组织淡黄色或无色，细胞多皱缩，并与下层细胞交错排列。草酸钙方晶存在于果皮和汁囊细胞中，呈斜方形、多面体形或双锥形，直径3～30微米。螺纹导管、网纹导管及管胞细小。

3. 检查

（1）水分 不得过12.0%。

（2）总灰分 不得过7.0%。

七、仓储运输

1. 仓储

枳壳药材仓储要求符合《绿色食品 贮藏运输准则》（NY/T 1056—2006）的规定。仓库应具有防虫、防鼠、防鸟的功能；要定期清理、消毒和通风换气，保持洁净卫生；不应与非绿色食品混放；不应和有毒、有害、有异味、易污染物品同库存放；储存期间发现包装袋打开、没有及时封口，枳壳返潮、生虫等现象，必须采取重新包装或再干燥后储存。

2. 运输

运输车辆应卫生合格，温度在16～20℃，湿度不高于30%，具备防暑、防晒、防雨、防潮、防火等设备，符合装卸要求；进行批量运输时应不与其他有毒、有害、易串味物质混装。

八、药材规格等级

（1）一等 干货。横切对开，呈扁圆形。表面绿褐色或棕褐色，有颗粒状突起。切面黄白色或淡黄色，肉厚、瓤小，质坚硬。气清香，味苦、微酸。直径3.5厘米以上，肉厚0.5厘米以上。无虫蛀、霉变。

（2）二等　干货。横切对开。呈扁圆形。表面绿褐色或棕褐色，有颗粒状突起。切面黄白色或淡黄色，肉薄，质坚硬。气清香，味苦、微酸。直径2.5厘米以上，肉厚0.5厘米以上。无虫蛀、霉变。

九、药用食用价值

1. 临床常用

（1）理气宽中　本品辛散苦降，入脾胃二经气分，善宽胸利膈，行气消痞，故常用于气滞痰食所致胸脘痞满、胁肋胀痛等证。伤寒痞气，胸中满闷者，多与桔梗相配，使升降结合，以宣通胸中气滞；胸中痰滞气塞短气者，与陈皮相伍，以化痰行气；痰饮兼有食积者，可与半夏、桔梗、官桂同用，以化痰理气蠲饮；肝气郁滞，胁肋胀痛者，宜与柴胡、川芎、香附等配伍，共奏疏肝解郁止痛之功。

（2）行滞消积　本品辛散苦泄，能消积导滞，下气除胀，故可用于食积不化、脘腹胀痛、嗳气呕逆、下痢后重等证。食积脘腹胀痛、不欲饮食者，可与陈皮、神曲、麦芽、莱菔子等同用，以消食化积，行气止痛；若脾胃虚弱，运化无力而致食滞脘胀者，宜与党参、白术等配伍，以益气健脾、消补兼施；若嗳气呕逆，心腹胀闷，不欲饮食者，可与陈皮、木香等相佐，以降气宽中。凡热痢腹痛，里急后重者，可与槟榔、大黄等合用，以行气导滞；若冷热不调，赤白痢下不止者，可与厚朴、地榆、椿根皮等并施。凡气虚肠燥，大便秘结不畅者，可与人参、麦冬配用，以益气生津、润便。

2. 食疗及保健

（1）治痰郁症　枳壳平时也能当食疗的食材来食用，如有痰郁症以及咳嗽和胸胁痛时，可食用瓜蒌枳壳汤。制作时，将瓜蒌、枳壳、桔梗、苍术、杏仁、贝母等多种中药材，加入姜片，再用清水煮制，服用汤汁，每天一次。

（2）枳壳宽胸茶能治积食　枳壳可治疗积食、食欲不振和消化不良，将其与紫苏子和甘草一起制成宽胸茶饮用。制作时需要枳壳4克，紫苏子10克，甘草5克，一起放入茶杯中用沸水冲泡十分钟即可饮用。

参考文献

[1] 曾晓艳，陈婷，谭伟民. 枳壳的生物学特性及化学成分研究进展[J]. 中南药学，2017，15（7）：869–872.

[2] 蔡逸平，陈有根，范崔生. 中药枳壳、枳实类原植物调查及商品药材的鉴定[J]. 中国中药杂志，1999，24（5）：259–262.

[3] 朱培林，吴金娥，郑昭宇，等. 地道药材江枳壳规范化种植技术[J]. 林业科技开发，2004，18（5）：51–54.

[4] 徐云龙. 江枳壳嫁接苗繁育技术规程[J]. 现代园艺，2015，12：55–57.

[5] 许爱华. 枳实、枳壳的应用及配伍规律研究[D]. 南京：南京中医药大学，2009.

du huo
独活

本品为伞形科植物重齿毛当归*Angelica pubescens* Maxim. f. *biserrata* Shan et Yuan的干燥根。

一、植物特征

多年生高大草本。根类圆柱形，棕褐色，长至15厘米，直径1～2.5厘米，有特殊香气。茎高1～2米，粗至1.5厘米，中空，常带紫色，光滑或稍有浅纵沟纹，上部有短糙毛。叶二回三出羽状全裂，宽卵形，长20～30（～40）厘米，宽15～25厘米；茎生叶叶柄长达30～50厘米，基部膨大成长管状、半抱茎的厚膜质叶鞘。开展，背面无毛或稍被短柔毛；末回裂片膜质，卵圆形至长椭圆形，长5.5～18厘米，宽3～3.6厘米，先端渐尖，基部楔形，边缘有不整齐的尖锯齿或重锯齿，齿端有内曲的短尖头，顶生的末回裂片多3深裂，基部常沿叶轴下延成翅状，侧生的具短柄或无柄，两面沿叶脉及边缘有短柔毛；托叶简化成囊状膨大的叶鞘，无毛，偶被疏短毛。复伞形花序顶生和侧生，花序梗长5～16（～20）厘米，密被短糙毛；总苞片1，长钻形，有缘毛，早落；伞辐10～25，长1.5～5

厘米，密被短糙毛；伞形花序有花17～28（～36）朵；小总苞片5～10厘米，阔披针形，比花柄短，先端有长尖，背面及边缘被短毛；花白色；无萼齿；花瓣倒卵形，先端内凹；花柱基扁圆盘状。果实椭圆形，长6～8毫米，宽3～5毫米，侧翅与果体等宽或略狭，背棱线形，隆起，棱槽间有油管（1～）2～3，合生面有油管2～4（～6）。花期8～9月，果期9～10月。（图1）

图1　重齿毛当归

二、资源分布概况

产于安徽、浙江、江西、湖北、四川等地。以四川产者品质为优。武陵山区内重庆巫山、巫溪，四川都江堰，湖北资丘、巴东、恩施主产。从历代本草的记载来看，独活的栽培历史较久，清朝末年，湖北长阳已开始种植。天水各县（区、市）多为野生，主要分布于南山片区海拔1400～2600米高寒山区的山谷、山坡、草丛、灌丛中或溪沟边。有栽培而量少。

三、生长习性

独活喜阴凉潮湿气候，耐寒，适宜生长在海拔1200～2600米的高寒山区。以土层深厚，富含腐殖质的黑色灰泡土、黄沙土栽培，不宜在土层浅、积水地和黏性土壤上种植。

独活耐寒、喜湿润冷凉气候，闷热气候对其生长发育不利，易感染病害。独活种子适宜发芽温度20℃，高温不利于独活种子的萌发。适宜在海拔1200米以上的高寒山区种植。

独活对水分的要求因生长期不同而异，种子萌发土壤含水量在20%～30%为宜。播种期和苗期对水分的需求量较大，缺水不易出苗，即使出苗易致干死。在独活主产区，年平均降水量为1200～1900毫米。雨季应注意排涝，防止烂根。

光照可促进独活种子的发芽。独活幼苗期较喜荫，成株喜阳，可以接受强光照。

独活种植一般以3年为1个周期。第1～2年为营养生长期，一般只生根、叶，茎短缩为叶鞘包被，有少数抽薹、开花。第3年育种，一般到第3年5、6月间茎节间开始伸长，抽出地上茎，形成生殖器官，开花结子。花期7～9月，果期9～10月。

四、栽培技术

1. 种植材料

选取健壮、无病的植株，挂上留种标签，待花期时除去一些倒梢及残花，并施入磷钾肥，促果实饱满，10月份左右果实成熟时收取种子干燥即可。

2. 选地与整地

独活耐寒、喜潮湿环境，适宜生长在海拔1200～2000米的高寒山区，可选择处于半阴坡的土层深厚、土质疏松、富含腐殖质、排水良好的砂壤土或黑色发泡土。而土层浅、积水坡和黏性土壤均不宜种植。一般深翻30厘米以上，每亩施圈肥或土杂肥3000～4000千克作基肥，肥料要捣细，撒匀，翻入土中，然后耙细整平，做成高畦，四周开好排水沟。

3. 播种

（1）种子繁殖　一般采用直播。冬播在10月采鲜种后立即播种，春播在清明前后。分条播或穴播：条播按行距50厘米，开沟3～4厘米深，将种子均匀撒入沟内；穴播按行距50厘米，穴距20～30厘米点播。开穴要求口大、底平，每穴播种10～15粒，覆土2～3厘米，稍压，每亩用种子约1千克。出苗前后保持土壤湿润。

（2）根芽繁殖　秋后地上部分枯萎时挖出母株，切下带芽的根头（不宜选大条），在畦内按行距30厘米，株距20厘米开穴，每穴放根头1～2个，芽立直向上，原已出芽的芽头栽出土，未出土的牙尖应在土表下3～4厘米。栽后稍压实表土，再浇水稳根。第2年春季出苗。此法较少应用。

4. 田间管理

（1）中耕除草　春季苗高20～30厘米时进行中耕除草，头年5～8月间每月1次，除草后结合施清水粪肥以提苗壮苗。

（2）定苗　苗高20～30厘米时及时间苗，通常每30～50厘米的距离内留1～2株大苗就地生长，余苗另行移栽。春栽2～4月，秋栽9～10月，以春栽为好。

（3）追肥　一般结合中耕除草时施入。春、夏季施入人畜粪水或尿素，冬季施入饼肥，每亩40～50千克，过磷酸钙30～50千克，堆肥1000～1500千克，在堆沤腐熟之后施入，施肥后培土，防止倒伏，并促进安全越冬。

（4）摘花　由于生殖生长与营养生长存在着竞争关系，生殖生长旺时，营养生长就偏差，独活根部则营养少，根干瘪，使药材质量下降，甚至不能作为药用。

（5）追肥壅蔸　一般在春、秋、冬三季，结合除草追施猪粪或牛粪、堆肥各1次。冬季施肥可混合高山森林腐殖质土追肥根部壅蔸，以防止倒伏和安全越冬。

（6）良种培育　这是提高产量和质量的重要措施之一。收获时，选择中等、独支、无破伤的完整根，按行株距50厘米×50厘米移栽到另一块田里培育，并在冬季和第2年加强田间管理，待成熟后采下种子，待播。独活种植基地见图2。

图2　独活种植基地

5. 病虫害防治

（1）根腐病　高温多雨季节在低洼积水处易发生。

防治方法　注意排水，选用无菌种苗；用1∶1∶150波尔多溶液浸种后，晾干再播种；发病初期，用50%多菌灵1000倍溶液喷施，忌连作。

（2）蚜虫和红蜘蛛　蚜虫、红蜘蛛吸食茎叶汁液，造成危害。

防治方法　害虫发生期可喷50%杀螟松1000～2000倍液，每7～10天1次，连续数次。还可用1∶2000乐果剂防治。

（3）黄凤蝶　以幼虫为害叶、花蕾、花梗。

防治方法　害虫发生期可用90%敌百虫800倍液喷雾，每5～7天1次，连续2～3次。还可用青虫菌（每克含孢子100亿）300倍液喷雾。

五、采收加工

育苗移栽的当年10～11月就可收获；直播的独活2年后采收，霜降后割去地上茎叶，挖出根部，挖时忌挖伤挖断，挖出后抖掉泥土。独活加工时先切去芦头和细根，摊晾，待水分稍干后，堆放于炕房内，用柴火熏炕，经常检查并勤翻动，熏至六七成干时，堆放回潮，抖掉灰土，然后，将独活理顺扎成小捆，再入炕房，根头部朝下，用温火炕至全干即可。

六、药典标准

1. 药材性状

根略呈圆柱形，下部2～3分枝或更多，长10～30厘米。根头部膨大，圆锥状，多横皱纹，直径1.5～3厘米，顶端有茎、叶的残基或凹陷。表面灰褐色或棕褐色，具纵皱纹，有横长皮孔样突起及稍突起的细根痕。质较硬，受潮则变软，断面皮部灰白色，有多数散在的棕色油室，木部灰黄色至黄棕色，形成层环棕色。有特异香气，味苦、辛、微麻舌。（图3）

独活饮片见图4。

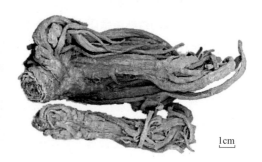

图3　独活药材

2. 显微鉴别

横切面木栓细胞数列。栓内层窄，有少数油室。韧皮部宽广，约占根的1/2；油室较多，排成数轮，切向径约至153微米，周围分泌细胞6～10个。形成层成环。木质部射线宽1～2列细胞；导管稀少，直径约至84微米，常单个径向排列。薄壁细胞含淀粉粒。

图4　独活饮片

3. 检查

（1）水分　不得过10.0%。

（2）总灰分　不得过8.0%。

（3）酸不溶性灰分　不得过3.0%。

七、仓储运输

1. 仓储

鲜独活在阴凉干燥处，0℃＜鲜独活＜20℃下贮存。鲜独活在符合本标准规定的贮存条件下，60天。

干独活在密封、干燥、低温、阴凉处贮存。干独活在符合本标准规定的贮存条件下，6个月。

2. 运输

运输产品时应避免日晒雨淋，不得与有毒、有害、有异味或影响产品品质的物品混装运输，运输工具应清洁、干燥、无污染。

八、药材规格等级

（1）统货　干货。根略呈圆柱形，长10～30厘米。根头部膨大，圆锥状，多横皱纹，直径1.5～3厘米，顶端有茎、叶的残基或凹陷。下部2～3分枝或更多。表面灰褐色或棕褐色，具纵皱纹，有横长皮孔样突起及稍突起的细根痕。质坚硬，受潮则变软，断面皮部灰白色，有多数散在的棕色油室，木部灰黄色至黄棕色，形成层环棕色。有特异香气，味苦、辛、微麻舌。

（2）选货　干货。根略呈圆柱形，长10～30厘米。根头部膨大，圆锥状，多横皱纹，直径1.5～3厘米，顶端有茎、叶的残基或凹陷。无支根或切除直径1.0厘米以下须根。表面灰褐色或棕褐色，具纵皱纹，有横长皮孔样突起及稍突起的细根痕。质坚硬，受潮则变软，断面皮部灰白色，有多数散在的棕色油室，木部灰黄色至黄棕色，形成层环棕色。有特异香气，味苦、辛、微麻舌。

九、药用价值

1. 临床常用

独活始载于《神农本草经》，列为上品，具祛风除湿、通痹止痛之功效。主治风寒湿痹，腰膝酸痛，头痛，齿痛、痈疽等症。现代药理研究发现，从独活中可分离出多种香豆素类成分，它们具有抑制血小板聚集和血栓形成、抗心律失常、降压、钙拮抗、抗炎、免疫调节、镇痛、镇静、催眠、抗肿瘤、解痉、抗胃溃疡等作用。以独活为主要原料的中成药种类多样，有独活止痛搽剂、独活寄生合剂、独活寄生丸、复方独活吲哚美辛胶囊等。收载于《备急千金要方》的独活寄生汤，其药效已经过1000多年应用的验证。

（1）用于风寒湿诸痹　本品辛香发散，性偏温燥，有较强的祛风、散寒、胜湿和止痛功效。用于痹症，不论风痹、湿痹、寒痹，均常用。治风痹，可与防风、羌活等长于祛风止痛的祛风湿药配伍；治湿痹，可与苍术、薏苡仁等祛湿除痹药配伍；治寒痹，可与附子、乌头等长于温经止痛的祛风湿药配伍。与羌活相比，本品偏入肝、肾经，而善祛下部风湿，故为治痹痛而见于腰膝之要药。治腰膝痹痛，肝肾不足，气血亏虚之证，常与桑寄生、当归、人参、杜仲等补肝肾、益气血药同用。具体方剂如下。

①独活寄生汤：独活、桑寄生、秦艽、细辛、防风、当归、生地、白芍、川芎、肉桂、茯苓、人参、甘草、杜仲、牛膝，治风寒湿痹，腿足有冷感，腰膝作痛，缓弱无力，屈伸不利，畏寒喜热等症。

②尪痹冲剂或片剂：地黄、独活、防风、续断等。主治久痹体虚，关节疼痛，局部肿大，僵硬畸形，屈伸不利及类风湿关节炎。

③冯了性药酒：白芍、五加皮、独活、威灵仙等。主治风寒湿痹，四肢麻痹，筋骨酸痛，腰膝乏力等症。

（2）用于外感风寒表证　本品能发散风寒以解表，可主治风寒感冒、恶寒发热、头身疼痛之症，常与羌活、防风等长于祛风解表、散寒止痛之品同用。

（3）用于多种疼痛证　本品的止痛之功，除用以缓解痹证和表证的疼痛症状外，还可用于头痛、齿痛及瘀血疼痛证。治风寒头痛，常与散寒止痛药同用，如与细辛、川芎等同用；治风热头痛及牙痛，亦可与石膏、菊花、蔓荆子等疏风清热药同用；治外伤或产后等瘀血疼痛证，可与当归、川芎、红花等活血止痛药同用。

此外，本品兼有祛风止痒之功，可用于风邪郁阻肌表所致的皮肤瘙痒，常与防风、荆芥、白芷等药同用，内服与外用均可。

2. 其他

独活本身具有消炎、抗菌的作用，但应用在植保领域也是近年才出现的。独活在防治植物病害中的作用已经得到前人的证实，以独活为原料的植物源农药发展前景十分广阔。

除此之外，独活还进入了美容化妆领域，且已有多个发明专利获得授权。

参考文献

[1] 谢宗万. 中药材品种论述（上册）[M]. 上海：上海科学技术出版社，1990.

[2] 余陇辉，史爱霞，熊新莉. 中药材独活高产栽培技术[J]. 农民致富之友，2018（18）：167.

[3] 高翰，胡心怡，孟祥霄，等. 独活无公害栽培技术探讨[J]. 世界科学技术—中医药现代化，2018，20（7）：1172-1178.

[4] 郭晓亮，林先明，郭杰，等. 独活研究现状与展望[J]. 安徽农业科学，2014，42（33）：11673-11674，11722.

[5] 刘翔，喻本霞，银福军，等. 重庆市城口县药用植物资源调查研究[J]. 世界科学技术—中医药现代化，2014，16（4）：839-844.

[6] 李虎林. 独活高产栽培技术[J]. 甘肃农业科技，2014（3）：65-66.

ban　xia

半夏

本品为天南星科植物半夏*Pinellia ternata*（Thunb.）Breit.的干燥块茎，别名麻芋头、三步跳、野芋头。

一、植物特征

半夏是多年生草本植物，株高15～40厘米。地下块茎球形或扁球形，直径0.5～4.0厘米，芽的基部着生多数须根，底部与下半部淡黄色，光滑，部分连年作种的大块茎周边常联生数个小块状侧芽。顶基生叶1～4枚，叶出自块茎顶端，叶柄长5～25厘米，叶柄下部有一白色或棕色珠芽，直径3～8毫米，偶见叶片基部亦具一白色或棕色小珠芽，直径2～4毫米。实生苗和珠芽繁殖的幼苗叶片为全缘单叶，卵状心形，长2～4厘米，宽1.5～3厘米；成年植株叶3全裂，裂片卵状椭圆形、披针形至条形，中裂片长3～15厘米，宽1～4厘米，基部楔形，先端稍尖，全缘或稍具浅波状，圆齿，两面光滑无毛，叶脉为羽状网脉。肉穗花序顶生，花序梗常较叶柄长；佛焰苞绿色，边缘多呈紫绿色，长6～7厘米；内侧上部常有紫色斑条纹，佛焰苞合围处有一直径为1毫米的小孔，连通上下，花序末端尾状，伸出佛焰苞，绿色或绿紫色，佛焰苞下部管状不张开，上部微张开，直立，或呈"S"形弯曲。花单性，雌雄同株；花序轴下部着生雌花，无花被，有雌蕊20～70个，花柱短，雄花位于花序轴上部，白色，无被，雄蕊密集成圆筒形，与雌花间隔3～7毫米，花粉粒球形，无孔沟，电镜下可见花粉粒表面具刺状纹饰，刺基部宽，末端锐尖。浆果卵圆形，顶端尖，绿色或绿白色，成熟时红色，长4～5毫米，直径2～3毫米，内有种子1枚。种子椭圆形，两端尖，灰绿色，长2～3毫米，直径2.2毫米，不光滑，无光泽，解剖镜下观察有纵向浅沟纹。鲜种子千粒重10克左右。花期4～7月，果期8～9月。（图1）

图1　半夏

半夏常与玉米间作，见图2。双株芽半夏见图3，阔叶形半夏见图4，狭叶形半夏见图5，野生半夏见图6。

图2　半夏与玉米间作

图4　阔叶形半夏

图3　双株芽半夏

图5　狭叶形半夏

图6　野生半夏

二、资源分布概况

半夏为广布种，国内除内蒙古、新疆、青海、西藏未见野生外，其余各省（区）均有分布。主产于湖北、四川、河南、贵州、安徽等省，其次是江苏、山东、江西、浙江、湖南、云南等省（区）。

半夏的人工栽培历史则较短，始于20世纪70年代的山东和江苏等地。通过40多年的不断摸索，从半夏生物学特性、生态适宜条件、遗传多样性、繁殖方式、栽培技术及有效成分等方面已开展了较为广泛的研究，并已积累了丰富的生产经验。但在新品种培育和病虫害防治的研究工作还有待加强。

三、生长习性

1. 生长发育习性

一年生半夏为心形的单叶，第2～3年开花结果，有2或3裂叶生出。半夏生长发育可分为出苗期、旺长期、珠芽期、倒苗期。半夏一年内可多次出苗，在长江中、下游地区，每年平均可出苗3次。第一次为3月下旬至4月上旬，第二次在6月上、中旬，第三次在9月上、中旬。相应每年平均有3次倒苗，分别为3月下旬至6月上旬、8月下旬、11月下旬。出苗至倒苗的天数，春季为50～60天，夏季为50～60天，秋季为45～60天。倒苗对于半夏来说，一方面是对不良环境的一种适应，更重要的是增加了珠芽数量，即进行了一次以珠芽为繁殖材料的无性繁殖。第一代珠芽萌生初期在4月初，萌生高峰期为4月中旬，成熟期为4月下旬至5月上旬。

半夏块茎一般于8～10℃萌动生长，13℃开始出苗。随着温度升高出苗加快，并出现珠芽。15～26℃最适宜生长，30℃以上生长缓慢，超过35℃而又缺水时开始出现倒苗，秋后低于13℃以下出现枯叶。冬播或早春种植的块茎，当1～5厘米的表土地温达10～13℃时，叶开始生长，此时如遇地表气温持续数天低于2℃以下，叶柄即在土中开始横生，横生一段并可长出一代珠芽。地温、气温差持续时间越长，叶柄在土中横生越长，地下珠芽长得越大。当气温升至10～13℃时，叶直立长出土外。不同半夏居群对高温胁迫的响应差异明显。

半夏的块茎、珠芽、种子均无生理休眠特性。种子发芽适温为22～24℃，寿命为1年。

2. 对环境要求

半夏为浅根性植物，一般对土壤要求不严，除盐碱土、砾土、重黏土以及易积水之地不宜种植外，其他土壤基本均可，但以疏松、肥沃、深厚，含水量在20%～30%、pH 6～7的砂质壤土较为适宜。野生多见于山坡、溪边阴湿的草丛中或林下。喜温和、湿润气候，怕干旱，忌高温。夏季宜在半阴半阳中生长，畏强光；在阳光直射或水分不足情况下，易发生倒苗；光照强度高达90 000勒克斯，会发生严重的倒苗现象；光照长期不足3000勒克斯，植株枯黄瘦小，珠芽数量少。耐阴、耐寒，块茎能自然越冬。半夏具有明显的杂草性，具多种繁殖方式，对环境有高度的适应性。

四、栽培技术

1. 种植材料

以无性繁殖为主。自然条件下，坐果率低，种子小、发芽率低，出苗缓慢，生长期长，种子萌发的一年生植株幼小，抗逆性较差，不能形成复叶，不是理想的繁殖材料。珠芽是由叶柄上产生的小鳞茎，具有繁殖功能，珠芽发芽率高、成熟期早，是半夏种植的主要繁殖材料。块茎则由掉落到土壤中的珠芽生长发育而来，其中的中、小块茎大多是新生组织，生命力强，种植出苗后，生长势旺，其本身发育迅速，同时不断抽出新叶形成新的珠芽。

（1）块茎 选直径0.5～1.5厘米、生长健壮、无病虫害的中、小块茎作种材，种前按大小分级，分别栽种。

（2）珠芽 选择生长健壮、无病虫害的半夏植株，当老叶将要枯萎，珠芽成熟时，即可采下播种。种前可将珠芽按大小分级，分别栽种。

（3）种子 以新鲜、饱满、无病虫的成熟种子作为种植材料。

2. 选地与整地

（1）选地 宜选湿润肥沃、保水保肥力较强、质地疏松、排灌良好的砂质壤土或壤土地种植，亦可选择半阴半阳的缓坡山地。黏重地、盐碱、涝洼地不宜种植。前茬选豆科、禾本科作物为宜，可与玉米地、油菜地、麦地、果木林进行间套种。

（2）整地（图7） 地选好后，于10～11月深翻土地20厘米左右，除去砾石及杂草，使其熟化。半夏根系浅，一般不超20厘米，且喜肥，生长期短，基肥对其有着重要的作用。结合整地，每亩施入腐熟农家肥3000～4000千克，钙镁磷肥100千克，翻

图7 半夏种植整地

入土中作基肥。于播前，再耕翻一次，然后整细耙平。宜做成宽1.2～1.5米、高30厘米的高畦，畦沟宽40厘米，长度不宜超过20米，以利灌排。

3. 繁殖方法

（1）块茎繁殖　于当年冬季或次年春季取出贮藏的种茎栽种，以春栽为好，秋冬栽种产量低。

①催芽：一般早春5厘米地温稳定在6～8℃时，即可用温床或火炕进行种茎催芽。催芽温度保持在20℃左右时，15天左右芽便能萌动。2月底至3月初，雨水至惊蛰间，当5厘米地温达8～10℃时，催芽种茎的芽鞘发白时即可栽种（不催芽的也应该在这时栽种）。

也可结合收获，秋季栽种，一般在9月下旬至10月上旬进行，方法同春播。

②条播：在整细耙平的畦面上开横沟条播。行距12～15厘米，株距5～10厘米，沟宽10厘米，深5厘米左右，沟底要平，在每条沟内交错排列两行，芽向上摆入沟内。栽后，上面施一层混合肥土（由腐熟堆肥和厩肥加人畜肥、草土灰等混拌均匀而成）。每亩用混合肥土2000千克左右。然后，将沟土提上覆盖，厚5～7厘米，耧平，稍加镇压。

每亩需种茎100千克左右，适当密植，生长均匀且产量高。过密，则幼苗生长纤弱，除草困难；过稀，则苗少草多，产量低。覆土也要适中。过厚，则出苗困难，将来珠芽虽大，但往往在土内形成，不易采摘；过薄，种茎则容易干缩而不能发芽。栽后遇干旱天气，要及时浇水，始终保持土壤湿润。

③苗期地膜覆盖：若进行地膜覆盖栽培，栽后立即盖上地膜。所用地膜可以是普通农用地膜（厚0.014毫米），也可以用高密度地膜（0.008毫米）。地膜宽度视畦的宽窄而定。盖膜时三人一组，先从畦的两埂外侧各开一条8厘米左右深的沟，深浅一致，一人展膜，两人同时在两侧拉紧地膜，平整后用土将膜边压在沟内，均匀用力，使膜平整紧贴畦埂上，用土压实，做到紧、平、严。

4月上旬至下旬，当气温稳定在15～18℃，出苗达50%左右时，应揭去地膜，以防膜内高温烤伤小苗。去膜前，应先进行炼苗。方法是中午从畦两头揭开膜通风散热，傍晚封上，连续几天后再全部揭去。

采用早春催芽和苗期地膜覆盖的半夏，不仅比不采用本栽培措施的半夏早出苗20天，而且还能保持土壤整地时的疏松状态，促进根系生长，同时可增产83%左右。也有采用大棚栽培（图8），既有蔽阳的作用，也有地膜的保温作用。

（2）珠芽繁殖　半夏每个叶柄上至少长有一枚珠芽，数量充足，且遇土即可生根发芽，成熟期早，是主要的繁殖材料。夏、秋季节间，当老叶将要枯萎时，珠芽已成熟，即可采取叶柄上成熟的珠芽进行条播。

按行距10厘米，株距3厘米，条沟深3厘米播种。播后覆以厚2～3厘米的细土及草木灰，稍加压实。亦可在原地盖土繁殖，即每倒苗1批，盖土1次，以不露珠芽为度。同时施入适量的农家肥和钙镁磷肥，既可促进珠芽萌发生长，又能为母块茎增施肥料，一举两得，有利增产。

图8　大棚种植半夏

（3）种子繁殖　用种子繁殖的2年生以上半夏能陆续开花结果。当佛焰苞萎黄下垂时，采收种子，夏季采收的种子可随采随播，秋末采收的种子可以砂藏至次年3月播种。此种方法出苗率较低，生产上一般不采用。

按行距10厘米开2厘米深的浅沟，将种子撒入，耧平，覆土1厘米左右，浇水湿润，并盖草保温、保湿，半个月左右即可出苗。苗高6～10厘米时，即可移植。当年第一片叶为卵状心形单叶，叶柄上一般无珠芽，第二年3～4个心形叶，偶见有3小叶组成的复叶，并可见珠芽。实生苗当年可形成直径为0.3～0.6厘米的块茎，可作为第二年的种茎。

（4）组织培养　取3～4厘米长的幼叶作为外植体，自来水冲洗1小时，然后在超净工作台上用70%酒精消毒30秒，再在0.1%升汞溶液中灭菌10分钟，无菌水冲洗5～6次，自叶柄顶端剪取叶片，远轴面向下，接种在培养基表面。培养基可选用MS+0.5毫克/升萘乙酸+0.5毫克/升苄氨基腺嘌呤或者MS+0.5毫克/升二氯苯氧乙酸+1.0毫克/升激动素，一般细胞分裂素浓度高于与之搭配的生长素浓度。每瓶接种5个叶片。培养温度为（25±2）℃左右，光照周期为12小时/天，光照强度为2000～3000勒克斯。经过约三个月培养可得到再生植株。组培苗经过1周炼苗，在蒸煮消毒过的腐质土与细砂的等量混合基质中移栽1个月。

4. 田间管理

田间管理要根据各生长阶段的不同要求及环境条件的变化进行。半夏栽培基地见图9。

（1）揭地膜　当约有50%以上的半夏长出1片叶，叶片在地膜中初展开时，即应及时揭开地膜。揭膜后如地面板结，应当采取适当的松土措施，如用铁钩轻轻划破

图9　半夏栽培基地

土面；土壤较干的，应当适当浇水，以利继续出苗。地膜揭开后应当洗净整理好，以便第二年再用。坏的也应当集中处理，不能让其留在地里，污染土壤和环境。

（2）除草　半夏出苗时也是杂草生长之时，条播半夏的行间可用较窄的锄头除草，同时可为出苗后的半夏培土，而与半夏苗生长在一起的杂草则只能用拔除的方法；撒播的也只有采用拔草的方法。除草在一年的半夏生长期中应当不止一次。要求是尽早除草，不能够让杂草影响半夏生长，应当根据杂草的生长情况具体确定除草次数和时间。除草后应立即施肥。除草可结合培土同时进行。

（3）浇水和排水　根据半夏的生物学特性，半夏的田间管理要注意好干旱时的浇水和多雨时的排水。干旱时最好浇湿土地而不能漫灌，以免造成腐烂病的发生。有条件地块可采用喷灌和滴管。多雨季节时应当注意及时清理畦沟，排水防渍，避免半夏块茎因多水而发生腐烂。

（4）培土和施肥　培土目的是盖住珠芽和杂草的幼苗，结合田间除草和清沟排水，有利于半夏的保墒和田间的排水。要通过培土把生长在地面上的珠芽尽量埋起来。因半夏的叶片是陆续不断地长出的，珠芽的形成也是不断地，故培土也应当根据情况而进行。培土操作还应结合田间施用堆肥（要充分发酵并过筛）、腐熟牛羊粪或商品有机肥进行，即可起到盖埋半夏珠芽和保墒、防杂草，又可补充田间养分，促进半夏生长。堆肥一般每次亩施用量300～400千克，腐熟牛羊粪和商品有机肥一般每次亩施用量200～300千克。在培土前施用。平时还可根据田间半夏长势，适当配施2～3次磷酸二氢钾，配施浓度为1000倍。

（5）间作、套作　可利用现有的遮荫条件，选择与有一定光照条件的树林、果园种植套作，也可以与银杏、玉米、重楼、黄精等作物或中药材间作或套种，且可提高单位面积土地经济效益。

（6）防"倒苗"　适当蔽荫和喷水，可降低光照强度和地温，延迟和减少半夏倒苗。

5. 病虫害防治

（1）根腐病

①选用无病种栽，雨季及大雨后及时疏沟排水。

②播种前用木霉的分生孢子悬浮液处理半夏块茎、以5%的草木灰溶液浸种2小时或用50%多菌灵500倍液浸种30分钟。

③发病初期，拔除病株后在穴处用5%石灰乳淋穴，防止蔓延。

④及时防治地下害虫，可减轻危害。

（2）病毒性缩叶病

①选无病植株留种，避免从发病地区引种及发病地留种，控制人为传播，并进行轮作。

②施足有机肥料，适当喷施磷、钾肥，增强抗病力；及时喷药消灭蚜虫等传毒昆虫。

③出苗后在苗地喷洒1次80%敌敌畏1500倍液，每隔5～7天喷1次，连续2～3次。

④发现病株，立即拔除，集中烧毁深埋，病穴用5%石灰乳浇灌，以防蔓延。

⑤应用组织培养方法，培养无毒种苗。

（3）叶斑病

①在发病初期喷1∶1∶120波尔多液、65%代森锌、50%多菌灵800～1000倍液或托布津1000倍液喷洒，每隔7～10天1次，连续2～3次。

②将1千克大蒜碾碎后加水20～25千克，混匀后喷洒。

③发现病株，立即拔除，集中烧毁深埋，病穴用5%石灰乳浇灌，以防蔓延。

（4）炭疽病

①选用抗病的优良品种。

②避免种植过密或当头淋浇，经常保持通风通光。

③发病初期剪除病叶，及时烧毁。

④发病前喷1%波尔多液或27%高脂膜乳剂100～200倍液。

⑤发病期间选用75%百菌清1000倍液或50%炭疽福美600倍液，每隔7～10天1次，连续多次。

（5）芋双线天蛾

①结合中耕除草捕杀幼虫。

②利用黑光灯诱杀成虫。

③5月中旬至11月中旬幼虫发生时，用50%的辛硫磷乳油1000～1500倍液喷雾或90%晶体敌百虫800～1000倍液喷洒，每5～7天喷1次，连续2～3次，可杀死80%～100%的幼虫。

④成虫期用苏云籽菌制剂、杀螟杆菌或虫菌500～700倍液喷雾杀灭。

（6）红天蛾　参考芋双线天蛾。

（7）蚜虫

①及时翻耕晒畦，清除田间杂物和杂草，及时摘除被害叶片并深埋，减少蚜虫源。

②用涂有胶黏物质或机油的黄板诱蚜捕杀，也可畦沟覆盖银黑地膜进行避蚜。

③蚜虫喜食碳水化合物，在栽培过程中，尽量少用化肥；利用天敌来消灭蚜虫。

④蚜虫发生盛期，用10%吡虫啉可湿性粉剂1000倍液喷杀或用快杀灵、扑虱蚜、灭蚜菌和敌百虫等，根据农药使用说明用药。

（8）蛴螬

①施用充分腐熟的有机肥料。

②灯光诱杀成虫。

③幼虫期用50%辛硫磷乳油或90%敌百虫晶体1000倍液灌根，每株灌药液200毫升；或拌细土15～20千克，均匀撒在播种沟（穴）内；也可每亩用50%辛硫磷乳油1千克或3%米乐尔颗粒剂2～3千克，开沟施入根际附近，并及时培土。

④50%辛硫磷乳剂、水、种子的比例为1∶50∶600拌匀，闷种3～4小时，其间翻动1～2次，种子干后即播种。

⑤在成虫盛发期，喷洒90%晶体敌百虫1000倍液或2.5%敌杀死乳油3000倍液等。

五、采收加工

1. 采收

种子繁殖的半夏于第3～4年采收，块茎繁殖的半夏于当年或第2年采收。一般于夏、秋季茎叶枯萎倒苗后采收。采收过早影响产量，过晚难以去皮和晒干。

（1）块茎　采收时，从地块的一端开始，用锄头顺垄挖12～20厘米深的沟，逐一将半夏挖出。起挖时选晴天，小心挖取，避免损伤。

（2）种茎　于每年秋季半夏倒苗后，在收获半夏块茎的同时，选横径粗0.5～1.5厘米、生长健壮、无病虫害的当年生中、小块茎作种用。大块茎不宜作种。

（3）种子　半夏种子一般在6月中下旬采收，当总苞片发黄，果皮发白绿色，种子浅茶色或茶绿色，易脱落时分批摘回。如不及时采收，易脱落。

此外，半夏每个茎叶上长有1～2珠芽，数量充足，且遇土即可生根发芽，成熟期早，也是主要的繁殖材料。大的珠芽当年就可发育成种茎或商品块茎。

2. 加工

半夏采收后经洗净、晒干或烘干，即为生半夏。半夏药材见图10。

（1）半夏

①去皮：收获后鲜半夏要及时去皮。先将

图10　半夏药材

鲜半夏洗净，按大、中、小分级，分别装入麻袋内，在地上轻轻摔打几下，然后倒入清水缸中，反复揉搓；或将块茎放入筐内或麻袋内，在流水中用木棒撞击或穿胶鞋用脚踩去外皮；也可用专业去皮机来除去外皮。采用以上方法，将外皮去净、洗净为止。

②干燥：再取出晾晒，并不断翻动，晚上收回，平摊于室内，不能堆放，不能遇露水。次日再取出，晒至全干。亦可拌入石灰，促使水分外渗，再晒干或烘干。如遇阴雨天气，采用炭火或炉火烘干，但温度不宜过高，一般应控制在35～60℃。在烘时，要微火勤翻，力求干燥均匀，以免出现僵子，造成损失。

（2）法半夏　取半夏，大小分开，用水浸泡至内无干心，取出。另取甘草适量，加水煎煮2次，合并煎液，倒入用适量水制成的石灰液中，搅匀，加入上述已浸透的半夏，浸泡，每日搅拌1～2次，并保持浸液pH值12以上，至剖面黄色均匀，口尝微有麻舌感时，取出，洗净，阴干或烘干，即得。每100千克净半夏，用甘草15千克、生石灰10千克。

（3）姜半夏　取净半夏，大小分开，用水浸泡至内无干心时，取出。另取生姜切片煎汤，加白矾与半夏共煮透，取出，晾干；或晾至半干，干燥；或切薄片，干燥。每100千克净半夏，用生姜25千克、白矾12.5千克。

（4）清半夏　取净半夏，大小分开，用8%白矾溶液浸泡至内无干心，口尝微有麻舌感，取出，洗净，切厚片，干燥。每100千克净半夏，用白矾20千克。

六、药典标准

1. 药材性状

本品呈类球形，有的稍偏斜，直径0.7～1.6厘米。表面白色或浅黄色，顶端有凹陷的茎痕，周围密布麻点状根痕；下面钝圆，较光滑。质坚实，断面洁白，富粉性。气微，味辛辣、麻舌而刺喉。

2. 显微鉴别

本品粉末类白色。淀粉粒甚多，单粒类圆形、半圆形或圆多角形，直径2～20微米，脐点裂缝状、人字状或星状；复粒由2～6分粒组成。草酸钙针晶束存在于椭圆形黏液细胞中，或随处散在，针晶长20～144微米。螺纹导管直径10～24微米。

3. 检查

（1）水分　不得过13.0%。

（2）总灰分　不得过4.0%。

4. 浸出物

不得少于7.5%。

七、仓储运输

1. 包装

半夏在包装前应再次检查是否已充分干燥，并清除劣质品及异物。所使用的包装材料为麻袋或尼龙编织袋等，具体可根据出口或购货商要求而定。在每件包装上，应注明品名、规格、产地、批号、包装日期、生产单位，并附有质量合格的标志。

2. 仓储

（1）块茎　半夏为有毒药材，又易吸潮变色。干燥后的半夏如不马上出售，则应包装后置于室内干燥的地方贮藏。仓库应具有防虫、防鼠、防鸟的功能；要定期清理、消毒和通风换气，保持洁净卫生。忌与乌头混放，同时应有专人保管，防止非工作人员接触，并定期检查。

（2）种茎　半夏种茎选好后，在室内摊晾2～3天，随后将其拌以干湿适中的细沙土，贮藏于通风阴凉处，于当年冬季或次年春季取出栽种。

（3）种子　采收的种子，宜随采随播，10～25天出苗，出苗率82.5%。8月以后采收的种子，要用湿沙混合贮藏，留待第二年春播种。

3. 运输

运输工具必须清洁、无污染，对半夏不会造成质量影响，运输过程中不得与其他有毒有害的物质或易串味的物质混装。运输容器应具有较好的通气性，保持通风、干燥，遇阴雨天气应防雨、防潮，避免在途中腐烂变质。

八、药材规格等级

1. 半夏的药材规格等级

（1）一等　干货。呈圆球形，半圆球形或扁斜不等，去净外皮。表面白色或浅黄白色，上端圆平，中心凹陷（茎痕），周围有棕色点状根痕。下面钝圆，较平滑。质坚实，断面洁白或白色，粉质细腻。气微，味辛、麻舌而刺喉。每千克800粒以内。无包壳、杂质、虫蛀、霉变。

（2）二等　每千克1200粒以内，其余同一等品。

（3）三等　每千克3000粒以内，其余同一等品。

（4）市场统货　流通干货。略呈椭圆形、圆锥形或半圆形，去净外皮，大小不分。表面类白色或淡黄色，略有皱纹，并有多数隐约可见的细小根痕。上端类圆形，有凸起的叶痕或芽痕，呈黄棕色；有的下端略尖。质坚实，断面白色，粉性。气微，味辣，麻舌而刺喉。颗粒不得小于0.5厘米。无包壳、杂质、虫蛀、霉变。

2. 出口半夏的药材规格等级

身干，内外色白，体结圆整，无霉粒，无油子，无碎粒，无残皮，无帽。并以半夏颗粒大小常分为以下几种。

（1）甲级　每千克900～1000粒。

（2）乙级　每千克1700～1800粒。

（3）丙级　每千克2600～2800粒。

（4）特级　每千克800粒以内。

（5）珍珠级　每千克3000粒以上。

九、药用价值

（1）呕吐　半夏性温味辛，善于温中止呕，和胃降逆。临床治疗胃寒呕吐、寒饮呕吐及其他原因引起的呕吐，半夏作为主药随症加减，可获得止呕的效果。常用方剂有小半夏汤、小半夏加茯苓汤、大半夏汤、半夏泻心汤、生姜泻心汤、旋覆代赭汤等。

（2）痰症　半夏辛温而燥，可用于各种痰症，最善燥湿化痰。治湿痰用姜汁、白矾汤和之，治风痰以姜汁和之，治火痰以竹沥或荆沥和之，治寒痰以姜汁、矾汤，放入白芥子末和之。代表方是二陈汤。

（3）咳喘　半夏消痰散结，降逆和胃，临床常用于治疗痰饮壅肺之咳喘，及寒湿犯胃所致的呕吐、噫气或支饮，胸闷短气，咳逆倚息不得卧，面浮肢肿，心下痞坚等疾病。

（4）风痰眩晕　半夏燥湿化痰而降逆，天麻平息虚风而除眩，两药相配，既祛痰又息风，临床治疗脾虚生痰，肝风内动所致的眩晕、头痛。代表方剂有半夏白术天麻汤，具有显著的化痰息风，健脾祛湿的功效。

（5）胸脘痞满　临床常用半夏配黄连、瓜蒌，加减用于治疗急、慢性支气管炎，冠心病，肋间神经痛，胸膜粘连，急性胃炎，胆道系统疾患，慢性肝炎，腹膜炎，肠梗阻、渗出性腹膜炎等。

（6）失眠　临床常用半夏配秫米治疗脾胃虚弱或胃失安和所致夜寝不安。半夏辛温，燥湿化痰而降逆和胃，能阴阳和表里，使阳入阴而令安眠；秫米甘、微寒，健脾益气而升清安中，制半夏之辛烈。两药合用，一泻一补，一升一降，具有调和脾胃、舒畅气机的作用，使阴阳通，脾胃和，可入眠，为治"胃不和，卧不安"的良药。

（7）梅核气　临床上常用半夏配厚朴治疗梅核气，以辛开苦降，化痰降逆，顺气开郁，气顺则痰消。

（8）痞证　多用半夏配黄芩、黄连、干姜，寒热并用，和胃降逆，宣通阴阳。代表方半夏泻心汤，重用半夏以降逆止呕。

注意：半夏有一定的毒性，不宜生吃，如果服用过量或者误服会对人的口腔、咽喉等产生毒性作用。半夏不能和羊肉、羊血一起服用，不能和饴糖一起服用，不然会生痰动火。

参考文献

[1]　龙正权，杨辽生. 地膜半夏+豇豆/大蒜高效栽培技术[J]. 农技服务，2010，27（8）：1072–1073.

[2]　蒋庆民，林伟，蒋学杰. 半夏标准化种植技术[J]. 特种经济动植物，2017，20（11）：35–36.

[3]　王海玲，王孝华，阮培均，等. 喀斯特温和气候区半夏优化栽培模式研究[J]. 中国农学通报，2012，28（10）：271–276.

[4]　翟玉玲，刘晓燕，樊艳，等. 高海拔地区半夏栽培技术[J]. 中国种业，2015（2）：73–74.

[5]　翟玉玲，刘晓燕，樊艳，等. 高寒山区半夏高产栽培技术及其经济效益分析[J]. 现代农业科技，2015（12）：104–105.

竹节参

本品为五加科植物竹节参*Panax japonicus* C. A. Mey.的干燥根茎。别名有白三七、明七、竹根七、萝卜七、蜈蚣七、峨三七、七叶子等。

一、植物特征

多年生草本，野生高50～80厘米，栽培植株高可达150厘米。根茎（图2）横卧，呈竹鞭状，肉质肥厚，白色，结节间具凹陷茎痕，栽培品根茎可重达1千克，叶为掌状复叶，3～5枚轮生于茎顶；叶柄长8～11厘米；小叶通常5，叶片膜质，倒卵状椭圆形至长圆状椭圆形，长5～18厘米，宽2～6.5厘米，先端渐尖，稀长尖，基部楔形至近圆形，边缘具细锯齿或重锯齿，上面叶脉无毛或疏生刚毛，下面无毛或疏生密毛。伞形花序单生于茎顶，通常有花50～80朵，栽培品可达2500朵，总花梗长12～70厘米，无毛或有疏短柔毛；花小，淡绿色，小花梗长约10毫米；花萼绿色，先端5齿，齿三角状卵形；花瓣5，长卵形，覆瓦状排列；雄蕊5，花丝较花瓣短；子房下位，2～5室，花柱2～5，中部以下连合，上部分离，果时外弯。核果状浆果，球形，初熟时红色，全熟时顶部紫黑色，直径5～7毫米。种子2～5，白色，三角状长卵形，长约4.5毫米。花期5～6月，果期7～9月。（图1）

图1　竹节参

图2　竹节参根茎

二、资源分布概况

竹节参在恩施土家族苗族自治州很久以来就被当地百姓视为珍品，民间俗称"草药之王"。属我国特有珍贵中药材资源，也是一味重要的恩施土家族民族药。其主要分布于湖北、四川、云南、贵州、江西等省，以湖北恩施自治州产量最大。20世纪90年代恩施当地"野转家"驯化栽培获得成功，人工种植面积不断扩大，逐渐形成了一定规模，现在已成为当地的一个重要的道地药材品种，是当地农民的一个重要经济来源。

三、生长习性

竹节参原产恩施州高山森林中，喜冷凉、湿润气候；为阴性、长日照植物，喜散射光或斜射光，忌强烈日光直射和高温。主产区的典型气候环境为海拔1400米左右，年平均气温8~15℃，年活动积温2700~3000℃，年平均相对湿度60%~70%，无霜期约180~210天，年降雨量1700~1900毫米，年日照时数约1500小时，雪盖在2个月以上。人工栽培时要搭棚，以适应竹节参对光温的要求，适宜生长温度20~25℃，适宜荫蔽度60%~70%，怕积水，忌干旱。对土壤要求比较严格，适宜生长在排水良好，富含腐殖质的中性或微酸性砂质壤土中，碱性土壤不宜栽培，忌连作。竹节参通常于4月下旬至5月上旬出土，6月初展叶完全，6月中下旬开花，7月上旬结果，8月中下旬果实成熟，9月中下旬地上植株枯萎，地上部分全生长期180天左右。

竹节参从播种出苗到开花结实需3年时间，3年以后年年开花结实。通常1年生苗只有1枚具3小叶的复叶，少数为5小叶，株高5~7厘米；2年生植株一般有2种形态：一种是1枚具5小叶的复叶，另一种是2枚5小叶的复叶，株高7~13厘米；3年生植株具有3~4枚（少为2枚），具5小叶的复叶（少为3、4片），约有一半植株生有伞形花序，但大部分种子不饱满或不能成熟，平均株高42厘米。4年生的种子才能成熟，平均株高76.5厘米；5年以后多为5枚掌状复叶和伞形花序。药农描述为"3枝5叶韭菜花"。在全年的生长期中，前期地上部分生长迅速，消耗养分多，根重减轻，开花结果时恢复到原重，果熟后生长迅速加快，9月后又逐渐减慢。因此，为促进根茎生长，提高产量，竹节参开花结实期，除留种外，均应将花蕾摘去。竹节参果实见图3。

竹节参种子属胚后熟休眠类型。其种子在成熟采收时，种胚仅为多个细胞组成的细胞团，因此，竹节参种子必须在湿沙贮藏条件下，保持较高温度，完成"胚后熟"，贮藏90天后形成成熟胚，此时有2片白色子叶包住胚芽及3片呈淡绿色的胚叶、胚根、胚茎。形成成熟胚后，胚并不继续生长，种子又进入"上胚轴休眠"状态，再经过一个低温休眠过程，待第2年春气温升高后，胚才继续生长，完成种子萌发过程。种子萌发后，胚根先从种孔中伸出，胚芽也随之伸出，2片肥厚的子叶仍留在种皮内，之后上胚轴迅速生长出土，形成幼茎，茎顶分化出3～5片小叶。子叶养分消耗完后即脱落，此时在土中的胚轴开始增大，形成地下块根。

图3　竹节参果实

四、栽培技术

1. 选地整地

（1）选地　选择排水良好，坡度5°～20°，pH值在5.5～7.0的砂质壤土或腐殖质土。地势应背风向阳。熟地选栽培前茬以玉米、花生、黄豆等作物为宜。

（2）整地（图4）　选好地后，荒地于6～7月耕翻，熟地于前茬收获后耕翻。犁耙多次，使土地细碎，充分风化，并通过日晒杀死土中部分病菌和虫卵。有条件的地方，可于耕地时地上铺一层山草进行烧地处理，增加土壤肥力，杀死虫卵。最

图4　竹节参整地

后一次犁耙时，每亩用生石灰40～50千克均匀的撒于地面，耙细整平作畦，畦面呈瓦背形，畦宽120厘米，高20厘米，畦间距30厘米。畦长视地形及栽培管理需要而定。播种前或种植前，每亩施混合肥2500千克，其中腐熟的农家肥50%～60%，草木灰40%～50%，并拌入钙镁磷肥30～40千克，撒在畦面上，翻入表土内。

（2）土壤消毒　在播种或移栽前，在已开沟理畦的土地上，施入基肥进行翻挖及初步平整后，再进行土壤消毒。以50%多菌灵或70%代森锌等，用药量为2～8克/平方米，也可2种药混用，各4克/平方米。将农药与细土或火土灰拌匀后撒入畦面，再用小耙将药拌入表土层中，2～3天后即可播种或移栽。也可将上述农药配成药液喷洒，分别为多菌灵

200～400倍液，敌菌灵500倍液或代森锌300倍液，4～8千克/平方米，以表土层湿润3～5厘米为宜。

2. 荫棚搭建

荫棚材料因地制宜。如用木桩、铁丝、杉条、树枝为材料搭棚，则木桩高为1.8米，桩栽在每畦中间，入土30厘米，保持桩顶基本平整，行距为1.5米，桩距为1.2米，棚架内空1.5米，棚架育苗隐蔽度应控制在65%左右，移栽控制在55%左右。如用水泥桩、铁丝及遮荫布为材料搭棚，则作水泥桩，规格为0.06米×0.08米×2米，内置直径6.5毫米钢筋1根，入土40～50厘米，行距3米，桩距2米，每隔1畦在畦中心栽1排水泥桩，顶部用铁丝按"#"字形固定，上盖遮阳度为65%的遮阳网，并用扎丝固定，内空1.5米。越冬前，应将阴棚上的遮阳网卷起或收回，来年4月底恢复遮盖。竹节参搭遮阳网见图5。

图5　竹节参搭遮阳网

3. 播种育苗

（1）选种及种子处理　就地采籽播种，可于8月中下旬在田间选择生长健壮、无病虫害、粒大、成熟早的4年生以上植株果实，除去果皮，并用0.3%高锰酸钾溶液或10%福尔马林溶液浸种10分钟，捞出后用清水冲洗，再用湿沙进行保存，（种子：河沙＝1∶4），保存期内，要经常注意防止湿沙干燥，一般以湿沙捏之成团，扔之即散为度。保存过的种子在播种前还需进行精选，将瘦小和保存过程中发生霉变或失水的种子除掉，再用上述方法进行1次消毒处理，即可播种。竹节参种子苗见图6。

（2）播种期　播种期为11月中下旬，过早播种，田间易生长杂草，不利于来年田间管理；过迟播种，会直接影响出苗率及根的生长，同时，由于竹节参多

图6　竹节参种子苗

在海拔较高的高寒山区栽培，下雪较早，不利于播种。

（3）播种方法　播种方法以撒播为主。每亩播种量20千克，将处理好的种子均匀的撒于整好的畦面上。播种后盖火土灰，以畦面见不到种子外露为度。肥料必须经过充分堆积、拌匀、细碎，盖肥厚度约1厘米，厚薄要均匀，以利出苗整齐。

4. 切段种植

竹节参的无性繁殖主要是用根茎进行切段繁殖（图7）。试验证明，竹节参无论顶生节，还是中间节，甚至是竹节参胆，也无论是单节、双节还是多节，都能作为切段繁殖的材料，节多出苗率高，苗质优。切段繁殖第2年能否出苗的关键是切段的时间，上一年10月以前切段繁殖，第2年80%茎段能出苗，11月中旬切段的仅30%出苗，但不出苗的茎段也不会死亡，第2年会长出芽苞，第3年还能出苗。繁殖材料的年龄和大小对第2年出苗的大小起决定作用：多年生粗根茎（茎粗2厘米左右）即使只1节，第2年出苗仍能开花结实，多节开花结实更多；如果茎粗小于1厘米，则出的苗仅如2年生以下的小苗，不开花。

图7　竹节参切段种植

5. 移栽定植

（1）适时移栽　移栽的适宜时期是主根顶端的芽苞未萌动前。一般在9月下旬至10月下旬。如芽苞已开始萌发，叶芽与花芽外露则不宜再移植，否则易感染病害，移栽成活率降低。

（2）取苗、分级与消毒　竹节参育苗需2年时间，为提高移栽成活率，最好当天挖取的苗当天栽完，当天栽不完的种苗，可用湿润沙土埋藏保存，防止种根失水过多。挖出苗后，依据幼苗的大小，分成大、中、小3个等级，并把芽苞受损伤的或受病虫危害的剔除。

将准备移栽的分级种根分别进行种苗消毒，可用1∶1∶200的波尔多液浸10～15分钟后取出，不必用水冲洗，待种根表面水分稍晾干后，即可进行定植。这种方法简易可行，是减少根部病害的有效措施。

（3）定植方法　以穴栽为主，穴距27厘米×27厘米，在经过消毒并已平整的畦面上，挖出5厘米深的平底穴，每穴种植1株，每亩可移栽种苗8000株。移栽时每畦地上种苗的芽苞的排列顺着一个方向，种根平卧，芽苞朝上，为保护根条不外露，每行的最后1株及畦尾的最后1行，将种根转向内侧而芽苞朝外，并注意不要太靠近畦边，以免在浇水或雨季畦面泥土塌落时，芽苞露出土面。定植后每亩施腐殖土2500千克或火土灰加腐熟厩肥2500千克，饼肥100千克，过磷酸钙50千克。

6. 田间管理

（1）移苗补苗　竹节参的产量与单位面积上的苗数直接相关。在移栽出苗后发现缺苗现象时，应及早采取移苗补苗措施，也可去病换健或去弱补强，以保证苗全苗壮。宜在5月中下旬的阴天或傍晚时，选择健壮的同龄竹节参苗带土移栽，栽后浇定根水并加强管理。已进入开花期的植株，不宜再移栽，缺苗严重时，可在冬季叶片黄萎时进行。

（2）除草、培土　早春齐苗后，应勤除杂草以保证田园清洁。除草时如发现裸露于土面的芽苞或根茎，应及时培细土，并适当镇压土面，以保证植株的正常生长。

（3）浇水、排水　竹节参不耐高温和干旱，所以，高温和干旱季节要勤浇水，始终保持畦面湿润，土壤含水量25%～40%，园内相对湿度达到60%～70%。雨季来临时，要疏通好排水沟，严防田间积水，并要注意降低田间的空气湿度。

（4）追肥　栽培竹节参每年都要追肥1～2次，追肥多用稀释的人畜粪水及磷肥、复合肥等。追施人畜粪水一般在开花期进行，每亩2000～3000千克，花期结合松土，施过磷酸钙每亩50千克，或复合肥每亩20千克，以促进果实成熟或根茎生长。

（5）摘蕾与留种　竹节参留种多选择4年生以上的健壮植株，3年生苗种子一般不能成熟，因此，3年生及不留种的田块，当花序柄长2厘米左右时，将整个花序摘除。测试结果表明，摘蕾可使产量提高20%左右。留种植株应在6～7月间结合中耕除草，摘除侧花序，保留主花苔，促进种子成熟和提高种子质量，因为侧花序上的种子一般是不能正常成熟的。

（6）冬季清园　入冬后气温下降，危害竹节参的病菌和害虫，落到或躲进枯枝落叶、杂草和土壤里度过冬天，成为下一年竹节参病虫害发生的病菌和害虫的主要来源。因此，每年11月份，都要进行清园，清除地上茎叶及园内外杂草，集中到园外深埋或烧毁。清园后再用杀虫、杀菌剂进行全面消毒。一般用1∶1∶100波尔多液喷雾。同时，每亩撒施事先准备好的腐熟农家肥2500千克，然后清沟，将沟土盖于畦面上，厚度以能盖住农家肥为宜，俗称"上越冬肥"，以利越冬和来年竹节参的正常生长。

7. 病虫害防治

（1）病害　为害竹节参的主要病害有疫病、立枯病、根腐病等。防治应采取农业防治与化学防治并举方案，多雨季节注意及时清沟排涝，松土施肥，在雨天或露水未干时，不能开展田间作业，发现病株应及时清除，并用生石灰消毒病穴，控制传染。

①疫病：主要为害叶片。是苗期和成株期的主要病害，发病率在15%～25%。病叶变成暗绿色水渍状病斑，严重时叶片枯萎，根部受害，造成倒状。

防治方法 以发病前施药为主，叶面喷雾70%代森锌800倍液或1：1：120波尔多液。严重时拔除病株，用生石灰消毒病穴，雨后注意及时清沟排水。

②立枯病：主要为害参苗，受害苗茎基部呈黄褐色，腐烂萎缩变细，地上茎折倒，造成大片死亡。3年以上的植株受害后，病茎呈撕裂状。该病为土壤带菌，春季出苗时开始发病，7月以后发病自行停止。

防治方法 发病期用70%代森锰锌800倍液喷雾，每隔5～7天1次，连续3次。

③根腐病：主要为害根和芽苞，使根腐烂变为灰黑色或呈锈红色。

防治方法 发病时用50%多菌灵600倍液或1：1：100波尔多液浇灌病穴，及时拔除病株，病穴用生石灰消毒，雨季及时排水。

（2）虫害 为害竹节参的害虫主要有蛴螬、地老虎、蝼蛄等，主要为害其根茎及幼苗。

防治方法 首先应保证施用的有机肥料充分腐熟。若发现田间有被害苗可用敌敌畏1600倍液或辛硫磷乳油1000倍液灌根。防治地老虎、蝼蛄用敌百虫有效成分每亩50～100克，先以少许水将敌百虫溶化，然后与4～5千克炒香的棉仁饼或菜籽饼拌匀，亦可以切碎的鲜草20～30千克拌匀成毒饵，于傍晚撒施于参苗根部表面诱杀。

五、采收加工

1. 采收

移栽竹节参定植4年（即6年生），在9月下旬至10月上旬地上部茎叶枯萎时采收。收获选晴天进行，将全株挖出，除去泥沙，剪去茎秆，留根茎，除去须根及芽孢。采挖竹节参根茎见图8。

2. 加工

将挖回的竹节参根茎，进一步去尽泥土、须根和芽孢，用清水刷洗干净，晾干表面水分后，上炕烘

图8 采挖竹节参根茎

干。烤烘应避免直火，先用文火，逐渐升温，最高温度应控制在60℃以内，并经常翻炕。整个烘干过程约需48小时。

六、药典标准

1. 药材性状

略呈圆柱形，稍弯曲，有的具肉质侧根。长5～22厘米，直径0.8～2.5厘米。表面黄色或黄褐色，粗糙，有致密的纵皱纹及根痕。节明显，节间长0.8～2厘米，每节有1凹陷的茎痕。质硬，断面黄白色至淡黄棕色，黄色点状维管束排列成环。气微，味苦、后微甜。

2. 显微鉴别

（1）横切面　木栓层为2～10列细胞。皮层稍宽，有少数分泌道。维管束外韧型，环状排列，形成层成环。韧皮部偶见分泌道。木质部束略作2～4列放射状排列，也有呈单行排列；木纤维常1～4束，有的纤维束旁有较大的木化厚壁细胞。中央有髓。薄壁细胞中含众多草酸钙簇晶，直径17～70微米，并含淀粉粒。

（2）粉末特征　黄白色至黄棕色。木纤维成束，直径约25微米，壁稍厚，纹孔斜裂缝状，有的交叉呈人字形。草酸钙簇晶多见，直径15～70微米。梯纹导管、网纹导管或具缘纹孔导管直径20～70微米。树脂道碎片偶见，内含黄色块状物。木栓组织碎片细胞呈多角形、长方形或不规则形，壁厚。淀粉粒众多，多单粒，呈类圆形，直径约10微米，或已糊化。

3. 检查

（1）水分　不得过13.0%。
（2）总灰分　不得过8.0%。

七、仓储运输

1. 仓储

加工好的产品应有仓库进行贮存，不得与对竹节参质量有损害的物质混贮，仓库应具备透风、除湿设备，货架与墙壁的距离不得少于1米，离地面距离不得少于20厘米，入库产品注意防霉、防虫蛀。水分超过13%不得入库。

2. 运输

不得与农药、化肥等其他有毒、有害物质混装。运载容器应具有较好的通气性，以保持干燥，应防雨、防潮。

八、药用食用价值

1. 临床常用

竹节参含竹节人参皂苷Ⅲ、竹节人参皂苷Ⅳ、竹节人参皂苷Ⅴ、人参皂苷Rd、人参皂苷Re、人参皂苷Rg_1、三七皂苷R_2、伪人参皂苷F_1等成分，具有散瘀止血、消肿止痛、祛痰止咳、补虚强壮之功效，可用于痨嗽咯血、跌扑损伤、咳嗽痰多、病后虚弱等症。

（1）止血、止痛 竹节参有止血、止痛的作用。可用于咯血、吐血、衄血、便血、尿血、倒经、崩漏、外伤出血等各种出血症，能很好地止血。对产后瘀阻腹痛、腰痛、风湿性关节痛之症也有非常不错的效果。

（2）解毒消肿 可用于外科化脓性感染病症的治疗，本品多与清热解毒药配伍，如蒲公英、金银花、紫花地丁等。治痔疮兼便血者尤其适宜，可配地榆、槐花、虎杖等药，以清肠消肿止血。治毒蛇咬伤，也可配合其他解蛇毒药同使用。

（3）止咳祛痰 竹节参既补肺气之虚，又能止咳祛痰，如用于肺结核、慢性支气管炎、肺气肿等虚实夹杂的咳嗽气喘，有痰无痰者均可应用。单品煎服亦可，若为加强疗效，也可配伍其他补润肺脏、止咳化痰药，如核桃仁、百部、川贝母、黄芩、蜂蜜等一起使用。

（4）活血散瘀 竹节参可治由于体内血行不畅引起的病症，如瘀血所致的闭经、经来腹痛及产后恶露不行造成的腹痛。本品可活血通瘀而通经止痛，轻者单用即可；重者可配伍红花、桃仁、三棱等活血之品，以增强功效。本品散瘀消肿，可治疗跌打损伤，风湿性关节疼痛，为治跌打伤肿之要药，轻者单用即有消肿止痛作用；重者可配川芎、郁金、骨碎补等药，以活血疗伤，消肿止痛。用于风湿性关节疼痛，常配细辛、羌活、独活、徐长卿、威灵仙、五加皮、络石藤等药，共奏祛风除湿、通络止痛。

（5）补虚强壮　竹节参"补而不峻"，故最适宜于大病初愈、慢性病体质虚弱的调养，起到滋补强壮、健腰强骨的作用。对于病后倦怠无力，头晕，不思饮食，可以与冰糖煎服，炖母鸡、炖肉或炖鸽肉服食，亦有较佳的补益效果。

2. 食疗及保健

（1）病后虚弱　竹节参15克，炖肉吃或水煎服。

（2）脾胃虚弱，食欲不振　竹节参、土炒白术各9克，酒炒蒲公英根9克。水煎，分3次于饭前半小时服。

（3）虚劳咳嗽　竹节人参15克，煎水当茶饮。

参考文献

[1]　袁丁. 竹节参基础与应用研究[M]. 北京：科学出版社，2015.

[2]　刘海华，林先明，艾伦强，等. 竹节参种质资源现状及匮乏原因分析[J]. 现代农业科技，2014（17）：118.

[3]　林先明，刘海华，郭杰，等. 竹节参生物学特性研究[J]. 中国野生植物资源，2007，26（1）：5-7.

[4]　向极钎，杨永康，覃大吉，等. 竹节参人工栽培技术研究[J]. 中国现代中药，2005，7（5）：26-28.

[5]　林先明. 珍贵药材竹节参规范化栽培技术研究[D]. 武汉：华中农业大学，2006.

厚朴

hou po

本品为木兰科植物厚朴*Magnolia officinalis* Rehd. et Wils.或凹叶厚朴 *Magnolia officinalis* Rehd. et Wils. var. *biloba* Rehd. et Wils.的干燥干皮、根皮及枝皮。

一、植物特征

厚朴为落叶乔木，高7～15米；冬芽由托叶包被，开放后托叶脱落。单叶互生，密集小枝顶端，叶片椭圆状倒卵形，长20～45厘米，宽10～25厘米，革质，先端钝圆或具短尖，基部楔形或圆形，全缘或微波状，背面幼时被灰白色短绒毛，老时呈白粉状。花与叶同时开放，单生枝顶，白色，有香气，直径约15厘米，花梗粗壮被棕色毛，花被9～12片，雄蕊多数，雌蕊心皮多数，排列于延长的花托上。聚合果卵状椭圆形，木质。每室种子常1枚。花期4～5月，果期9～10月。

凹叶厚朴（图1）与上种极相似，唯叶片先端凹缺成2钝圆浅裂片（但幼树叶先端圆形），裂深2～3.5厘米。

图1　凹叶厚朴

二、资源分布概况

厚朴主要分布于湖北西部、四川西南部、陕西南部及甘肃南部；凹叶厚朴主要分布于江西、安徽、浙江、福建、湖南、广西及广东北部。在大部分地区二者混生。商品厚朴主要有三大产区，即鄂西、川东为中心的"川朴"产区，闽北、浙江为中心的"温朴"产区以及湘南的"永道"产区。在温朴、永道和其他产区中，习惯认为"川朴"最优。

川朴产区为湖北西部鄂西地区（古代习称"川东"，包括恩施土家族、苗族自治州的恩施市、巴东、建始、鹤峰，宜昌的五峰）、陕西汉中、安康，重庆的万县、开县、城口、巫溪。以恩施、五峰、鹤峰出产的"紫油厚朴"为代表。川朴产区可提供全国商品量的30%，其中恩施州占全国商品量的20%。

温朴产区包括浙江龙泉、景宁、云和、松阳、庆云、遂昌、缙云等区（县）和福建蒲城、松溪、政和、福安等县。以"老山紫油贡朴"为极品。其中丽水市占温朴产区产量的50%以上。

习惯认为川朴质量最优，故其资源破坏也最严重。重庆市的万州和开县资源已经破坏殆尽。而川朴产区的巴东到重庆一线，恰是三峡库区所在，国家规定"三峡库区内一草一木均不可擅动"。因此，今后川朴的产区将缩小到五峰、鹤峰、恩施线。同时，这一线的种质资源全国最优。

三、生长习性

厚朴种类不同对环境条件的要求也不相同。厚朴为喜光树种，喜凉爽、湿润气候、光照充足，怕严寒、酷暑、积水。生长于海拔300～1700米的土壤肥沃、深厚的向阳山坡、林缘处。喜疏松、肥沃、排水良好、含腐殖质较多的酸性至中性土壤。一般在山地黄壤土、红壤地均能生长。生育期要求年平均气温16～17℃，最低温度不低于-8℃，年降水量800～1400毫米，相对湿度70%以上。种子的种皮厚硬，含油脂、蜡质，所以水分不易渗入。发芽所需时间长，发芽率较低，故播种育苗前应进行脱脂处理，否则播种后不能及时发芽，甚至1年后才会发芽，而且出苗也极不整齐。因此，对种子进行脱脂处理是育苗工作的一个重要环节。

厚朴一般4月中旬萌芽。5月下旬叶、花同时生长、开放。花持续开放3～4天，花期20天左右。9月果实成熟、开裂。10月开始落叶。5～6年生厚朴增高、长粗最快，15年后生长不明显；皮重增长以6～16年生最快，16年以后不明显。20年后进入盛果期。

四、栽培技术

1. 种植材料

厚朴的繁殖方法有种子繁殖、压条繁殖、分蘖繁殖等，生产上以种子繁殖为主。选择15~20年生皮厚油多的优良母树留种。一般选籽粒饱满、无病虫害、成熟的种子。厚朴种子外皮富含蜡质，水分难以渗入，不易发芽，必须进行脱脂处理。9~10月采摘成熟的聚合果，置通风干燥处，待聚合果开裂，露出红色种子时，剥离种子，入浅水中，脚踩、手搓至种子红色蜡质全部去掉后摊开晾干。将种子与湿砂按1：3的比例混合贮藏，贮藏期间保持湿润，防止干燥，一般含水量在20%左右，次年春天播种时，用40℃10%的石灰水种24小时，并用木棒搅拌，待播。

2. 选地与整地

（1）选地　选向阳、避风地带，疏松、肥沃、排水良好、含腐殖质较多的酸性至中性土壤。一般在山地黄壤、黄红壤地上均能生长，屋前房后和道路两旁均可种植。育苗地应选择海拔250~800米，坡度10°~15°，坡向朝东的新开荒地或土质肥沃的稻田为宜，菜地或地瓜地不宜种植。造林地应选择土壤肥沃、土层深厚、质地疏松、排灌方便的向阳山坡地。

（2）整地　育苗地一般于冬季深翻，春播时结合整地每亩施腐熟厩肥或土杂肥3000千克，整地要3犁3耙，耙平整细，然后开道作畦，畦宽120厘米，高15厘米，道宽30厘米，畦面呈瓦背形，待播。

造林地于白露后按株行距3米×3米开穴，一般穴长为50厘米，宽为50厘米，深50厘米。

3. 播种

厚朴播种育苗可秋播，也可春播。秋播在11月中下旬进行，春播在2月下旬至3月上旬进行。在整好的苗床上条播，条距30厘米，深3厘米，将处理好的种子均匀的播入沟内，覆土3厘米，每亩用种量为15千克左右。

4. 田间管理

（1）中耕除草　见草就拔，保持畦面无杂草。除草后要立即撒上一层火烧土，以保护幼苗根部，促进生长。同时注意春雨季节的排水管理，以免积水烂根。

（2）追肥　待厚朴苗长到五叶包心，地上部分完全木质化时，每亩用5千克尿素在晚间或雨天直接撒施，如久晴不雨，可将尿素兑水稀释后于行间泼施，这样既能追肥，又可起到抗旱的作用，如苗地肥力较好可视幼苗生长情况适时撒施。

（3）成株期管理　除萌、修剪、间伐。厚朴隐蔽力强，特别是根际部位和树干部位由于机械损伤、病虫和兽害等原因，常出现萌芽而形成多干现象，这对主干的生长是极其不利的。因此，必须及时修剪除蘖，以利其正常生长。如种植密度大或混交种植，还应及时进行间伐和修剪，方能保证厚朴林的正常发育。

（4）截顶、整枝和斜割树皮　为加快厚朴生长，增厚皮层，定植10年后，树高达到9米左右时，就可将主干顶梢截除，并修剪密生枝、纤弱枝、垂死枝，使养分集中供应主干和主枝生长。同时于春季用利刀从其枝下高15厘米处起一直到茎部围绕树干将树皮等距离地斜割4～5刀，并用100ppm ABT 2号生根粉原液向刀口处喷雾，促进树皮薄壁细胞加速分裂和生长，使树皮增厚更快。这样，15年生的厚朴就可以采收剥皮。

5. 病虫害防治

（1）立枯病　选择排水良好的砂质壤土种植；雨后及时清沟排水，降低田间湿度；发病初期，用5%石灰液浇注，每隔7天1次，连续浇注3～4次。

（2）叶枯病　及时摘除病叶，烧毁或深埋；每隔7～8天喷1次1：1：120波尔多液或50%退菌特800倍液，连续2～3次。

（3）根腐病　生长期应及时疏沟排水，降低田间湿度，同时要防止土壤板结，增强植株抵抗力；发病初期，用50%退菌特500～1000倍液，每隔15天喷1次，连续喷3～4次。

（4）褐天牛　夏季检查树干，用钢丝钩杀初孵化幼虫；5～7月成虫盛发期，在清晨检查有洞孔的树干，捕杀成虫。

（5）金龟子　冬季清除杂草，深翻土地，消灭越冬虫口；施用腐熟的有机肥，施后覆土，减少产卵量；危害期用90%敌百虫1000～1500倍液喷杀。在金龟子危害较严重的林区，可设置40瓦黑光灯诱杀其成虫。

（6）白蚁　寻找白蚁主道后，放药发烟；在不损坏树木的情况下，采用挖巢灭蚁的方法。

五、采收加工

1. 采收

（1）采收期　4～6月剥取生长15～20年的树干皮。

（2）采收方法

①伐树剥皮法：即采收时将厚朴树连根挖起，分段剥取干皮、枝皮和根皮。此法对资源破坏严重。

②环剥方法：选择树干直、长势旺、胸径达20厘米以上的树，于阴天（相对湿度为70%～80%）进行环剥。采用专用剥皮的"朴刀"（长60厘米，一端扁平锋利，另一端弯曲平尖，中有细锯齿，可作手锯），先在离地面6～7厘米处，向上取一段树干，在上下两端用环剥刀绕树干横切，上面的刀口略向下，下面的刀口略向上，深度以接近形成层为度。然后呈丁字形纵割1刀，在纵割处将树皮撬起，慢慢剥下。长势好的树，一次可以同时剥2～3段。被剥处用塑料薄膜包裹，保护幼嫩的形成层，包裹时上紧下松，尽量减少薄膜与木质部的接触。在整个环剥操作过程中，手指切勿触及形成层，避免污染。剥后25～35天，被剥皮部位新皮长出，即可去掉塑料薄膜。第二年，又可按上法在树干其他部位剥皮。此法不用砍树取皮，既保护了资源，也保护了生态环境。

2. 加工

（1）烘干法　将剥下的树皮整理后，放在甑里，以少量花椒、白矾和水蒸煮，待蒸到甑上蒸气均匀后，取出堆在草内"发汗"12～24小时，取出卷成万卷书形，两端用麻拴好，用炭火烘干，烘干后，按等级规格包装成捆，即可运销。

（2）晒干法　将采回的厚朴皮放室内直接风干或用开水烫至发软后，取出堆积"发汗"，然后放外面晾晒，晚上收回架成"井"字形，使之通风，直至干透后出售。

六、药典标准

1. 药材性状

（1）干皮　呈卷筒状或双卷筒状，长30～35厘米，厚0.2～0.7厘米，习称"筒朴"；近根部的干皮一端展开如喇叭口，长13～25厘米，厚0.3～0.8厘米，习称"靴筒朴"。外表面灰棕色或灰褐色，粗糙，有时呈鳞片状，较易剥落，有明显椭圆形皮孔和纵皱纹，刮去粗皮者显黄棕色。内表面紫棕色或深紫褐色，较平滑，具细密纵纹，划之显油痕。质坚硬，不易折断，断面颗粒性，外层灰棕色，内层紫褐色或棕色，有油性，有的可见多数小亮星。气香，味辛辣、微苦。厚朴饮片见图2。

1cm

（2）根皮（根朴） 呈单筒状或不规则块片；有的弯曲似鸡肠，习称"鸡肠朴"。质硬，较易折断，断面纤维性。

（3）枝皮（枝朴） 呈单筒状，长10～20厘米，厚0.1～0.2厘米。质脆，易折断，断面纤维性。

2. 显微鉴别

（1）横切面 木栓层为10余列细胞；有的可见落皮层。皮层外侧有石细胞环带，内侧散有多数油细胞和石细胞群。韧皮部射线宽1～3列细胞；纤维多数个成束；亦有油细胞散在。

（2）粉末特征 棕色。纤维甚多，直径15～32微米，壁甚厚，有的呈波浪形或一边呈锯齿状，木化，孔沟不明显。石细胞类方形、椭圆形、卵圆形或不规则分枝状，直径11～65微米，有时可见层纹。油细胞椭圆形或类圆形，直径50～85微米，含黄棕色油状物。

3. 检查

（1）水分 不得过15.0%。

（2）总灰分 不得过7.0%。

（3）酸不溶性灰分 不得过3.0%。

七、仓储运输

1. 仓储

仓库应具有防虫、防鼠的功能；要定期清理、消毒和通风换气，保持洁净卫生；分类存放；不应和有毒、有害、有异味、易污染物品同库存放。本品应贮于阴凉、干燥、避风处，安全水分为9%～14%。易失润、散味，高温、高湿季节前，可按垛密封贮藏。

2. 运输

运输车辆的卫生合格，具备防暑、防晒、防雨、防潮、防火等设备，符合装卸要求；进行批量运输时应不与其他有毒、有害、易串味物质混装。

八、药材规格等级

1. 温朴筒朴（福建、浙江等地所产的厚朴）

（1）一等　干货。卷成单筒或双筒，两端平齐。表面灰棕色或灰褐色，有纵皱纹。内面深紫色或紫棕色，平滑，质坚硬。断面外侧灰棕色，内侧紫棕色。颗粒状。气香，味苦、辛。筒长40厘米，重800克以上。无青苔、杂质、霉变。

（2）二等　干货。卷成单筒或双筒，两端平齐。表面灰褐色或灰棕色，有纵皱纹。内面深紫色或紫棕色，平滑，质坚硬。断面外侧灰棕色，内侧紫棕色。颗粒状。气香，味辛、苦。筒长40厘米，重500克以上。无青苔、杂质、霉变。

（3）三等　干货。卷成单筒或双筒，两端平齐。表面灰褐色或灰棕色，有纵皱纹。内面紫棕色，平滑，质坚硬。断面紫棕色，气香，味苦、辛。筒长40厘米，重200克以上。无青苔、杂质、霉变。

（4）四等　干货。凡不合以上规格者以及碎片、枝朴，不分长短、大小，均属此等。无青苔、杂质、霉变。

2. 川朴筒朴（主产于四川、云南、贵州、湖北、湖南、江西、安徽等省）

（1）一等　干货。卷成单筒或双筒，两端平齐。表面黄棕色，有细密纵皱纹，内面紫棕色，平滑，划之显油痕，质坚硬。断面外侧黄棕色，内侧紫棕色，显油润，纤维少。气香，味苦、辛。筒长40厘米，不超过43厘米，重500克以上。无青苔、杂质、霉变。

（2）二等　干货。卷成单筒或双筒，两端平齐。表面黄棕色，有细腻的纵皱纹。内面紫棕色，平滑，划之显油痕，质坚硬。断面外侧黄棕色，内侧紫棕色，显油润，纤维少。气香，味苦、辛。筒长40厘米，不超过43厘米，重200克以上。无青苔、杂质、霉变。

（3）三等　干货。卷成单筒或双筒，两端平齐。表面黄棕色，有细腻的纵皱纹。内面紫棕色，平滑，划之显油痕，质坚硬。断面外侧黄棕色，内侧紫棕色，显油润，纤维少。气香，味苦、辛。筒长40厘米，不超过43厘米，重不低于100克。无青苔、杂质、霉变。

（4）四等　干货。凡不合以上规格者以及碎片、枝朴，不分长短、大小，均属此等。无青苔、杂质、霉变。

3. 蔸朴（树蔸上下的根、干皮）

（1）一等　干货。为靠近根部的干皮和根皮，似靴形，上端呈筒形。表面粗糙，灰棕色或灰褐色，内面深紫色。下端呈喇叭口状，显油润。断面紫棕色颗粒状，纤维性不明显。气香，味苦、辛。块长70厘米以上，重2000克以上。无青苔、杂质、霉变。

（2）二等　干货。为靠近根部的干皮和根皮，似靴形。上端呈单卷筒形，表面粗糙，灰棕色或灰褐色。内面深紫色，下端呈喇叭口状，显油润。断面紫棕色。纤维性不明显。气香，味苦、辛。块长70厘米以上，重2000克以下。无青苔、杂质、霉变。

（3）三等　干货。为靠近根部的干皮和根皮，似靴形，上端呈单卷筒形，表面粗糙，灰棕色或灰褐色。内面深紫色。下端呈喇叭口状。显油润。断面紫棕色。纤维很少。气香，味苦、辛。块长70厘米，重500克以上。无青苔、杂质、霉变。

4. 耳朴（不分温朴、川朴）

统货　干货。为靠近根部的干皮，呈块片状或半卷形，多似耳状。表面灰棕色或灰褐色，内面淡紫色。断面紫棕色，显油润，纤维性少。气香，味苦、辛。大小不一。无青苔、杂质、霉变。

5. 根朴（不分温朴、川朴）

（1）一等　干货。呈卷筒状长条。表面土黄色或灰褐色，内面深紫色。质韧。断面油润。气香，味苦、辛。条长70厘米，重400克以上。无木心、须根、杂质、霉变。

（2）二等　干货。呈卷筒状或长条状，形弯曲似盘肠。表面土黄色或灰褐色，内面紫色。质韧。断面略显油润。气香，味苦、辛。长短不分，每枝400克以上。无木心、须根、泥土等。

九、药用价值

（1）胃肠积滞，大便秘结　本品有良好的行气作用，能促进胃肠运动以消除积滞，故为消积除胀要药，适宜于胃肠积滞诸证。治疗热结便秘，常与大黄、芒硝、枳实同用。治疗湿热阻滞大肠之泻痢、食积气滞腹胀等积滞证，分别与清热燥湿药、消食药配伍。

（2）湿阻中焦，脘腹胀满　本品苦燥辛散，能燥湿行气，尤宜于湿阻中焦之脘腹胀闷、腹痛、呕逆等，常与苍术、陈皮等同用。

（3）喘咳　本品又能降气平喘。治湿痰阻肺，胸闷喘咳，常与陈皮、半夏等同用。治疗平素有喘疾，因外感风寒而诱发者，常与麻黄等发散风寒、宣肺平喘药配伍。

参考文献

[1]　康廷国. 中药鉴定学[M]. 北京：中国中医药出版社，2016.

[2]　龙全江. 中药材加工学[M]. 北京：中国中医药出版社，2016.

[3]　王建. 临床中药学[M]. 北京：人民卫生出版社，2014.

[4]　杨志玲. 厚朴种质资源研究[M]. 北京：中国林业出版社，2011.

[5]　马建烈. 厚朴栽培及采收加工技术[J]. 特种经济动植物，2016，19（3）：34-36.

[6]　张强. 厚朴标准化栽培技术[J]. 现代农业科技，2013（23）：128，131.

[7]　黄璐琳，江怀仲，胡尚钦，等. 厚朴的栽培技术[J]. 四川农业科技，2002（11）：23.

白及
bai　ji

本品为兰科植物白及 *Bletilla striata*（Thunb.）Reichb. f. 的干燥块茎。武陵山区湖北、湖南、重庆等多县有栽培。

一、植物特征

白及为多年生草本，植株高18～60厘米。假鳞茎扁球形，上面具荸荠似的环带，富黏性。茎粗壮，劲直。叶4～6枚，狭长圆形或披针形，长8～29厘米，宽1.5～4厘米，先端渐尖，基部收狭成鞘并抱茎。花序具3～10朵花，常不分枝或极罕分枝；花序轴或多或少呈"之"字状曲折；花苞片长圆状披针形，长2～2.5厘米，开花时常凋落；花大，紫红色或粉红色；萼片和花瓣近等长，狭长圆形，长25～30毫米，宽6～8毫米，先端急尖；花瓣较萼片稍宽；唇瓣较萼片和花瓣稍短，倒卵状椭圆形，长23～28毫米，白色带紫红色，具紫色脉；唇盘上面具5条纵褶片，从基部伸至中裂片近顶部，仅在中裂片上面为波状；蕊柱长18～20毫米，柱状，具狭翅，稍弓曲。蒴果圆柱形，长3～3.5厘米，具6纵肋。种子细粉状，无胚乳。花期4～5月，果期7～9月。（图1）

图1　白及

二、资源分布概况

白及属我国产4种，分别是白及、华白及、小白及和黄花白及。我国野生白及主要分布地北起江苏、河南，南至台湾，东起浙江，西至西藏东南部。白及野生资源已相当稀少，现以人工栽培为主，贵州、四川、云南、湖北、湖南、河南等省（区）为主要栽培产区。现以贵州、云南、湖北产量较大，质量较好，销往全国。武陵山区适合白及栽培产区为湖北夷陵区、长阳、巴东、恩施等地。

三、生长习性

白及喜温暖、湿润、阴凉的气候环境，耐阴能力强，对光适应的生态幅较窄。怕严寒，适生温度在15～27℃，冬季温度低于10℃时块茎基本不萌发，夏季高温干旱时，叶片容易枯黄。年降雨量1100毫米以上，相对湿度75%～85%的地区，生长发育良好。白及是须根系、浅根性的植物，其块茎在土中10～15厘米以上，故要求土层厚度30厘米左右，具有一定肥力，含钾和有机质较多的微酸性至中性土壤，有利于白及块茎生长，产量高。

土层瘠薄，易于板结的土壤，块茎生长不正常，呈干瘪细小状态，产量低。过于肥沃的稻田土，含氮量过多的土壤，会引起白及地上部分徒长，其块茎反而长得很小，产量也不高。

白及为多年生草本植物，在一年内可以完成整个生育周期。2～3月份气温回升到14～16℃时开始萌发，出苗；3月中下旬开始展开第一叶片；在雨水充足、夏季高温前，地上部分生长进入高峰期；进入高温干旱季节，生长缓慢；到了秋末，地上部分开始枯萎落叶；进入12月份后，将进入完全休眠期状态。白及第一年生植株即可开花，5～6月为盛花期，7～9月果实成熟；在一定的年限内，假鳞茎的个数和重量近成倍的增长，一般种后3～5年采挖。种子非常细小，种子千粒重约0.006～0.011克。白及虽然能产生大量的种子（每个果荚1万～3万粒），但是白及种子没有胚乳，在自然条件下萌发困难，需借助大棚和基质等设施进行播种发芽。

四、栽培技术

1. 种植材料

白及种子或带芽块茎。

2. 选地与整地

（1）选地　选择土层深厚、疏松、排水良好，富含腐殖质的砂壤土或壤土地块种植，要求栽培在阴山缓坡或山谷平地。

（2）整地　新垦地应在头年秋、冬季翻耕过冬，使土壤熟化。耕地应在前一季作物收获后，翻耕土壤30厘米以上，每亩施入腐熟厩肥或堆肥1500～2000千克，翻入土中作基肥。在栽种前，再浅耕1次，然后整细耙平，起宽1.2米左右、高25厘米以上的畦，畦沟宽30厘米，四周开好排水沟。选开荒地种植时，宜先将砍后的树枝、落叶、杂草铺于地表，晾晒后放火烧土，然后再翻耕作畦。

3. 繁殖方法

（1）种子繁殖

①播种时间：春播适合2～4月份，秋播适合9～11月份。

②选种：9月份，白及蒴果成熟，及时采收，在室内通风晾干，并用细孔筛筛分出净

种子。种子在15～20℃通风干燥条件下，可储存1年。置于冰箱3～5℃冷藏可存放2年。

③育苗棚准备：白及自然条件下发芽率低下，要建设育苗棚和喷灌（喷雾）保湿设施才能出苗和生长。

④育苗营养土准备：白及种子育苗要配置育苗土，育苗土一般采用草炭土、椰糠、树皮粉、腐熟牛（羊）粪、营养土等按适当比例配制，要求pH值适中，盐分低，疏松透气、保水。育苗土配制好后要充分发酵和高温灭菌、灭草。播种前，在育苗棚地面铺设5厘米以上厚度处理好的育苗土。

⑤播种：播种前，育苗棚内要喷水，使育苗土充分吸水，稍晾半日即可播种。白及种子小，播种时一般将种子放入细孔筛子，距离充分吸水育苗土表面一定距离进行筛播，让种子均匀洒落在育苗土上，种子上不要盖土。一般每平方播种3～6克种子。播种完后，及时喷水（水滴要呈雾状，不可过大），并把育苗棚四周薄膜放下，保持棚内湿度和温度。育苗棚上或棚内要覆盖一层遮阳网，保持棚内透光度在20%左右。

⑥苗期管理：白及种子直播成苗的关键因素之一是种子吸水膨胀后至萌发成功后的温湿度管护。首先要控制好土壤水分和空气湿度，白及种子在萌发过程中极易失水死亡，空气湿度控制在60%～90%之间，营养土湿度要控制在70%左右，温度应保持在20～30℃范围内。土壤湿度过大，容易滋生苔藓等藻类，可采用质量浓度为0.03%的硫酸铜溶液喷施育苗床。白及种子长出第一片真叶后可根据育苗营养土肥力及苗的生长情况喷施叶面肥。直播180天后，苗子均长成4～5片真叶，植株个体为10～15厘米，植株根须发达，假鳞茎约1～1.5厘米，可以作为成品苗进行大田移栽。如播种密度过大，3～4片真叶时可进行间苗，在新育苗棚假植培育大苗。

⑦移栽：白及苗需在育苗棚生长半年以上，假鳞茎约1～1.5厘米才能移栽。春栽宜在3～5月份，秋栽宜在9～11月份。移栽采用畦栽。种植行距30厘米，株距20～25厘米，采用双株种植，定植深度2～3厘米。定植完后畦面覆盖秸秆或松树叶，保湿和防止田间杂草。

（2）鳞茎繁殖　鳞茎种植多在10月至翌年2月。在整好的地上开宽1.2米左右、高25厘米左右的厢，按行距约30厘米、窝距30厘米左右挖窝，窝深5厘米左右，窝底要平。将白及收获后，掰下当年生具嫩芽的块茎，每块茎需有芽1～3个，每窝栽种鳞茎2个，平摆窝底，各个茎秆靠近，芽嘴向外。栽后覆细肥土或火灰土，浇一次腐熟稀薄沼液，然后盖土与厢面齐平。种植完后，畦面覆盖秸秆或松树叶，保湿防杂草。

4. 田间管理

（1）中耕除草 白及植株矮小，压不住杂草，故要注意中耕除草，一般每年3次。第一次在3～4月出苗后；第二次在6月生长旺盛时，要及时除尽杂草，避免草荒；第三次在10月左右结合收获间作的作物浅锄厢面，铲除杂草。每次中耕都要浅锄，以免伤芽伤根。

（2）水分管理 白及栽培地要经常保持湿润，遇天气干旱及时浇水。干旱时，早晚各浇一次水。雨季或每次大雨后及时疏沟排除多余的积水，避免烂根。

（3）间作 白及植株矮小，生长慢，栽培年限较长，头两年可在畦两边套种玉米，种植间距50厘米以上，以充分利用土地，增加收益，并为白及遮阴。玉米成熟后，收获玉米棒，玉米秆继续保留，待10月玉米秆枯萎后，将玉米秆砍倒覆盖在畦面，进行田间防寒抗冻保温。

（4）追肥 每年10月份，结合田间玉米秸秆砍除覆盖和田间锄草工作，在畦面施用一层充分腐熟牛羊粪300～400千克或堆肥800～1000千克。

5. 病虫害防治

（1）块茎腐烂病 多发生在雨季，6月下旬～9月是病害多发时期。防治采用高垄或高畦种植，雨季注意排水；发病田可用50%多菌灵500倍，或50%甲基托布津800倍液浇灌病穴或喷雾防治。

（2）锈病 清洁田园；发病期喷20%锈特1000倍液或20%敌锈钠100倍液，10天1次，连喷2～3次，或喷波美0.2～0.3度石硫合剂，每7天1次，连喷2～3次。

（3）小地老虎 在越冬代成虫盛发期采用灯光或糖醋液诱杀成虫；为害严重的地块，可采取人工捕捉；用90%晶体敌百虫0.5千克，加水2.5～5千克，拌蔬菜叶或鲜草50千克制成毒饵，每亩用毒饵10千克进行诱杀幼虫；用80%敌百虫可湿性粉剂800倍液或50%辛硫磷乳油1000倍液灌根。

五、采收加工

1. 采收

通常于鳞茎繁殖栽种后第四年便可采挖。采收季节为秋末冬初。采挖时用平铲或小锄细心地将鳞茎连土一起挖出，摘去须根，除掉地上茎叶，抖掉泥土。

2. 加工

将采挖的块茎，折成单个，用水洗去泥土，除去粗皮，置开水锅内煮或烫至内无白心时，取出，冷却，去掉须根，晒或烘至5～6成干时，适当堆放使其里面水分逐渐析出至表面，继续晒或烘至全干。放撞笼里，撞去未尽粗皮与须根，使成光滑、洁白的半透明体，筛去灰渣即可。

六、药典标准

1. 药材性状

不规则扁圆形，多有2～3个爪状分枝，少数具4～5个爪状分枝，长1.5～6厘米，厚0.5～3厘米。表面灰白色至灰棕色，或黄白色。有数圈同心环节和棕色点状须根痕，上面有突起的茎痕，下面有连接另一块茎的痕迹。质坚硬，不易折断，断面类白色，角质样。气微，味苦，嚼之有黏性。（图2）

白及饮片见图3。

图2　白及药材

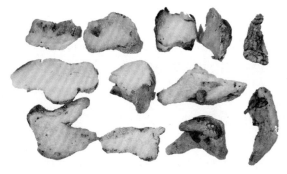

图3　白及饮片

2. 显微鉴别

粉末淡黄白色。表皮细胞表面观垂周壁波状弯曲，略增厚，木化，孔沟明显。草酸钙针晶束存在于大的类圆形黏液细胞中或随处散在，针晶长18～88微米。纤维成束，直径11～30微米，壁木化，具人字形或椭圆形纹孔。梯纹导管、具缘纹孔导管及螺纹导管直径10～32微米。糊化淀粉粒团块无色。

3. 检查

（1）水分　不得过15.0%。

（2）总灰分　不得过5.0%。

（3）二氧化硫残留量　照二氧化硫残留量测定法测定，不得过400毫克/千克。

七、仓储运输

1. 仓储

仓库要通风、阴凉、避光、干燥，有条件时要安装空调与除湿设备，气温不超过20℃，相对湿度不高于65%，包装应密闭，要有防鼠、防虫措施，地面要整洁。存放的条件，符合《药品经营质量管理规范（GSP）》要求。

2. 包装

所使用的包装袋要清洁、干燥，无污染，无破损，符合药材包装质量的有关要求。在每件货物上要标明品名、规格、产地、批号、包装日期等，并附有质量合格标志。

3. 运输

进行批量运输时应不与其他有毒、有害、易串味物质混装，运载容器要有较好的通气性，保持干燥，并应有防潮措施。

八、药用价值

白及的化学成分主要是联苄类、菲类、联菲醚类等化合物。白及胶主要含有大量的多糖成分，具有广泛的药理活性。近年来已引起国内外医药界的重视，尤其在制剂开发方面已取得了一定的进展，利用白及多糖独特的理化性质，如易形成凝胶、高渗透压、高黏度和吸水性，被研制成白及多糖微球、动脉栓塞以及成膜材料，认为白及胶集载体、导向、栓塞、缓释、治疗于一身，具有很大的研究、开发价值。

1. 临床常用

白及为止血、抗杆菌、真菌、治疗咳嗽的良药。对阴虚咳嗽、肺热咳嗽、百日咳、肺结核咳嗽以及其他难治性咳嗽都有良好止咳作用，对治疗鼻窦炎也有疗效。白及富含淀粉、葡萄糖、挥发油、黏液质等，外用涂擦，可消除脸上痤疮留下的痕迹，让肌肤光滑无痕；外敷治创伤出血、痈肿、烫伤、疔疮等。注意：白及反川乌、草乌、附子类。

（1）治肺结核空洞　蜜炙百部、白及各12克，黄芩6克，黄精15克。水煎服。

（2）治溃疡性结肠炎　每晚睡前排便后，取白及粉20克用温开水调成稀水样，从肛门迅速灌入（其保留时间越长越好），每日1次。

（3）治支气管扩张咯血　白及120克，百合、蛤粉各60克，百部30克，制丸，每次6克。

（4）治手足皲裂　用白及末水调涂之，可以愈合。

2. 其他

白及不仅药用价值高，而且作为兰科植物极具观赏价值，同时也是我国现代医药工业和化妆品工业的重要原材料。其胶液质黏无毒，是优良的天然高分子成膜材料。以甲壳胺和白及胶为成膜材料，按不同比例混合制备甲硝唑药膜。药膜柔软透明，有一定的强度，调整膜材料配比可改变载药膜的缓释性能。膜剂是近年来国内外研究和应用进展很快的剂型，一些膜剂尤其是鼻腔、皮肤用药膜亦可起到全身作用。

除了在医药方面的应用，白及由于其无不良反应，特别适合作为天然化妆品的功能组分，发展以中药白及为化妆品原料的天然功能组分具有很大的市场潜力。在工业方面，白及是高级卷烟烟条黏合剂，野山参断须修复剂，裱中国字画黏合剂，胃镜检查的保护剂，美容面膜的材料等。

参考文献

[1]　张美，周先建，胡平，等. 四川省白及最佳栽培期研究[J]. 现代农业科技，2016（4）：70.

[2]　苏钛，邱斌，李云. 滇产白及类习用药材资源调查及市场利用评价[J]. 中国野生植物资源，2014，33（5）：49–52.

[3]　刘京宏，周利，钟晓红，等. 白及资源研究现状及长产业链开发策略[J]. 中国现代中药，2017，19（10）：1485–1494.

[4] 胡凤莲. 白及的栽培管理及应用[J]. 陕西农业科学，2011，57（3）：268-269.

[5] 熊丙全，廖相建，张勇，等. 四川地区白及优质高产栽培技术[J]. 现代农业科技，2017（21）：90-91.

[6] 韩学俭. 白及药用及其栽培技术[J]. 农村经济与科技，2004，15（10）：31-32.

[7] 万永明，崔光教. 高山地区白及仿野生人工栽培技术试验[J]. 特种经济动植物，2018（2）：36-39.

bo luo hui
博落回

本品为罂粟科植物博落回 *Macleaya cordata*（Willd.）R. Br. 的带根全草。别名号筒杆、三钱三、翻白牛、勃逻回、勃勒回、落回、菠萝筒等。

一、植物特征

直立草本，基部灌木状，具乳黄色浆汁，高1～4米。茎绿色，光滑，多白粉，中空，粗达1.5厘米，上部多分枝。叶宽卵形或近圆形，长5～27厘米，宽5～25厘米，先端急尖、渐尖、钝或圆形，基部心形，边缘7（9）深或浅裂，裂片半圆形、方形、三角形或其他，边缘波状、缺刻状、粗齿或多细齿，上面绿色，无毛，背面具易落的细绒毛，多白粉，基出脉通常5，侧脉2对，稀3对，细脉网状，通常呈淡红色；叶柄长1～12厘米，上面具浅沟槽。大型圆锥花序多花，长15～40厘米，生于茎或分枝顶端；花梗长2～7毫米；苞片狭披针形；花芽棒状，近白色，长约1厘米；萼片狭倒卵状长圆形，船形，黄白色，长约1厘米；花瓣无；雄蕊24～30，花丝丝状，长约0.5厘米，花药狭条形，与花丝等长；子房倒卵形、狭倒卵形，长0.2～0.4厘米，先端圆，基部渐尖，花柱长约1毫米，柱头2裂，下延于花柱上。蒴果狭倒卵形或倒披针形，长1.5～3厘米，宽0.5～0.7厘米，先端圆或钝，基部渐狭，无毛。种子通常4～8枚，卵珠形，长1.5～2毫米，生于缝线两侧，无柄；种皮蜂窝状，具鸡冠状突起。花期6～8月，果期7～10月。（图1、图2）

图1 博落回   图2 博落回花穗

二、资源分布概况

博落回资源在我国共有两个种，分别为博落回*Macleaya cordata*（Willd）R. Br. 和小果博落回*Macleaya microcarpa*（Maxim.）Fedde，系罂粟科博落回属植物，是异喹啉类生物碱——血根碱的重要来源植物。博落回主要分布在我国湖南等16个省，据报道在俄罗斯、德国和日本也有分布。调查结果表明，博落回（大果）主要分布在湖南、安徽、福建、广东、广西、贵州、河南、湖北、江苏、江西、浙江11个省（区）；小果博落回主要分布在甘肃、湖北、河南、山西、陕西、四川、重庆7个省（市），并发现湖北省和河南省同时分布博落回和小果博落回的野生资源。

三、生长习性

博落回在长江中下游各省海拔150～1000米的丘陵或低山林、灌丛、草丛生长。喜温暖、湿润环境，生于山坡及草丛中，喜肥、喜光、怕涝、耐寒、耐旱。对土壤要求不严，但以肥沃、砂质壤上和黏壤土长势健壮。适宜的生长温度为22～28℃。

四、栽培技术

1. 撒播

（1）选地与整地　博落回种子细小，整地必须细致以利于出苗。尽量选择地势较高、土壤疏松且肥沃的林地，先将山上的灌木、杂草砍伐晒干，用火焚烧，除去较大的石块或杂物，开好围沟、腰沟。每亩施腐熟肥、厩肥等1000～1500千克，撒施土壤表面，然后深翻20厘米左右，整平。

（2）撒播时间与方法　一般要冬播，即每年的12月份到1月份之间进行撒播。将拌有3倍量细沙的博落回种子，均匀地撒在整好的林地中，每亩用种量依种子发芽率而定，一般发芽率低于10%时每亩用种量约为500克；发芽率高于15%时每亩用种量约为300克。

（3）田间管理　查缺补蔸：因病虫害或其他因素造成缺蔸，应及时补蔸以确保产量。中耕除草：以人工除草和药剂防治为主，人工除草可结合松土，有利于保水、保肥，促进根系的生长。中途追肥：在苗期（4月中旬）施用壮苗肥，以尿素为主，量为20千克/亩。在花芽分化期（5月中旬），进行追肥（促花肥），以复合肥为主，结合有机肥，量为25千克/亩。10月采收后将博落回干茎烧成草木灰，与农家肥拌合，撒作追肥。清沟排水：因博落回喜半旱、半湿润土壤生长，所以，要清除围沟、中沟达30厘米以上，防止积水。

2. 点播

（1）选地与整地　选择地势平坦的山地或旱地。将地深挖20厘米，除去石头与杂草，耙细土壤起畦，畦宽2米，高20厘米，畦长和朝向根据具体情况而定。畦间留30～40厘米宽做走道，开好围沟、腰沟和厢沟，方便排水。畦面整好后，按株距35厘米，行距70厘米挖穴，穴深5～6厘米，穴宽8～10厘米。

（2）点播时间与方法　适合冬播，即每年的12月份到1月份之间进行播种。播种前先将种子用600毫克/升的赤霉素溶液浸泡24小时，捞出上浮的空粒和不饱满的种子，用清水冲洗种子3遍，沥干水待播。按每穴0.1克种子（约100粒），种子混合少量细沙或细土点播，点播后覆细壤土1～2厘米，不宜过厚，否则影响出苗率，然后盖地膜保温、保湿。待苗高5厘米左右进行间苗，每穴留2～3株即可。

（3）田间管理

①打孔促苗：点播种子发芽后及时在地膜上打孔，让苗自然长出。

②查缺补蔸：因病虫害或其他因素造成缺蔸，应及时补蔸以确保产量。

③中耕除草：以人工除草和药剂防治为主，人工除草可结合松土，有利于保水、保肥，促进根系的生长。

④中途追肥：在苗期（4月中旬）施用壮苗肥，以尿素为主，量为20千克/亩。在花芽分化期（5月中旬），进行追肥（促花肥），以复合肥为主，结合有机肥，量为25千克/亩。10月采收后将博落回干茎烧成草木灰，与农家肥拌合，撒作追肥。

3. 育苗移栽

（1）苗床准备与制钵

①苗床准备：博落回育苗苗床的选择，应靠近移栽大田。苗床以背风向阳、排灌方便、土质较好的无病地块为主。坚持施足有机肥，培肥钵土，结合冬翻、熟化土壤，施好肥料，培肥床土。床土用肥应以有机肥为主，少量的磷、钾肥为辅。如果在年前没有用肥，可在制钵前10天左右，每100平方米施用已经腐熟的人畜粪200千克左右，深挖土层的厚度不少于15厘米，锄碎并清除粗硬杂物。在制钵前3天用有机肥（农家肥）5千克/10平方米与床土要充分拌匀，并按宽2米，高20厘米（长度可根据实际情况定）做苗床，苗床间起沟排水，沟宽30～50厘米，深20厘米。

②制钵：制钵前，先确定制钵的数量，按每亩2500株的密度，播3300钵的苗子，占地面积为10平方米。机械制钵基质含水量在65%，应"手捏成团，抛之即散"，人工制钵基质含水量在85%。人工制钵前在床土上撒一薄层米糠或者灶灰，用木板或锹轻拍床面，使床面平整，再用铁制的脚踏制钵器压制成钵（机械制钵不需撒米糠、灶灰）。摆钵时，将苗床底铲平拍实，以苗床一头为基准整齐摆放，第一排营养钵接着将以后制成的钵依次错开紧贴排放。制钵结束，钵床四周要围壅泥土，做好床埂。床埂高度一般略高于钵面即可，并挖"三沟"，抬高床基。对制钵剩余的土壤统一堆放在床埂上，并用薄膜平铺覆盖，以防天气阴雨造成对钵床的损毁和盖籽土水分散失或增减变化，为播种做好充分准备。

（2）播种时间与种子处理　根据温度和生育期决定适宜播种期，一般在雨水前（一般1月中下旬）。选用充分成熟的博落回种子，将用芸苔素（1.6毫升/升）或者赤霉素（600毫升/升）溶液浸泡24小时，捞出上浮的杂质和空瘪粒，然后将种子用清水冲洗三遍，用网袋装起，沥干水，待播。

（3）播种　水分是营养钵育苗争取一播全苗的重要因素之一。对好的钵床，应选择晴好天气，揭膜晒钵。在播前均匀浇水，分次浇足，既可以使钵体吸热增温，又促使钵面板结，有利浇水时减少钵体缺损。钵体浇水要做到足而均匀且分次进行，预先浇足底墒水，以钵体间见到明水为宜，待其自然耗干后再进行二次浇水，最终以手指轻捏感到钵体较软为宜。播种时将浸种后种子点播在营养钵一端的小孔里，每孔播种的粒数视种子发芽率而定，确保每孔有1～2株苗即可，防止漏播。播种后，用备用肥细土填满钵间缝隙，再在营养钵上盖一层不易板结的细土，细土盖住种子即可，一般厚1～2厘米，力争一播全苗。盖土后用苗床专用除草剂均匀喷雾，防除杂草。用地膜平铺后，再支搭棚架，覆盖农膜，膜要压紧封严，并拉好安全绳，以防风揭膜。"双膜"育苗利于苗床保温、保湿，温湿均匀是夺取一播全苗的重要措施。疏通苗床四周排水沟，达到四周吊空，排水降湿，防止不利天气的影响。

（4）苗床管理

①抽膜：要及时检查苗床发芽出苗情况。用双膜育苗的苗床，要在80%左右的苗顶土后，利用晴好天气抽出地膜，不可过早或过迟。过早影响出苗的整齐度，过迟易形成高脚苗，且忌抽地膜将两头通风，若遇气温较高地膜没揭时，可在拱棚上覆盖遮阳网以防烧苗。

②晒床：在齐苗后视苗床温度进行揭膜晒床散湿，一般在出苗80%左右就要抓紧进行，晒床时间放在上午10时左右，先通风、后揭膜。下午3时左右盖膜保温，一般晒2～3天，晒到床面发白为止。

③调温：在晒床后采用只通风不揭膜和揭膜晒床相结合的调温促壮措施，开始通风要求迟开早关，一般上午10时左右打开通风口，下午4时左右关好床。以后要逐渐增加通风口数，且要不断变换通风口位置，自始至终调节好苗床温度，以免造成旺长苗和瘦僵苗，不利于壮苗的形成。

④促壮：在运用调温降湿措施的基础上，掌握好壮苗素的使用。一般在1叶期喷施1次，以确保壮苗效果。

⑤搬钵蹲苗：在博落回2叶1心时进行搬钵蹲苗。搬钵时剔除病苗小苗，并用细土填满钵间缝隙，浇足水后再插上竹拱、盖上农膜保温。促进博落回活棵，移栽前5～7天施送嫁肥，喷一次杀菌剂加杀虫剂。

（5）畦面移栽

①大田选择与准备：选择地势平坦，土质肥沃，排水良好的土地。将土深挖至20厘米，除去石头和杂草，耙细土壤，然后整成宽2米，高20厘米，（长按实际情况）的畦面，两畦间留40～50厘米的走道。畦中按35厘米×70厘米规格挖穴，穴深10厘米，长10厘米，宽10厘米。

②移栽时间：一般在3月底开始移栽，即日平均气温在15℃以上。选阴雨天移栽较好。

③移栽方法：于80%幼苗达3～4片真叶（苗高15～20厘米）即可进行全面移栽。按株距35厘米，行距70厘米种植。然后将博落回苗与营养钵一同植入穴中，扶正营养钵，从四周用细土将营养钵埋紧，植入后及时浇定根水。

（6）起垄移栽　于3月底移栽，采用起垄栽培，垄高30厘米，宽30厘米，垄与垄间距30厘米。用起垄机器起垄，起垄后按35厘米×70厘米的株行距移栽。首先，在开好的垄上按间距70厘米打穴，穴长宽高均为10厘米。然后将博落回苗与营养钵一同植入穴中，扶正营养钵，从四周用细土将营养钵埋紧，植入后及时浇定根水。

（7）田间管理

①查缺补苗：因病虫害或其他因素造成缺苗，应及时补苗以确保产量。水分、肥料，促进根系的生长。4月中旬和5月中旬各除草松土一次。博落回种植基地见图3。

②中途追肥：在博落回苗返青后（4月中旬），及时追肥，以尿素为主，量为20千克/亩。在花芽分化期（5月中旬），进行追

图3　博落回种植基地

肥（促花肥），以复合肥为主，结合有机肥，量为25千克/亩。10月采收后将博落回干茎烧成草木灰，与农家肥拌合，撒作追肥。

4. 分根移栽

（1）选地整地　以旱地为主。选择地势平坦，土质肥沃，排水良好的土地。将土深挖至20厘米，除去石头和杂草，耙细土壤，然后整成宽2米，高20厘米，（长按实际情况）的畦面，两畦间留40～50厘米的走道。畦中按35厘米×70厘米规格挖穴，穴大小为400平方厘米（长20厘米、宽20厘米），穴深20～30厘米。开好围沟、腰沟，方便排水。

（2）取材时间与方法　待博落回植株生长后期，植株变黄、枯萎后即可取材，一般在9月中下旬至第二年的2月都可以进行取材。选择生长健壮、无病虫害、根系发达、芽头较多的根为原材料（一年、二年生的根都可以）。取材后，去除泥土（不能摊在太阳下晒，要保持湿润），并及时进行切断。根段长度为8～10厘米（直径0.7～1.5厘米最佳），每段根上应至少保持2个以上保持完好的芽头。稍小的根系也可以不切断，直接移栽。

（3）移栽时间与方法　一般9月底、10月初开始繁育，10月下旬即可出苗；或选择2月份开始繁育，3月可以出苗。将切好的根段沾稀释2000倍的生根粉溶液，置入刨好的穴

中。放好后，将细土覆盖在根段上，土层厚度约为5～10厘米，盖好后轻轻压实，浇足水即可。一般15～20天即可出苗，出苗期间要根据天气随时保持土壤的湿润（根据测定出苗率在80%以上）。

（4）田间管理　查缺补蔸：因病虫害或其他因素造成缺蔸，应及时补蔸以确保产量。中耕除草：以人工除草和药剂防治为主，人工除草可结合松土，有利于保水、保肥，促进根系的生长。中途追肥：在博落回苗期（3月初），及时追肥，以尿素为主，量为20千克/亩。在花芽分化期（4月底、5月初），进行追肥（促花肥），以复合肥为主，结合有机肥，量为25千克/亩。10月采收后将博落回干茎烧成草木灰，与农家肥拌合，撒作追肥。清沟排水：因博落回喜半旱、半湿润土壤生长，所以，要清除围沟、中沟达30厘米以上，防止积水，是降低病害发生的有效措施，也是促进药苗健壮生长的方法。

5. 病虫害防治

博落回病虫害较少，主要病虫害有以下几种。

（1）病害

①根腐病：7～8月时地下根茎部位变褐腐烂，叶柄基部变成褐色，基部烂尽，叶片枯死，根茎腐烂。

防治方法　降低田间湿度，将有病害的植株拔掉烧毁；在植株茎部喷施50%托布津可湿性粉剂1000倍溶液或50%多菌灵可湿性粉剂1000倍液。其他病虫害，视情况采用化学防治、人工防治。

②斑点病：危害叶片，病斑圆形或近圆形，直径2～10厘米，中心部分暗褐色，边缘黑褐色；后期中心部分灰褐色，其上生黑色小点，即病原菌的分生孢子器。病原为半知菌亚门叶点菌属真菌。发病规律：病菌以菌丝体和分生孢子器在病株残体上越冬，第2年在条件适宜时，分生孢子借雨水、气流传播而引起侵染。北方地区多在8月发生，但危害不严重。

防治方法　①冬前清除田间病、残体并集中销毁；②可选用75%的百菌清600～800倍液，或50%的多菌灵600～700倍液喷雾防治。

（2）虫害　蚜虫。主要发生在苗期，为害植株。

防治方法　可用40%的乐果乳剂1200～1500倍液喷杀或采用其他杀虫剂喷杀。平时应多观察，对于病虫害做到早发现、早防治，以减少用药的剂量和次数。应用农药时要选择高效、低毒、低残留的新型药剂，禁用淘汰的有机磷类农药。

五、采收加工

1. 采收

博落回叶的最佳采收期为6月，博落回果的最佳采收期为8月下旬至9月上旬。待果荚成熟，果荚内种子成褐色或黑色后开始采收。一般10月初即可采收。第一年大部分不会开花结实，以采收叶为主。由于博落回根是不可再生资源，最佳采收年份尚待考察，每年5月下旬虽是博落回根年内最佳使用状态时期，但此时采集博落回根会影响地上部分生长及次生代谢物的累积，不利于博落回全草的最大化利用，因此博落回根的采挖可在其最佳采收年份地上部分采收完后进行（11月之前）。博落回作为大型多年生草本植物，在生长初期全草能暂时累积一定量的异喹啉类生物碱（BIAs），研究发现采用二茬栽培方法也许是提高栽培效益的手段，即在5月左右割去地上部分，用于提取或其他，对二茬生长结果率影响不大。博落回根其实也是积累BIAs的主要器官，可采挖3年后的根用作原料，残留须根自然可成苗（可能会暂时性影响当年的产量）。

（1）果荚采收方法　将果荚及种子一起摘下即可，采收时，不能带有果枝。采收后立即晒干或烘干，烘干温度不能高于60℃，防止霉变或虫蛀。

（2）叶片采收方法　一年生的于10月份一次采摘全部叶片。多年生的于5月、8月份采摘叶片。时间选择在晴天早晨或下午太阳光线不强的时候，从下往上用剪刀在叶柄与茎秆3厘米处剪断，一次采5～10片叶子，采收后立即分叶柄、叶片晒干或烘干。

2. 加工

不同干燥方式对博落回根部指标成分的含量有较明显的影响，而对博落回叶、果的影响较小。不同干燥方式处理的博落回根中原阿片碱、别隐品碱的含量无明显差别，血根碱、白屈菜红碱的含量则有较大差别。阴干的博落回根中血根碱、白屈菜红碱的含量最高，45℃干燥与之相当，105℃干燥时血根碱、白屈菜红碱的含量最低，较阴干时分别降低了66.7%、72.7%。研究数据显示，博落回根、果荚宜选择45～65℃烘干或晒干的干燥方式，博落回叶宜选择45℃烘干、晒干、阴干，在生产和应用中，可结合实际需要，选择适宜的干燥方式。

六、仓储运输

果实、根干燥后装入干净的编织袋，压实、封口，贴好标签；茎叶可以打成标准包。

放置在干燥通风的环境中，防止暴晒或雨淋。及时运送到提取厂家进行提取。

七、药材规格等级

果荚原料质量标准。总生物碱含量≥1.8%，水分≤10%，无泥沙，无霉，成熟度好，枝梗杂质＜1.0%。

八、药用价值

1. 临床常用

博落回味苦、辛，性寒、温，大毒。可散瘀、祛风、解毒、止痛、杀虫。主治痈疮疔肿、臁疮、痔疮、湿疹、蛇虫咬伤、跌打肿痛、风湿关节痛、龋齿痛、顽癣、滴虫性阴道炎及酒糟鼻。用法用量：外用，适量，捣敷；煎水熏洗或研末调敷。

2. 使用注意

本品有毒，禁内服。口服易引起中毒，轻者出现口渴、头晕、恶心、呕吐、胃烧灼感及四肢麻木、乏力；重者出现烦躁、嗜睡、昏迷、精神异常、心律失常而死亡。

3. 资源开发

博落回中大量的异喹啉类生物碱均表现出良好的抗炎、抑菌、杀虫等活性，显示出治疗脚气等真菌感染、外洗液等产品开发前景。博落回提取物及博落回散已被注册为二类中兽药药物饲料添加剂。博落回总生物碱提取物通过美国 EPA 成功登记的 Qwel，该产品作为杀菌剂，主要用于蔬菜及水果采摘前期的防虫、防菌保护，在绿色植物源杀菌剂农药开发方向上颇具应用前景。

参考文献

[1] 吴周威，程辞，刘秀斌，等. 博落回药材采收及初加工工艺[J]. 中国现代中药，2013，15（10）：860–864.
[2] 曾建国. 博落回资源为示范的中药材全产业链研究与综合利用[J]. 中国现代中药，2017，19（10）：

1359-1366.

[3] 彭福元，周佳民，黄艳宁，等. 加快湖南武陵山区中药材产业发展的思考[J]. 湖南农业科学，2015（9）：134-136，138.

[4] 周日宝，贺又舜，罗跃龙，等. 湖南省大宗道地药材的资源概况[J]. 世界科学技术—中医药现代化，2003，5（2）：71-73.

[5] 周伟，黄祥芳. 武陵山片区经济贫困调查与扶贫研究[J]. 贵州社会科学，2013，279（3）：118-124.

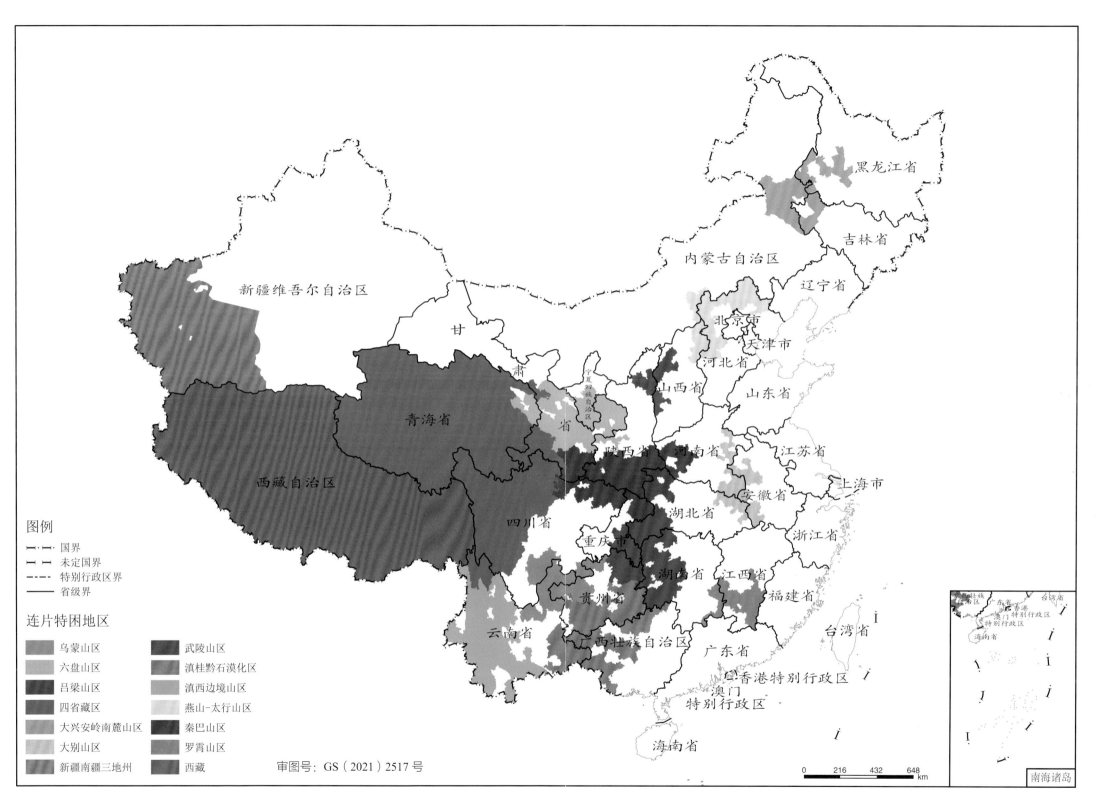

图例

- ┇·┇ 国界
- ┇ ┇ 未定国界
- —·—·— 特别行政区界
- ———— 省级界

连片特困地区

- 乌蒙山区
- 六盘山区
- 吕梁山区
- 四省藏区
- 大兴安岭南麓山区
- 大别山区
- 新疆南疆三地州
- 武陵山区
- 滇桂黔石漠化区
- 滇西边境山区
- 燕山-太行山区
- 秦巴山区
- 罗霄山区
- 西藏

审图号：GS（2021）2517号

全国14个集中连片特困地区分布图

武陵山区中药材种植品种分布图

湖北省　湖南省　贵州省　四川省　重庆市　陕西省　广西壮族自治区

秭归县 ①②⑬㉑
长阳土家族自治县 ⑫⑮⑱
五峰土家族自治县 ⑫⑮⑱㉑
石门县 ⑫⑬
慈利县 ⑫⑭
巴东县 ①④⑧⑫⑱⑳㉑
鹤峰县 ①②⑫⑱⑳
桑植县 ①⑮㉑
建始县 ④⑨⑩⑱⑫
宣恩县 ④⑧⑩⑮⑳㉑
恩施市 ①②④⑩⑫⑱
龙山县 ④⑤⑪⑲
永顺县 ②⑤⑦⑮㉑
古丈县 ⑤⑦⑬⑲
沅陵县 ⑦⑰⑲㉑
溆浦县 ⑤⑥⑫
辰溪县 ⑤⑥⑫
泸溪县 ②⑤⑦⑲
中方县 ②⑥⑫⑭
安化县 ⑤⑥⑭㉓
新化县 ②⑤⑫⑭
隆回县 ②⑥⑫㉑
涟源市 ⑤⑥⑮⑯
新邵县 ②⑤⑧⑭
邵阳县 ②⑫⑭⑯
洞口县 ②⑥⑫㉑
武冈市 ②⑧⑫
新宁县 ②⑫⑬㉓
利川市 ①④⑩⑫⑬㉑
咸丰县 ①②⑦⑫
来凤县 ②④⑤⑦⑫
保靖县 ②⑥⑦⑫
花垣县 ②③⑦
凤凰县 ①⑥⑦⑲
麻阳苗族自治县 ②⑤⑦⑫
绥宁县 ②⑤⑫
会同县 ②⑤⑫
靖州苗族侗族自治县 ②⑥⑫⑮
通道侗族自治县 ②⑦⑪⑫
城步苗族自治县 ②⑧⑫⑯
黔江区 ①②④
酉阳土家族苗族自治县 ②⑤⑦⑲
秀山土家族苗族自治县 ②⑤⑥⑲
松桃苗族自治县 ②⑤⑥⑦⑲
铜仁市 ②③⑥⑦
江口县 ①⑤⑬㉑
玉屏侗族自治县 ③
新晃侗族自治县 ⑤⑥⑫
芷江侗族自治县 ⑤⑥⑦⑲
石柱土家族自治县 ①④⑦⑬⑲
彭水苗族土家族自治县 ②⑤⑬⑲
黔江区 ⑦⑬
沿河土家族自治县 ②⑤⑬㉒
印江土家族苗族自治县 ②⑤
德江县 ③⑤⑬
思南县 ⑤⑥㉒
石阡县 ⑦⑬⑲
丰都县 ⑤⑦⑬⑲
武隆区 ③⑦⑧⑬㉑
道真仡佬族苗族自治县 ⑦⑧⑩
务川仡佬族苗族自治县 ⑧⑩⑬⑲
凤冈县 ⑤⑧⑳
正安县 ⑦⑧⑬⑫
湄潭县 ⑧⑩⑮⑯㉑

图例
省级界
连片特困地区界
贫困县县界

① 黄连　⑬ 天麻
② 百合　⑭ 玉竹
③ 牡丹皮　⑮ 木瓜
④ 湖北贝母　⑯ 白芍
⑤ 黄精　⑰ 枳壳
⑥ 山银花　⑱ 独活
⑦ 黄柏　⑲ 半夏
⑧ 玄参　⑳ 竹节参
⑨ 太白贝母　㉑ 厚朴
⑩ 川党参　㉒ 白皮
⑪ 陈皮　㉓ 博落回
⑫ 续断

审图号：GS (2021) 2517号

武陵山区中药材种植品种分布图